机器人科学与技术丛书

机器人学

机构、运动学、动力学及运动规划

战 强◎编著
Zhan Qiang

ROBOTICS

Mechanisms, Kinematics, Dynamics and Motion Planning

清華大學出版社
北京

内 容 简 介

本书系统地介绍了机器人学的基本理论与基础知识。全书共7章，包括机器人的发展简介、机器人机构、坐标变换、运动学、静力学、动力学和运动规划等内容。

本书是作者在使用十几年的讲义基础上吸收最新的研究成果编写而成的，涵盖了作者从事机器人教学近二十年的素材积累和理论理解。本书在写作上，力求理论阐述清楚，语言通俗易懂，理论与例题相结合，可作为机器人工程及相关专业本科生和研究生教材，也可以供从事机器人研究、开发和应用的科技人员学习参考。

图书在版编目(CIP)数据

机器人学：机构、运动学、动力学及运动规划/战强编著. —北京：清华大学出版社，2019(2024.7重印)
(机器人科学与技术丛书)
ISBN 978-7-302-52740-4

Ⅰ. ①机…　Ⅱ. ①战…　Ⅲ. ①机器人学　Ⅳ. ①TP24

中国版本图书馆CIP数据核字(2019)第067126号

责任编辑：盛东亮　钟志芳
封面设计：李召霞
责任校对：时翠兰
责任印制：丛怀宇

出版发行：清华大学出版社
网　　址：https://www.tup.com.cn，https://www.wqxuetang.com
地　　址：北京清华大学学研大厦A座　　**邮　　编**：100084
社 总 机：010-83470000　　**邮　　购**：010-62786544
投稿与读者服务：010-62776969，c-service@tup.tsinghua.edu.cn
质量反馈：010-62772015，zhiliang@tup.tsinghua.edu.cn
课件下载：https://www.tup.com.cn，010-83470236
印 装 者：三河市龙大印装有限公司
经　　销：全国新华书店
开　　本：185mm×260mm　　**印　　张**：11.5　　**字　　数**：276千字
版　　次：2019年9月第1版　　**印　　次**：2024年7月第8次印刷
印　　数：10001～11000
定　　价：49.00元

产品编号：082012-01

前言

PREFACE

20 世纪 90 年代初，笔者作为大一新生，参观了哈尔滨工业大学机器人研究所，自此喜欢上了机器人，并在这个领域学习工作至今。机器人已由当初种类少、应用有限的阶段发展到了现在种类繁多、应用无处不在的新阶段。作为机器人发展过程的一个亲历者，也是一件很值得自豪的事情。

10 年后笔者开始为北京航空航天大学（北航）机器人研究所的研究生主讲“机器人运动学”课程，该课程不久又增加了机器人动力学和运动规划的内容，改名为“机器人学”，笔者一直主讲至今。该课程已由一门学院选修课，变成了校级精品课，每年都有校外的同学来选修。在讲课的过程中，笔者通过学习参考国内外的著名教材，搜集机器人发展历程中的重要资料，编写例题及对重要理论进行推导证明等，逐渐形成了有北航特色的机器人学讲义。本书就是在这本讲义的基础上编写而成的。笔者自 2015 年开始筹划动笔，期间因忙于其他工作导致编写断断续续，今日终于成稿，内心如释重负。

本书共 7 章，涵盖了机器人的发展简史、发展现状、数学基础、机构、运动学、静力学、动力学和运动规划等机器人学的核心内容。第 1 章首先对机器人的定义做了介绍，然后分古代、近代、现代及国内四部分介绍了机器人的发展概况，接着介绍了机器人的基本概念和分类，最后介绍了机器人的主要研究方向。第 2 章对机器人的机构做了介绍，以机构的基础知识作为引导，介绍了机器人机构的分类、特点及机器人机构简图的画法，在此基础上对串联机器人和并联机器人的典型机构做了介绍，并给出了每种机构的简图。第 3 章介绍了机器人的位姿描述和坐标变换，这是机器人学的数学基础，首先介绍了机器人位置和姿态的数学描述方法，在此基础上介绍了点的坐标系平移、坐标系旋转及其综合的计算方法，然后介绍了齐次坐标、齐次变换、旋转变换通式及齐次变换通式等内容，最后介绍了机器人姿态的 RPY 角、欧拉角和四元数表示方法。第 4 章是本书的重点内容，首先介绍了机器人运动学的建模方法，重点介绍了改进的 D-H 建模方法，并提供多个例题，然后介绍了机器人运动学逆解的方法，包括数值解方法、解析解方法及雅可比方法，重点介绍了 Paul 反变换法和雅可比矩阵。第 5 章介绍了机器人静力学，首先介绍了机械臂连杆受力与关节平衡驱动力的计算方法，然后介绍了静力平衡方程、静力映射分析及静力学的逆问题，最后介绍了力与力矩的坐标变换方法。第 6 章介绍了机器人动力学，主要介绍了 Lagrange 动力学方法、Newton-Euler 动力学方法及 Kane 动力学方法。第 7 章介绍了机器人的运动规划，首先介绍了机器人的路径规划，主要包括栅格法的全局路径规划方法和势场法的局部路径规划方法；然后介绍了机器人的轨迹规划，主要包括关节空间轨迹规划和操作空间轨迹规划；最后在关节空间的轨迹规划中介绍了直线插值函数、抛物线过渡的直线插值函数、三次多项式插值函数及五次多项式插值函数，在操作空间的轨迹规划中主要介绍了直线轨迹规划和圆弧轨迹规划方法。在本书中，通过提供证明、例题和对比分析等方式力求把知识和理论介绍清楚，说明白。

为了给本科生和研究生提供一本简明清楚的教材或参考书，笔者编写了本书。作为本科生的教材时，内容讲到第 4 章即可；作为研究生教材时，可通讲全书。此外，本书第 1 章含有大量机器人发展历史的内容介绍，也可以作为中小学生了解机器人的参考书。

本书是在参考了国内外著名教材的基础上编写而成，包括熊有伦院士的《机器人学》(1993 版)、蔡自兴教授的《机器人学》(第 2 版)、Craig 教授的 *Introduction to Robotics: Mechanics and Control* (Third Edition)。此外，还参考、引用了国内外发表的一些文章、图片及资料，在此深表感谢。

借此机会也向指导和帮助过笔者的前辈、导师、同事、同窗、好友表示感谢，特别感谢笔者的博士导师王树国教授、博士后导师张启先院士。

北航复杂机构与智能控制实验室的许钦桓、张印、田新扬、陈翔臻、王一凡、史洪燊等参与了本书的编写及校对工作，在此深表感谢。

由于笔者的经验水平有限，加之编写时间仓促，书中可能还有不足之处，希望得到大家的批评指正。

战　强

2019 年 1 月

于北京航空航天大学

目录

CONTENTS

第1章 绪　论

CHAPTER 1

机器人学是一门新兴学科，仅有80余年的发展历史，如今已成为社会关注和科学研究的热点。了解机器人的发展历程及相关知识对于学习机器人技术大有裨益。本章首先介绍机器人的定义，以使读者能清楚地了解机器人是什么；然后介绍机器人的发展历程、机器人的专业术语及机器人的分类；最后介绍机器人的主要研究方向。

1.1 机器人的定义

目前，世界上有各种各样的机器人，有地上跑的，有天上飞的，有水中游的……，从太空到地面，从地面到水中，可以说机器人几乎无处不在。然而，什么是机器人？或者机器人的定义是什么呢？

"机器人"是20世纪出现的一个新名词。1920年，捷克作家卡勒·恰佩克(Karel Čapek，1890—1938年，见图1.1)发表了科幻剧本《罗萨姆的万能机器人》(*Rossum's Universal Robots*)，在剧本中恰佩克由捷克语Robota创造出了Robot一词，意为"奴隶，苦力"，这就是"机器人"一词的来源。在该剧本中，机器人是人造的没有情感和思维，只会劳动的自动机器，但后来它们的制造程序发生改变，机器人变得像人一样有了爱恨情感，最终推翻了人类，把人类当成了奴隶。

图1.1　Karel Čapek[1]

迄今为止，不同的组织和学者为机器人给出了多个不同的定义。

1967年在日本召开的第一届机器人学术会议上，专家们提出了两个具有代表性的机器人的定义。一个是森政弘与合田周平的定义，即"机器人是一种具有移动性、个体性、智能性、通用性、半机械半人性、自动性、奴隶性等7个特征的柔性机器"。从这一定义出发，森政弘又提出用自动性、智能性、个体性、半机械半人性、作业性、通用性、信息性、柔性、有限性、移动性等10个特性来表示机器人的形象。另一个定义是加藤一郎提出的具有如下三个条件的机器被称为机器人：①具有脑、手、脚三要素的个体；②具有非接触传感器(用眼、耳获取远方信息)和接触传感器；③具有平衡觉和固有觉。

国际标准化组织(ISO)对机器人做出如下定义："机器人是一种自动的、位置可控的、具有可编程能力的多功能机械手，这种机械手有几个轴，能够借助可编程操作来处理各种材料、零件、工具和专用装置，以执行各种任务”。

美国国家标准局（ANSI）对机器人的定义是“一种能够进行编程并在自动控制下执行某些操作和移动作业任务的机械装置”。

《大英百科全书》中关于机器人的定义是“机器人是一种可取代人工的自动操作机器，尽管其外表不像人或不能像人那样执行任务（Any automatically operated machine that replaces human effort，though it may not resemble human beings in appearance or perform functions in a humanlike manner——Encyclopaedia Britannica）”。

日本机器人协会将机器人定义为“一种具有感觉和识别能力，并能够控制自身行为的机器”。

中国有科学家对机器人的定义是“机器人是一种自动化的机器，所不同的是这种机器具备一些与人或生物相似的智能能力，如感知能力、规划能力、动作能力和协同能力，是一种具有高度灵活性的自动化机器”。

随着机器人技术的飞速发展，机器人不断向各个领域拓展，机器人从外观上已脱离了最初仿人型机器人和工业机器人所具有的形状，其功能和智能化程度也大大增强。现在来看，过去的机器人定义一般只能描述一类或几类机器人，难以对所有类型的机器人进行准确定义，因此在新的时代，机器人的定义也需要不断地充实和完善。

为了便于理解，我们在此给出一个简单好记的机器人定义：**机器人是一种高度自动化、高度智能化的机器**。智能化是机器人区别于其他高度自动化机器（如多轴数控机床）的最重要特征。

需要说明的是，有些软件程序也被称为“机器人（Robot/Bot）”，是指某些能不间断地执行信息搜索比较任务的软件程序，主要用于搜索引擎。

关于机器人没有统一定义的问题，读者们大可不必为此担忧。众所周知，机器人一词最早诞生于科幻剧本中，它是人们结合自身提出的一种充满幻想的对象，而这种科幻对象往往缺乏具象，其描述上的弹性特别大，因此是很难完整定义和描述的。此外，现实中的机器人又随着科技的发展或新技术的出现，不断涌现出新的结构、新的功能和新的类型，而有些科技又是跨时代的，因此以前的机器人定义很难描述新机器人的特征。也许机器人永远不会有一个统一的定义，但正是如此，才说明了机器人技术有无限的生命力和不断进步发展的空间。

工业机器人是目前应用最广泛的机器人，下面给两个工业机器人的定义，便于读者们理解。

（1）工业机器人是一种设计用来搬运材料、零件、工具或特殊设备的可再编程的多功能操作臂，它能通过可变的编程运动执行各种任务（Industrial Robot is a re-programmable，multifunctional manipulator designed to move materials，parts，tools，or specialized devices through variable programmed motions to perform a variety of tasks）。

（2）ISO 定义工业机器人是一种自动控制的、可再编程的多用途操作臂，一般有三个或以上的可编程关节（An industrial robot is defined by ISO as an automatically controlled，reprogrammable，multipurpose manipulator programmable in three or more axes）。

1.2 机器人的发展简介

本节主要从古代关于机器人的记载、近代机器人的发展、现代机器人的发展以及我国机器人的发展这四个方面来介绍机器人的发展历程。

1.2.1 古代关于机器人的记载

我国古代就有关于机器人或类机器人的记载。据《列子·汤问》记载,西周穆王时期(公元前 1023—957 年),能工巧匠**偃师**就用动物毛皮、木头、树脂、颜料制作出了酷似真人的木偶,能歌善舞,“千变万化,惟意所适。王以为实人也”,这是我国最早关于机器人的记载。

据《墨经》记载,春秋后期(公元前 507—444 年),我国著名的木匠鲁班制造了一只木鸟,能在空中飞行“三日不下”。

东汉时期,科学家张衡(公元 78—139 年)发明了计里鼓车和指南车。如图 1.2 所示,计里鼓车每行一里,车上木人击鼓一下,每行十里击钟一下。指南车具有复杂轮系装置,若车上木人运动起始指向南方,则该车无论如何运动,其指向始终不变,与指南针有异曲同工之妙。

三国时期,建兴九年至十二年(公元 231—234 年),蜀国丞相诸葛亮北伐中原时,为解决山路崎岖、运输军粮困难的问题,创造出了“木牛流马”。木牛流马不用吃草,其载重为“一岁粮”(约四百斤左右),每日行程为“特行者数十里,群行三十里”,为蜀国十万大军运送粮食。

在国外,公元前 2 世纪,亚历山大时代的古希腊人发明了最原始的机器人:一个以水、空气和蒸汽压力为动力的会动的雕像,它可以自己开门,还可以借助蒸汽唱歌。

1640 年,意大利人莱昂纳多·达芬奇(Leonardo DaVinci)设计了一个铠甲武士,如图 1.3 所示。该铠甲武士用齿轮和连杆作为传动装置,能够像人一样做各种动作,如挥动胳膊、坐下、起立、转动头部、开合下颌等。

图 1.2 计里鼓车[2]

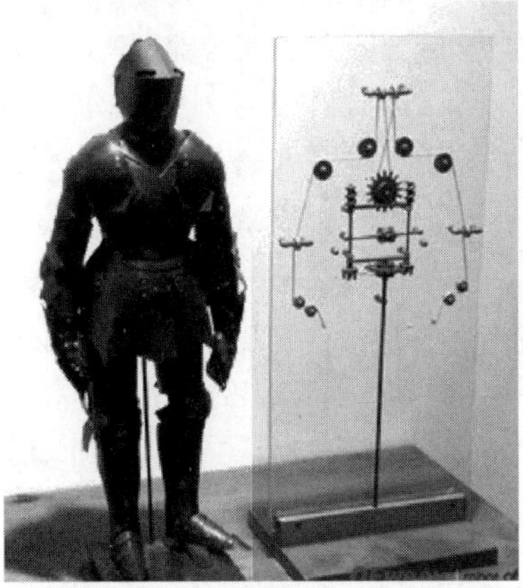

图 1.3 铠甲武士[3]

1662 年,日本的竹田近江利用钟表技术发明了自动机器玩偶,并在大阪的道顿堀演出。

1738 年,法国天才技师杰克·戴·瓦克逊发明一只机器鸭,能完成啄食、鸣叫、游泳等动作。

1770年，瑞士钟表匠雅克·德罗(Jaquet Droz)父子制作了会写字、绘画、弹琴的三种人偶，如图1.4所示。这些人偶是利用齿轮传动和发条驱动原理制成的，制作精巧，动作逼真，宛如真人一般，在欧洲风靡一时。

1770年，英国著名钟表商Williamson向清朝乾隆皇帝进贡了一个铜镀金写字人钟，高231厘米，钟内有一个写字人偶，如图1.5所示，该人偶能用毛笔写出“八方向化，九土来王”的对联，且写字时人偶头部随之摆动，栩栩如生。目前该写字人钟存放于故宫钟表馆。

图1.4 三种人偶[4]

图1.5 铜镀金写字人钟[5]

1.2.2 近代机器人的发展

机器人的研究始于20世纪中期，其技术背景是计算机技术、控制理论、自动化技术的快速发展以及原子能的开发利用。

1939年，美国纽约世博会上展出了西屋电气公司制造的家用机器人Elektro，它由电缆供电，可以行走，会说77个字，甚至可以抽烟，虽然离真正干家务还差得很远，但它让人们对机器人的认识变得更加具体。随着20世纪科技的飞速发展，西方发达国家感觉恰佩克描述的机器人很快就会出现，因此对机器人产生了极大的恐惧和不安。

图1.6 Isaac Asimov[6]

1942年，科幻作家阿西莫夫(Isaac Asimov，1920—1992年，参见图1.6)在其科幻小说《Runaround》中提出了著名的“机器人学三原则(The Three laws of Robotics)”：

第一、机器人不得危害人类，也不能在人类受伤害时袖手旁观(A robot may not injure a human being or，through inaction，allow a human being to come to harm)；

第二、机器人必须服从人类的命令，但命令违反第一条原则时例外(A robot must obey the orders given it by human beings except where such orders would conflict with the First Law)；

第三、在不违反第一条和第二条原则时，机器人必须保护自身不受伤害(A robot must protect its own existence as long as such protection does not conflict with the First or Second Law)。

上述三原则虽然只是科幻小说中的创造，但却成为机器人研究的伦理性纲领，机器人学术界一直将这三原则作为机器人开发的准则。

自 1946 年世界上第一台通用计算机 ENIAC 问世以来，计算机技术取得了惊人的进步，向高速度、大容量、低价格的方向飞快发展。1948 年，诺伯特·维纳(Norbert Wiener)出版了《控制论》(Cybernetics)，阐述了机器中的通信和控制机能与人的神经、感觉机能的共同规律，率先提出了以计算机为核心的自动化工厂的概念。同时，制造业大批量生产的迫切需求推动了自动化技术的发展，其结果之一便是 1952 年 MIT 研制出世界首台数控机床。与数控机床相关的控制、机械零件的研究又为机器人的开发奠定了基础。

原子能实验室的恶劣环境需要某些具有操作功能的机械代替人处理屏蔽室内的放射性物质。在这一需求背景下，美国的橡树岭国家实验室(Oak Ridge National Laboratory)与阿尔贡国家实验室(Argonne National Laboratory)于 1947 年开发了遥控机械手，1948 年又开发了机械式的主从机械手。主从机械手由同构的两个机械手组成，主手和从手由机械传动装置连接，主手由人操控，从手能同步完成主手相同的运动和操作。

1954 年，美国发明家乔治·戴沃(George Charles Devol，1912—2011 年，见图 1.7)提出了工业机器人的概念雏形 Programmed Article Transfer，命名为 Unimate，意思为通用自动化(Universal Automation)，并申请了专利(U. S. Patent 2988237)。估计是该专利涉及的技术过于超前，直到 1961 年才被授权。

图 1.7 George C. Devol[7]

1955 年，J. Denavit 和 R. S. Hartenberg 联合在《Applied Mechanics》期刊上发表了一篇名为 *A kinematic notation for low-pair mechanisms based on matrices* 的论文，用齐次变换矩阵描述两个相邻连杆坐标系间的空间位姿关系，为工业机器人的运动学建模提供了重要的理论基础，迄今该方法仍然被广泛采用。

1959 年，乔治·戴沃与合伙人约瑟夫·恩格尔伯格(Joseph Engelberger，1925—2015 年，见图 1.8)成立了世界上第一家制造机器人的公司——Unimation，并联手制造出世界上第一台工业机器人 Unimate，如图 1.9 所示，开创了机器人发展的新纪元。由于恩格尔伯格在工业机器人的研发和宣传方面的巨大贡献，他被称为“工业机器人之父”，虽然世界上第一台工业机器人的发明人是乔治·戴沃。Unimate 机器人只有 5 个自由度，采用真空管控制、液压驱动。

图 1.8 Joseph Engelberger[8]

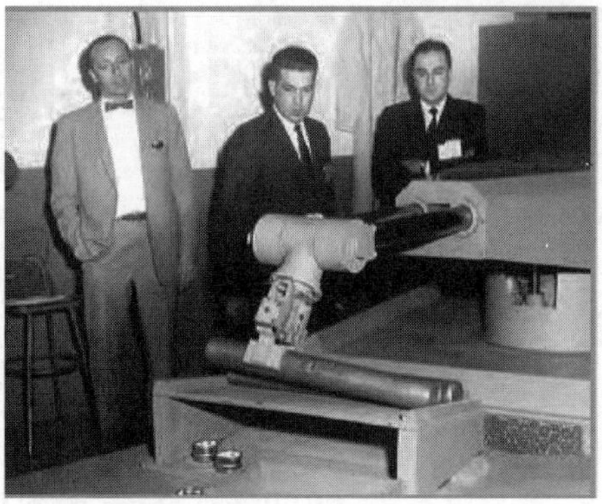

图 1.9 Unimate 机器人[9]

1961 年，Unimate 机器人被用在了通用汽车在新泽西州的 Inland Fisher Guide 工厂，用于将铸造的汽车门把手等热的铸件放入冷却池中，如图 1.10 所示，从而将工人从恶劣的工作环境中解放出来。

1962 年，美国机械与铸造公司(American Machine and Foundry)推出第一台圆柱坐标机器人 Verstran，意思是“万能搬运”，如图 1.11 所示。同一年，6 台 Verstran 搬运机器人被应用于美国坎顿(Canton)的福特汽车制造厂。该机器人也与 Unimate 机器人一样成为商业化的工业机器人，出口到世界各国。

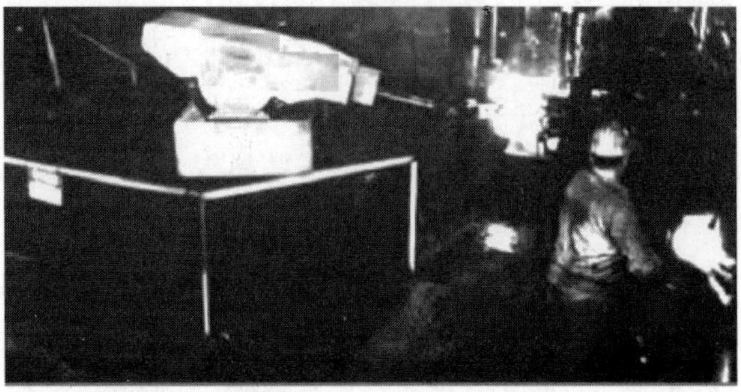

图 1.10 Unimate 机器人在通用汽车工厂[10]

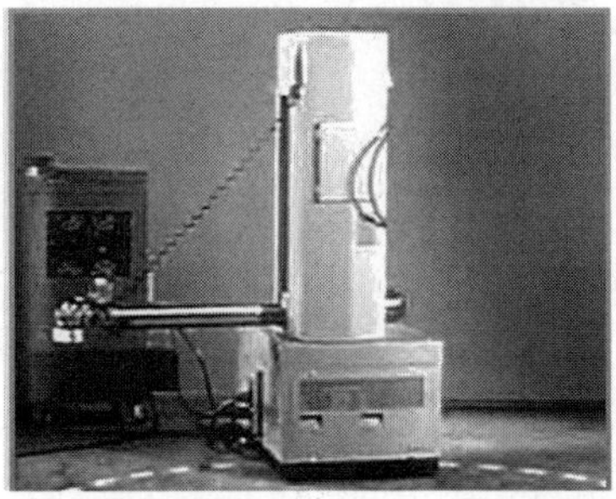

图 1.11 Verstran 圆柱坐标机器人[11]

20 世纪 60 年代中期开始，美国麻省理工学院(MIT)、斯坦福大学、英国爱丁堡大学等陆续成立了机器人实验室。美国开始研究第二代带传感器、有感知的机器人，并向人工智能领域进军。

1965 年，MIT 的 L. G. Roberts 演示了第一个具有视觉传感器、能识别与定位简单积木的机器人系统，他通过计算机程序从数字图像中提取出诸如立方体、楔形体、棱柱体等多面体的三维结构，并对物体形状及物体的空间关系进行描述。Roberts 的研究工作开创了以理解三维场景为目的的三维立体机器视觉的研究。

1967 年，日本成立了专门的机器人研究学会——人工手研究会，现改名为仿生机构研究会，同年召开了日本首届机器人学术会议。

图 1.12 Shakey 机器人[12]

1968 年，美国斯坦福研究所(Stanford Research Institute)研发出机器人 Shakey，这是世界上首台采用了人工智能的移动机器人，如图 1.12 所示。它安装了摄像机、三角测距仪、碰撞传感器等，通过无线系统由两台计算机控制，能够自主进行感知、环境建模、行为规划，能自动寻找木箱并将其推到指定位置。但是，控制它的计算机体积庞大，运算速度慢，导致 Shakey 往往需要数小时来分析环境并规划运动路径。Shakey 被认为是世界上第一台智能机器人，由此拉开了第三代机器人研发的序幕。

1969 年，通用汽车公司在 Lords-town 装配厂安装了首台 Unimation 点焊机器人，机器人的使用大大提高了生产效率，90%以上的车身焊接作业可通过机器人来自动完成。

1969 年，挪威 Trallfa 公司(后被 ABB 公司收购)推出了第一个商业化应用的喷漆机器人，如图 1.13 所示。在 1967 年挪威劳动力短缺期间，该公司就曾使用机器人来喷涂独轮手推车(Wheelbarrows)，第一款商用喷漆机器人就由此发展而来。

1969 年，Unimation 公司与日本川崎重工(Kawasaki Heavy Industries)签订许可协议，在日本生产 Unimate 机器人，同年川崎重工成功开发出 Kawasaki-Unimate 2000 机器人，这是日本生产的第一台工业机器人，如图 1.14 所示。

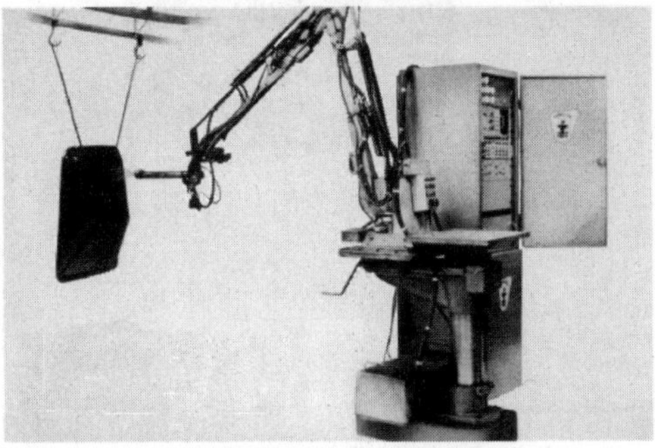

图 1.13 Trallfa 喷漆机器人[13]

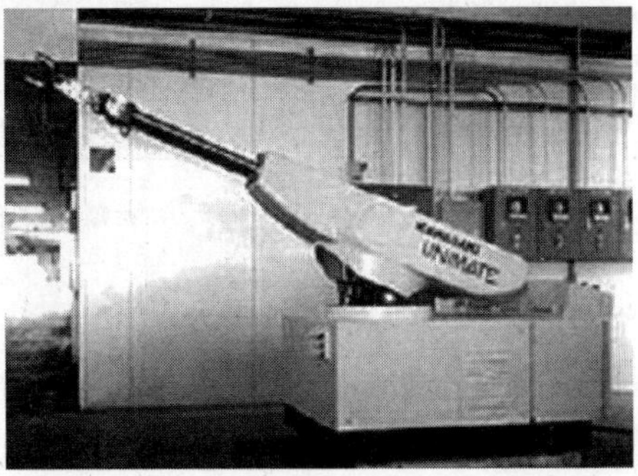

图 1.14 Kawasaki-Unimate 2000 机器人[14]

1969 年，斯坦福大学机械工程系学生 Victor Scheinman 设计出了 Stanford Arm，如图 1.15所示，这是机器人发展历史上的第一个全电驱动的 6 轴机器人(5 轴转动，1 轴移动)。6 轴机器人的出现，使得跟踪空间中的任意路径成为可能，推动了机器人向更加复杂领域的应用，如装配、弧焊等。该机器人的出现是机器人，尤其是工业机器人发展历程上的里程碑性事件。

图 1.15 Stanford Arm[15] 与 Victor Scheinman

1969 年，日本早稻田大学加藤一郎(Ichiro Kato) 教授成功研发出第一台以双足行走的机器人 WAP-1，如图 1.16 所示。WAP-1 采用橡胶制成的人工肌肉作为驱动器，实现了双足在平面上的运动。1973 年，加藤一郎又开发出世界上第一个全尺寸的仿人机器人 WABOT-1，如图 1.17 所示，该机器人有视觉和语音对话系统，能以日语与人对话，能搬运物品，其智力与一岁半儿童相当。加藤一郎作为仿人机器人的先驱，长期致力于仿人机器人研究，为仿人机器人的研究做出大量开创性的工作，被誉为“仿人机器人之父”。

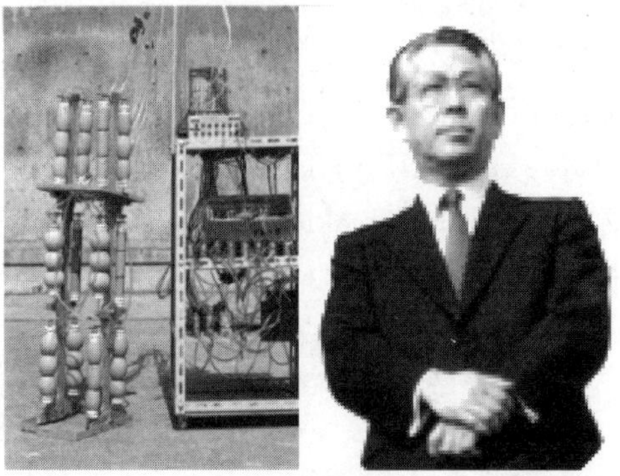

图 1.16　WAP-1[16]机器人与加藤一郎教授

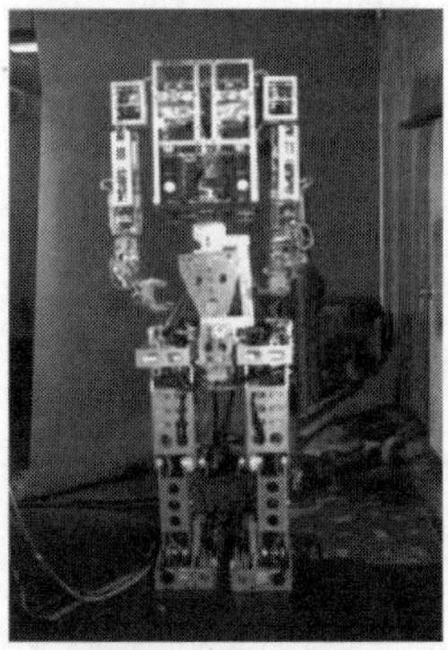

图 1.17　WABOT-1 机器人[17]

1970 年 11 月 17 日，苏联的“月球 17 号”(俄文：Луна-17)探测器把世界上第一台无人月球表面巡视机器人——“月球车 1 号”(Lunkhood 1)送到了月球，如图 1.18 所示，第一次实现了在地球上对另一个星球上机器人的远程遥控。“月球车 1 号”主要由仪器舱和自动行走底盘组成，重 756kg，长 2.2m，宽 1.6m，高 1.35m，由太阳能电池板和备用电池联合供电，由同位素热源保持系统温度，车上装有电视摄像机和多种环境科学测量仪器，可把拍摄的月面照片和测量结果发回地球。“月球车 1 号”由两列独立驱动的车轮(每列 4 个)实现在月面的运动，能转弯、倒退和爬上 30°的斜坡，轮子直径 0.51m。“月球车 1 号”在月球表面工作到 1971 年 10 月 4 日，总行程约 10.54km。

1970 年，在美国召开了第一届国际工业机器人学术会议。一年以后，机器人的研究得到迅速、广泛的普及。

1973 年，美国著名机床制造公司辛辛那提·米拉克隆公司(Cincinnati Milacron Inc.)的理查德·豪恩制造了一台由小型计算机控制的工业机器人 T3，如图 1.19 所示，它采用液压驱动，能提升的有效负载达 45kg。

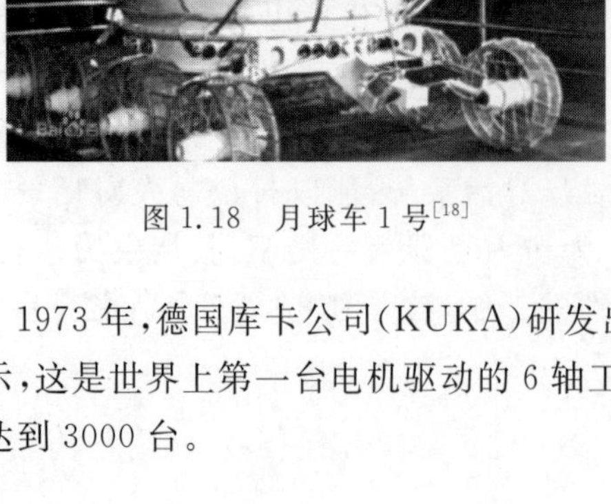

图 1.18　月球车 1 号[18]

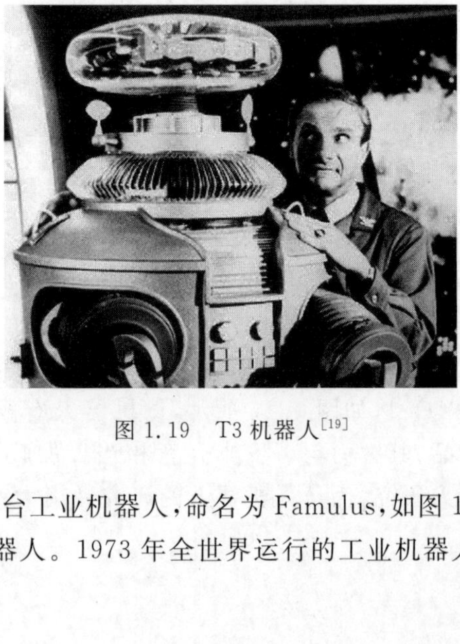

图 1.19　T3 机器人[19]

1973 年，德国库卡公司(KUKA)研发出第一台工业机器人，命名为 Famulus，如图 1.20 所示，这是世界上第一台电机驱动的 6 轴工业机器人。1973 年全世界运行的工业机器人数量达到 3000 台。

1974 年，瑞典通用电机公司 ASEA（ABB 公司的前身）开发出世界上第一台全电驱动、由微处理器控制的工业机器人 IRB 6，如图 1.21 所示，主要应用于工件取放和物料搬运。该机器人负载 6kg，使用英特尔 8 位微处理器控制，该微处理器的内存容量仅 16KB。

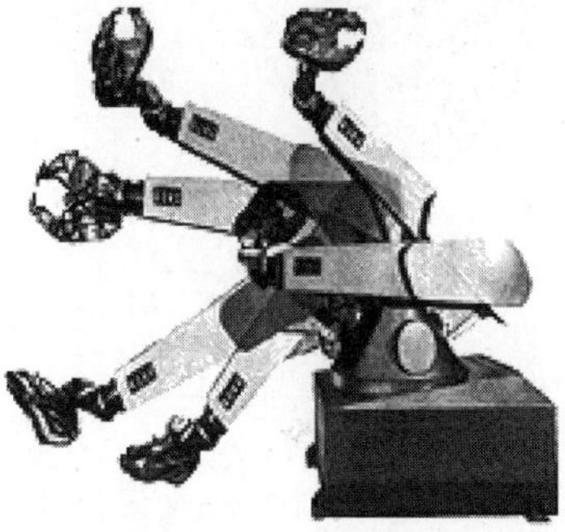

图 1.20 Famulus 机器人[20]

图 1.21 IRB 6 机器人[21]

1975 年，意大利的 Olivetti 公司开发出直角坐标机器人 SIGMA，如图 1.22 所示，它是一个应用于组装领域的工业机器人，在意大利一家组装厂安装运行。

1978 年，日本山梨大学（University of Yamanashi）的牧野洋（Hiroshi Makino）教授发明了 SCARA（Selective Compliance Assembly Robot Arm）机器人，意为选择柔性装配机械臂，如图 1.23 所示。1981 年，Sankyo Seiki 公司和 Nitto Seiko 公司分别开发出了商业化的 SCARA 机器人产品。SCARA 机器人一般有 4 个自由度（3 个转动，1 个移动），特别适合于轻型物品的快速转移和装配。

图 1.22 SIGMA 机器人[22]

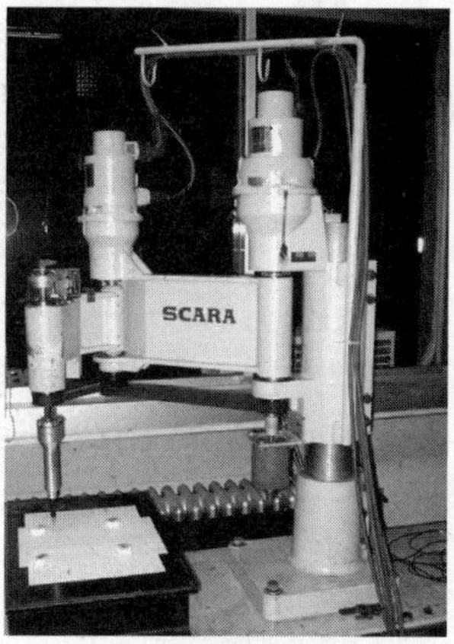

图 1.23 SCARA 机器人[23]

1978 年，美国 Unimation 公司推出由 Victor Scheinman 主持设计的通用工业机器人 PUMA（Programmable Universal Machine for Assembly），如图 1.24 所示，并应用于通用汽车装配线，这标志着工业机器人技术已经完全成熟。

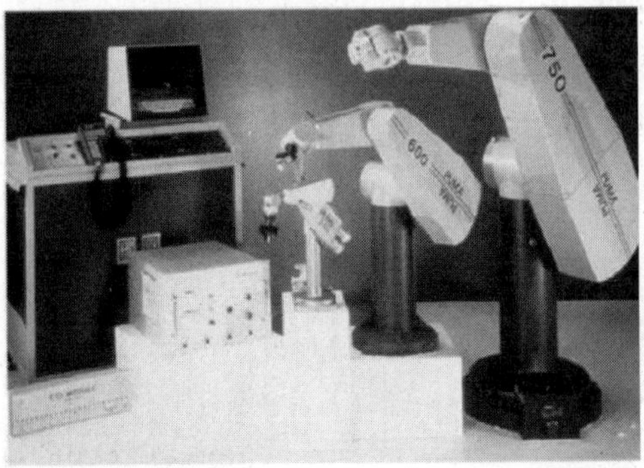

图 1.24 PUMA 机器人[24]

1.2.3 现代机器人的发展

20 世纪 80 年代，工业机器人独领风骚，在制造业尤其是汽车制造行业得到了大规模的推广和应用。20 世纪 90 年代以后，各种新型的服务机器人开始逐渐出现，并逐步发展到今天机器人行业百花齐放的局面。下面对这期间出现的典型机器人做简单介绍。

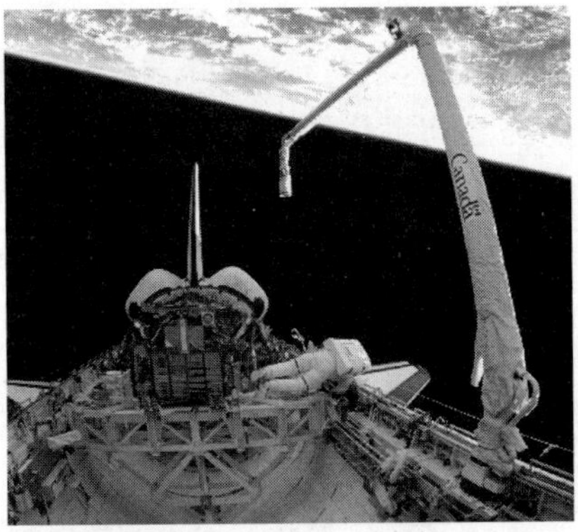

图 1.25 CanadArm 1 (STS-135)[25]

1981 年，美国宇航局将世界上第一款大型空间遥控机械臂 CanadArm 1(加拿大臂 1 号)搭载在哥伦比亚号航天飞机(STS-2)上进行了在轨测试。该机械臂由加拿大国家研究委员会(Canadian National Research Council)历时六年组织研制，安装在航天飞机货舱的一侧，主要用在航天飞机上进行展开、操纵和捕获物品等作业。CanadArm 1 重 410kg，长 15.2m，直径 38cm，结构上与人的手臂类似，分成 3 节，共有 6 个自由度，能搬运 332.5kg 的有效载荷，20 世纪 90 年代中期有效载荷增加至 3293kg，如图 1.25 所示。机械臂上装有电视摄像机和照明设备，座舱内的航天员通过摄像机传过来的前方图像，操纵机械臂完成抓举或释放任务。加拿大总共为 NASA(美国国家宇航局)研制了 5 个这种机械臂(201，202，301，302，303)，其中 302 号臂在“挑战者”号航天飞机爆炸事故中被毁。2011 年 7 月 CanadArm 1 最后一次随航天飞机执行任务(STS-135)，这也是它的第 90 次任务。在航天飞机投入使用的 20 多年中，该机械臂完成了上百次的释放、回收卫星以及协助航天员在太空维修航天器的任务。

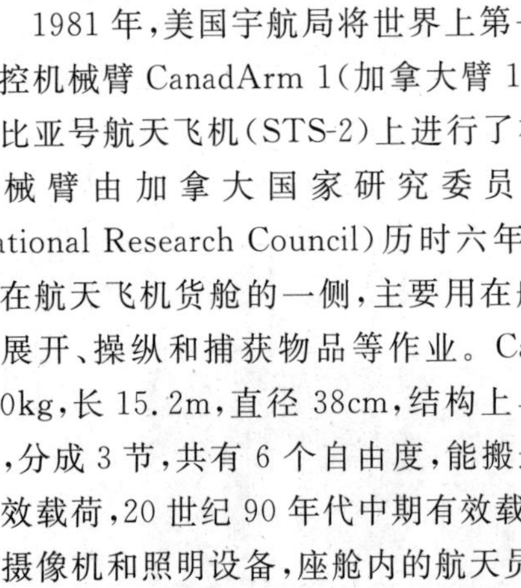

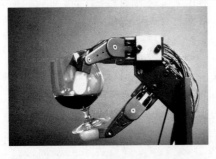

图 1.26 Stanford/JPL 多指灵巧手[26]

1982 年，Salisbury 设计了具有代表性意义的 Stanford/JPL 多指灵巧手，如图 1.26 所示。Stanford/JPL 灵巧手有 3 根手指，共有 9 个自由度，采用腱驱动方式，每根手指使用 $n+1$ 腱(n 个关节)传动设计，使用 4 条腱驱动手指的 3 个关节。

Stanford/JPL 手集成了位置传感器和基于应变片的指尖力/触觉传感器，将位置和力信息反馈引入了灵巧手控制策略，并进行了力控制和刚度控制的抓取操作实验以及力和被抓取物体形状的感知实验。Stanford/JPL 手的驱动控制器及主控制器均放置于灵巧手外部，采用集中控制的方式进行抓取操作控制。

1984 年，日本早稻田大学研制出世界首台弹电子琴的人形机器人 WABOT-2，如图 1.27 所示。该机器人高 189cm，重 82kg，配备两只五指的仿人手，能够与人交谈，能用视觉相机读乐谱，能在电子琴上用手指弹奏中等难度的乐曲。1985 年，该机器人在日本"科博会-筑波 85"展上演奏了电子琴曲目，在世界范围内引起很大关注。

1985 年，犹他大学和麻省理工学院研制了 Utah/MIT 灵巧手。如图 1.28 所示，Utah/MIT 灵巧手采用了模块化设计的理念，共有 4 根手指、16 个自由度。该灵巧手采用腱加滑轮传动，采用 $2n$ 条腱传动设计模式，总共使用了 32 条腱，采用气缸驱动，具有基于霍尔效应的位置传感器和基于应变片的腱张力传感器。Utah/MIT 灵巧手采用分层控制的方式，抓取和运动规划层采用 Sun 工作站进行运算，协调运动控制层由集成微处理器完成，由 Jife 驱动控制模块实现驱动器控制。

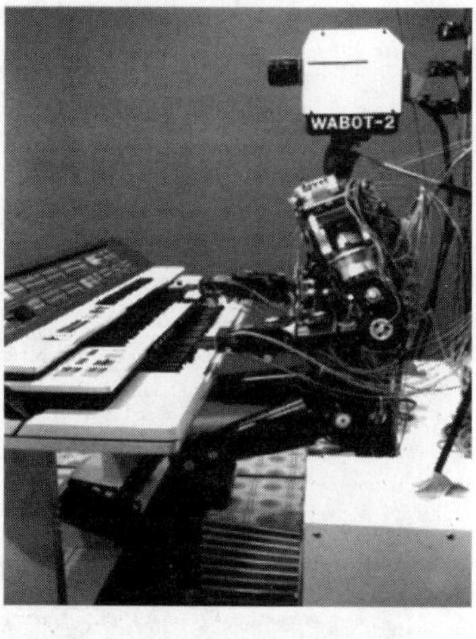

图 1.27　WABOT-2 机器人[27]

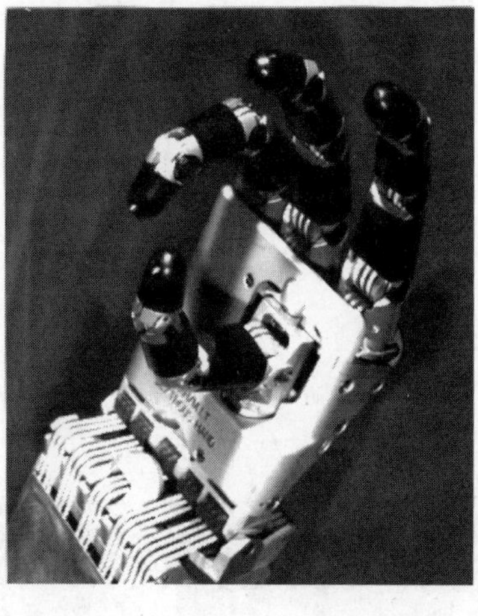

图 1.28　Utah/MIT 灵巧手[28]

1993 年，德国宇航中心在哥伦比亚航天飞机上（Spacelab D2）开展了一项名为 ROTEX（见图 1.29）的舱内机器人实验。利用一台安装在空间实验室支架上的带有多传感器手爪

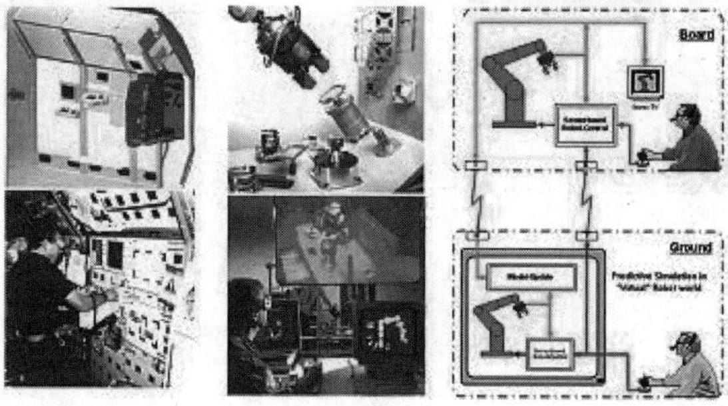

图 1.29　ROTEX[29]

的 6 自由度机械臂，进行了装配机械构架、插拔在轨可更换单元、抓取漂浮物体等实验，并测试了预编程自动控制、在轨遥操作、地面远程遥操作等不同的控制方式，为空间遥操作机器人的研究和应用提供了重要参考。

图 1.30　P2 机器人[30]

1996 年，本田公司经过 10 年研发终于研制出世界上第一台真正意义上的人形双足步行机器人 P2，如图 1.30 所示，该机器人总重 210kg，高 182cm。它能够用两条腿平稳上下楼梯，用扳手拧螺丝，被称为“第一台双足自律步行机器人”。该成果在各国研究人员中引起极大轰动，掀起了世界范围内人形机器人(Humanoid Robot)的研究热潮。1997 年，时任国务院总理李鹏一行在丰田公司总部参观了该机器人。

1997 年 7 月 4 日，美国国家宇航局于 1996 年 12 月 4 日发射的探测机器人索杰纳(Sojourner)成功登陆火星，如图 1.31 所示，这是世界上第一台自主式星球探测机器人，它能利用激光传感器和摄像机识别环境障碍，自主规划出安全路径。该机器人重约 11.5kg，长 0.63m，宽 0.48m，最大速度 0.4m/s。索杰纳共有 6 个独立悬挂驱动的车轮，每个车轮直径 13cm，前后轮均能独立转向，能在各种复杂地形上运动。

1997 年 11 月 28 日，日本宇宙开发事业团(NASDA)发射了国际上第一个自由飞行空间机器人系统——工程试验卫星 7 号(ETS VII)，如图 1.32 所示，该系统由追踪卫星和目标卫星两部分组成。追踪卫星上装有一条长约 2m、6 个自由度的机械臂，末端安装有长约 15cm 的三指灵巧手。首次试验了无人干预情况下，目标星远离 20cm 后经过位姿测量再用机器人抓回并放在预定位置，验证了多自由度、多传感器机械手在空间在轨服务的可行性。所有空间试验在 1999 年底完成。

图 1.31　索杰纳机器人[31]

图 1.32　ETS VII[32]

1998 年，德国宇航中心基于研制成功的新型驱动器，设计了第一个真正的完全内置式多指灵巧手 DLR I，它有 4 个手指，共 12 个自由度，如图 1.33 所示。DLR I 在手指末端关节采用了腱驱动，所有驱动及传动装置、控制系统、传感器及通信系统均集成在灵巧手的内部,使灵巧手独立于机械臂成为一个模块化的局部自主系统。

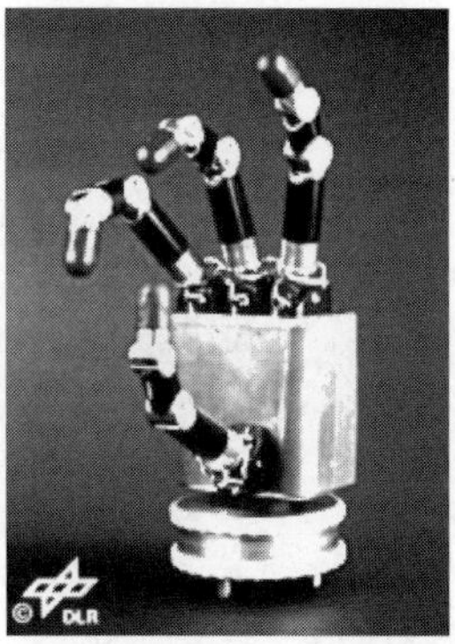

图 1.33 DLR I灵巧手[33]

1999 年,美国国家宇航局和通用电气公司设计开发了世界上第一个面向太空任务的仿人机器人 Robonaut 1 (R1),包括 R1A 和 R1B 两个版本,如图 1.34 (a)所示。R1 共有 47 个自由度,其中,颈部有 2 个自由度,两条臂各有 7 个自由度,每条臂末端携带的五指灵巧手有 12 个自由度,还有一条 7 自由度的腿,用于固定在空间站上。设计 R1 的目的是可以替代宇航员完成各种枯燥、重复甚至危险的任务。此外,可以根据不同工作环境更换 R1 下半身结构,如果在空间站工作,R1 的下半身为零重力腿;如果在地面工作,R1 的下半身则可更换为轮式移动平台。2011 年,美国国家宇航局和通用电气公司通过对 R1 的改进,成功研制出新一代的太空仿人机器人 Robonaut 2(R2),并成为第一个进入国际空间站的仿人机器人。R2 共有 42 个自由度,其中颈部有 3 个自由度,两条臂各有 7 个自由度,每条臂末端携带的五指灵巧手有 12 个自由度,还有 1 个腰转自由度。R2 的动作速度是 R1 的 4 倍,整体设计更加紧凑,更具灵活性,且具备更广的感知范围。R2 最大的特点就是拥有类似人的灵巧手,相比于 R1,R2 拇指的自由度数增加到 4 个,手指灵巧性提高了 40%,使其能够抓握更多的工具。此外,R2 手指的每个关节都集成了 6 维力/力矩传感器以及腱张力传感器,显著提高了灵巧手的力控和传感性能。

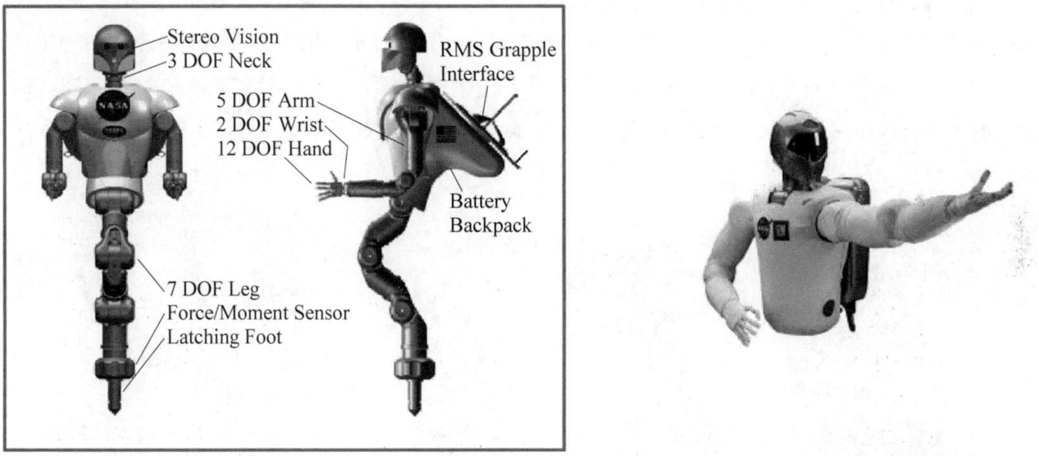

(a) Robonaut1　　(b) Robonaut2

图 1.34 Robonaut 机器人[34]

1999 年,日本索尼公司推出可与用户互动的宠物狗玩具机器人爱宝(AIBO,Artificial Intelligence Robot),型号 ERS-110,售价超过 2000 美元,日本首发的 3000 台在 20 分钟内销售一空。爱宝机器人有 18 个自由度,其中嘴部 1 个自由度,头部 3 个自由度,每条腿 3 个自由度,尾巴 2 个自由度。头部和四个爪端各有一个触觉传感器,头部还有一个 CCD 相机。爱宝机器人在摔倒后能自动复位,还能通过 LED 灯光表达高兴(绿色)和生气(红色)等情绪。需要说明的是,AIBO 机器人共有 5 种不同的外形,如图 1.35 所示。AIBO 机器人总销量超过 15 万台,2015 年它与日立 8 位计算机一起入选了日本的"未来技术遗产"。

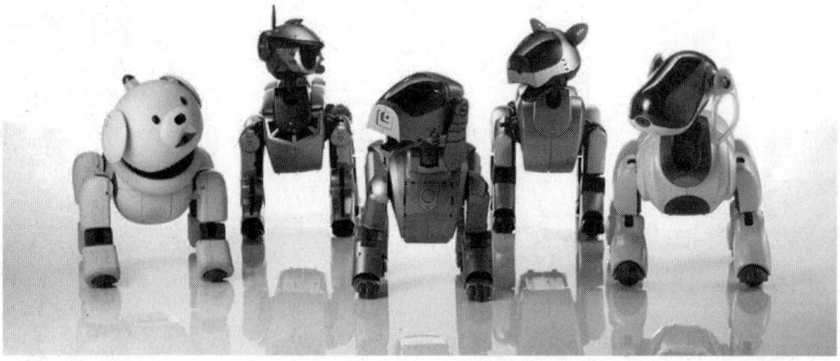

图 1.35 AIBO 机器人[35]

2000 年，美国食品药品监督管理局（FDA）批准了 Intuitive Surgical 公司开发的达芬奇外科手术机器人系统（da Vinci Surgical System）在泌尿外科等手术中的应用，由此拉开了医疗机器人商业化应用的序幕。达芬奇机器人由三部分组成：外科医生控制台、床旁机械臂系统、成像系统，如图 1.36 所示。手术过程中主刀医生坐在控制台旁，使用双手操作两个主臂控制床旁机械臂系统在患者体内的手术。床旁机械臂系统一般由 2～3 只器械臂和 1 只摄像臂组成，器械臂有 7 个自由度，可以模拟人手完成各种操作。截至 2014 年 6 月 30 日，全世界约有 3102 台达芬奇手术机器人。

2000 年，本田公司推出了新一代人形机器人阿西莫（ASIMO，Advanced Step Innovative Mobility，高级步行创新移动能力），高 120cm，重 52kg，行走速度 1.6km/h，如图 1.37 所示。与本田公司早先研究的人形机器人相比，阿西莫具有体型小、重量轻、动作轻柔灵活等特点，更适合在家居环境中应用。现在阿西莫机器人已发展到第三代（2011 年推出），它不但能跑、走、上下阶梯，还会踢足球、跳舞、倒茶，动作十分灵巧，代表着当前人形机器人的顶尖水平。

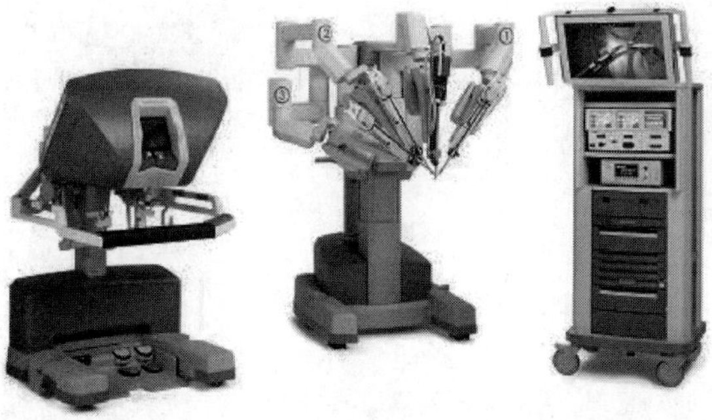

图 1.36 达芬奇外科手术机器人系统[36]

图 1.37 ASIMO 机器人[37]

2001 年 4 月 19 日，CanadArm 2（加拿大臂 2 号）机械臂由“奋进号”航天飞机（STS-100）带上太空，安装在国际空间站上，主要用于空间站的装配和维护。CanadArm 2 是国际空间站的“移动服务系统”（Mobile Servicing System，MSS）的组成部分之一，即空间站遥控机械臂系统（Space Station Remote Manipulator System，SSRMS）。CanadArm 2 有 7 个关节，总长 17.6m，直径 35cm，自重 1800kg，最大负荷 116t，如图 1.38 所示。CanadArm 2 比 CanadArm 1 更长，负载更大，它可以帮助航天飞机停靠在国际空间站，搬运设备和物资，帮助宇航员在太空工作。加拿大2号臂与加拿大1号臂最大的区别在于,2号臂两头都有抓固装置,任何一端都可以沿桁架上的导轨移动到新位置后再固定,而1号臂只有一端有抓固装置。

2003年,索尼公司推出QRIO(Quest for cuRIOsity)人形机器人,高约0.6m,重约7.3kg,步行速度0.8km/h,如图1.39所示。QRIO可以跑步、跳舞、唱歌、踢足球,并能与人互动,是世界上第一个可以跑的双足人形机器人。如果QRIO跌倒了,它会自己站起来。因为索尼公司自身业务调整,2006年1月索尼公司停止了AIBO和QRIO的研发和销售,这也是机器人发展历史中的一大憾事。

图1.38 CanadArm 2[38]

图1.39 QRIO机器人[39]

2002年,美国iRobot公司推出了吸尘器机器人Roomba,如图1.40所示。它能避开障碍,自动设计行进路线,还能在电量不足时,自动驶向充电插座。2015年推出的Roomba 980采用了VSLAM(Vision Simultaneous Localization and Mapping)技术,在清洁房间的同时能绘制房间地图,从而知道哪些地方需要清洁、哪些地方清洁不到,这样在下次清理时能够加快速度,节省时间。Roomba共有6、8、9三个系列,是目前世界上销量最大的家用机器人。

2005年,美国波士顿动力公司(Boston Dynamics)推出了一款动态稳定性超强的四足机器人"大狗"(BigDog),如图1.41所示。大狗机器人长约0.91m,高约0.76m,重约109kg,负载150kg,采用汽油机作为动力,采用液压缸驱动16个关节。该机器人能在雪地、冰面、碎石地、林地等野外环境中稳定行走,即使受到外部撞击也能不摔倒。该机器人实验视频一经推出即引起很大轰动,引发了新一轮四足机器人的研究热潮。大狗机器人被誉为世界上第一台能在真实世界环境而非实验室中稳定运动的四足机器人。

图1.40 Roomba[40]

图1.41 BigDog[41]

2006 年 6 月，微软公司推出 Robotics Developer Studio，机器人模块化、平台统一化的趋势越来越明显。比尔·盖茨曾预言，家用机器人将来会像个人计算机那样进入每个家庭。

2009 年，丹麦的优傲(Universal Robots)公司推出了世界上第一款人机协作机器人 UR5，如图 1.42 所示。该机器人是一种 6 关节的轻量型机器人，重 18kg，负载 5kg，工作半径 85cm，重复定位精度±0.1mm。该机器人的最大特点是能够与人近距离一起工作，一旦与人接触并产生 150N 以上的力时，该机器人能自动停止，从而避免对人产生伤害。UR5 机器人推出后，迅速在世界范围内掀起了人机协作机器人的研究和开发热潮。目前，优傲已成为世界排名第一的人机协作机器人公司。

2015 年，ABB 机器人公司在德国汉诺威工业博览会上推出全球首款人机协作双臂机器人 YuMi，如图 1.43 所示，该名字来源于 You & Me。YuMi 机器人采用铝镁合金骨架，外包覆软性材料和塑料外壳，能够很好地吸收外部的冲击。每条臂有 7 个自由度，并带一个 1 自由度的手爪，负载 500g。该机器人具有力控制功能，在碰到人或其他物体时能够自动停下来，不需要像传统工业机器人那样需要与人隔离。

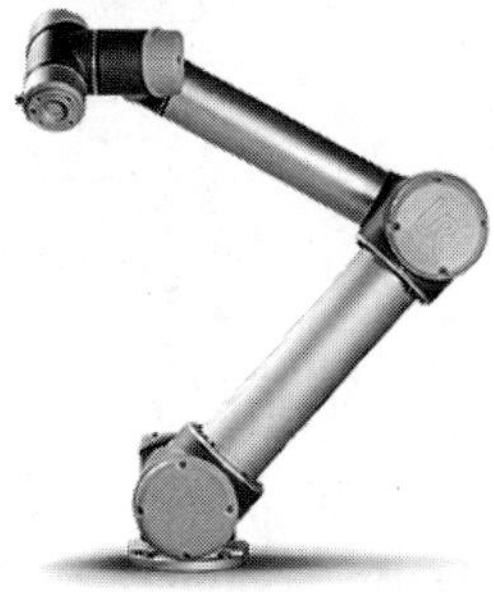

图 1.42 UR5[42]

图 1.43 YuMi[43]

1.2.4 国内机器人的发展

我国的机器人研究起步于 20 世纪 70 年代初期，经过“七五”重点攻关、“八五”应用工程开发及“863 计划”实施，逐渐从最初缓慢的自主研发转变成国家重视的有计划研究、开发和推广应用的阶段。我国机器人的发展过程大致可分为三个阶段：20 世纪 70 年代的萌芽期、80 年代的发展期和 90 年代至今的繁荣期。

20 世纪 70 年代初，我国开始关注机器人的发展，并开始尝试机器人的研发。1977 年，全国机械手技术交流大会在浙江嘉兴召开，这是我国历史上第一个以机器人为主题的大型学术会议，开启了我国机器人学术交流的新纪元。参会人员表达了我国机械工业界对发展机器人技术的殷切渴望，为促进日后中外学术交流活动的广泛开展、机器人研究机构的建立及推动我国机器人战略的实施打下了坚实基础。

1978 年，应中日友好协会邀请，日本早稻田大学的著名机器人专家加藤一郎教授来北京访问交流，从此打开了我国机器人对外交流的窗口。此后，美国、日本等国家的教授陆续来华访问交流，我国机器人领域的专家也开始走出国门。

为加快机器人研究步伐，自 20 世纪 70 年代末至 1985 年，国内先后在航空部、机械部、中科院沈阳自动化所及多所高校成立机器人科研机构，开展机器人的研发工作，并协助国家主管部门开展有关机器人发展战略的规划工作。“七五计划”期间，国家将“工业机器人开发研究”作为重大科技攻关项目，重点对点焊、弧焊、喷漆、搬运等型号的工业机器人及其零部件进行攻关，形成了中国工业机器人的第一次研发高潮。

1985年，哈尔滨工业大学蔡鹤皋教授团队率先研制出我国第一台弧焊机器人——华宇Ⅰ型（HY-Ⅰ）弧焊机器人（见图1.44），两年之后又研制出国内第一台点焊机器人——HRGD-1型点焊机器人（见图1.45）。

图1.44 华宇Ⅰ型弧焊机器人[44]

图1.45 HRGD-1型点焊机器人[45]

1985年，中科院沈阳自动化研究所蒋新松研究员主持研制了“海人一号”100m水下机器人，并先后于1985年及1986年获得首航及深潜试验的成功，在技术上达到了20世纪80年代国际同类产品水平。

1986年，国家高技术研究发展计划（863计划）开始实施，确定了特种机器人与工业机器人并重的发展方针，项目实施期间共研制开发出7种工业机器人和102种特种机器人。

从1987年开始，北京航空航天大学的张启先教授带领团队持续开展了机器人仿生灵巧手的研究，并于20世纪90年代初研制出了BH-1三指9自由度灵巧手，填补了当时的国内空白，并于1991年4月参加了国家科委主办的863计划五周年成果展，后来又陆续研制出BH-2、BH-3灵巧手（图1.46）。1993年，张启先教授完成了国内首个7自由度冗余机器人样机的研制，如图1.47所示，此项成果不仅在我国处于领先地位，而且在某些方面达到了20世纪80年代末国际先进水平。

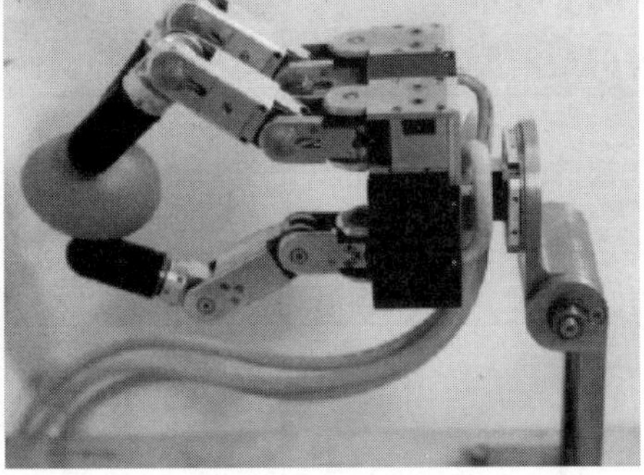

图1.46 BH-3灵巧手

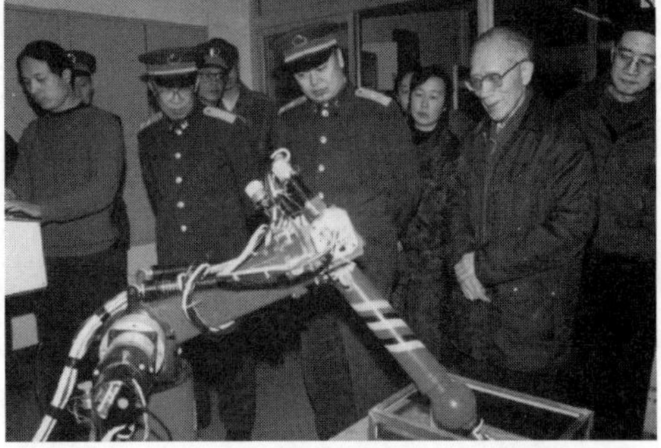

图1.47 张启先院士和7自由度机器人

1990 年，北京机械工业自动化研究所成功研制出我国第一台喷漆机器人 PJ-1，其主要性能达到 20 世纪 80 年代中期国外同类产品水平。

1994 年，中科院沈阳自动化研究所研制成功“探索者”号水下机器人(见图 1.48)，其工作深度达到了 1000m，并且甩掉了与母船间联系的电缆，实现了我国水下机器人从有缆向无缆的飞跃。

除此之外，我国还先后研制出了具有自主知识产权的点焊、弧焊、装配、喷漆、切割、搬运、包装码垛等用途的工业机器人，并实施了一批机器人应用工程，形成了一批机器人产业化基地，为我国机器人产业的腾飞奠定了基础。“863 计划”的成功实施，使我国机器人技术的研究、开发、应用和产业化从最开始的无序分散、低水平重复状态推进到初具行业性的新阶段。从此以后，中国机器人产业开始逐渐走向规范化、规模化。

随着中国经济的快速发展、科技水平的不断提高及制造工艺的日益成熟，进入 21 世纪，中国机器人产业迎来了第二次发展的高潮期，国内机器人公司纷纷成立，开始研发各类机器人产品。与此同时，企业与高校、科研机构之间广泛建立合作关系，掀起了一股新的机器人研发热潮。

2013 年 12 月 15 日，我国研制的玉兔号月球车成功登陆月球表面，成为继美国、苏联之后第三个登陆月球的国家。玉兔号月球车长 1.5m，宽 1m，高 1.1m，重约 140kg，具备爬 20°斜坡和越 20cm 障碍的能力，配备了全景相机、红外成像光谱仪、测月雷达等仪器，如图 1.49 所示。

图 1.48 “探索者”号水下机器人[46]

图 1.49 玉兔号月球车[47]

综上所述，从应用领域来看，我国机器人的研究已经由早先的工业应用扩展到更多的非工业应用领域，各种类型的服务机器人层出不穷；从发展方向上来看，从最早只能执行简单程序、重复简单动作的工业机器人向具有感知能力的智能型机器人发展。

1.3 机器人的专业术语

机器人中有一些专业术语，了解和掌握它们有助于更好地学习机器人的相关知识，下面介绍一些重要的机器人专业术语。

1. 坐标系(Frame/Coordinate Frame)

在机器人学中，坐标系具有非常重要的作用，是建立机器人数学模型的基础。在机器人学中广泛采用的是空间笛卡儿直角坐标系，即满足“右手系”的三维正交坐标系，通常被简称为笛卡儿坐标系，如图 1.50 所示。

两条相交于原点且度量单位相等的数轴所构成的平面放射坐标系被称为笛卡儿坐标系(Cartesian Frame)，如果两条数轴相互垂直，则被称为笛卡儿直角坐标系，否则被称为笛卡儿斜角坐标系。空间笛卡儿直角坐标系是平面笛卡儿坐标系向三维空间的推广，具有以下四个特点：①三条数轴交于原点；②三条数轴不共面；③三条数轴度量单位相等；④三条数轴相互垂直。

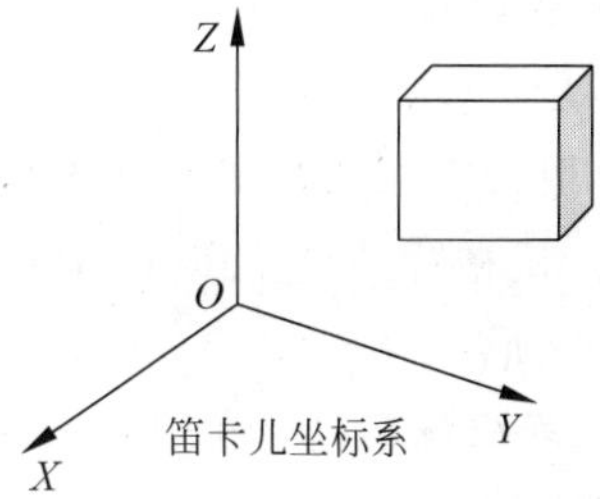

图 1.50 笛卡儿坐标系与物体的自由度

2. 自由度(Degree of Freedom，DOF)

自由度是指一个点或一个物体运动的方式或一个动态系统的变化方式，也指描述物体运动所需要的独立坐标数或独立变量数。每个自由度可表示一个独立的变量，而利用所有的自由度就可以完整描述所研究物体或系统的位置和姿态。描述三维空间中物体(一般指刚体)的运动通常需要 6 个变量($x,y,z,\alpha,\beta,\gamma$)，前 3 个变量表示物体的位置，后 3 个变量表示物体的姿态。这 6 个变量是基于一个笛卡儿直角坐标系表示的，如图 1.50 所示，因此通常会讲一个自由物体在三维空间中具有 6 个自由度。

3. 操作臂(Manipulator)

操作臂是指具有和人的胳膊相似的功能，可在空间抓放物体或进行其他操作的机电装置。在机器人领域，通常指工业机械臂(工业机器人)或其他类型的机器人臂，如图 1.51 所示。目前操作臂主要有两种结构形式：一体化结构和模块化结构。传统的工业机器人多采用一体化的结构，有一个集中的控制柜，机械本体拆开就不能工作了；而模块化机械臂的每个关节是一个集电机、控制、传感于一体的独立结构，关节模块之间可以相互通信、供电，一般没有一个集中的控制柜。目前，操作臂这个名称用得比较少了，逐渐被机械臂(Arm)所代替。

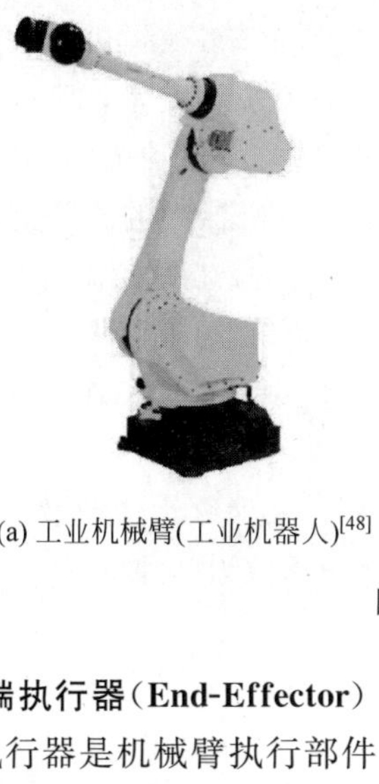
(a) 工业机械臂(工业机器人)[48]

(b) 模块化机械臂[49]

图 1.51 操作臂/机械臂

4. 末端执行器(End-Effector)

末端执行器是机械臂执行部件的统称，它一般位于机器人腕部的末端，是直接执行工作任务的装置，如灵巧手、夹持器等。图 1.51(b)中所示机械臂末端的三指机械手就属于末端执行器。

5. 手腕(Wrist)

手腕是机械臂的某个或某几个关节所在部位的统称，起到类似人的手腕的作用。手腕一般与机器人末端执行器直接连接，具有支撑和调整末端执行器姿态的功能。手腕是机器人操作臂/机械臂的重要组成部分之一，工业机器人的后三个关节通常起到手腕的作用，如图 1.51(a)所示。

6. 世界坐标系(World Coordinate System)

世界坐标系一般是指建立在地球上的笛卡儿直角坐标系，也被称为大地坐标系。该坐标系相对于地球上的其他物体都是不动的，所以可作为通用的参考系。

7. 基座坐标系(Base Coordinate System)

基座坐标系也被称为基坐标系，一般用于描述机器人操作臂，是指建立在机器人不运动的基座上的坐标系，该坐标系相对于机器人的其他部分是静止不动的，通常用作描述机器人各连杆运动及末端位姿的参考坐标系。

8. 坐标变换(Coordinates Transformation)

坐标变换是指将刚体的位姿描述从一个坐标系转换到另一个坐标系下的过程。在机器人运动学中，坐标变换非常重要，通常用于两个相邻连杆之间的位姿转换。

9. 关节空间(Joint Space)

关节空间是机器人关节变量所构成的数学意义上的空间集合。例如，某工业机器人有 6 个关节，每个关节位置用变量表示为 $\theta_i, i=1,2,\cdots,6$，则此 6 个关节变量可构成一个关节空间集合。此外，机器人的关节位置变量、关节速度变量和关节加速度变量都可独立或组合构成机器人的关节空间。

10. 工作空间(Work Space)

机器人工作空间有两层含义。一层是数学意义上的，指的是机器人工作空间变量所构成的空间集合。例如，某 6 自由度工业机器人的工作空间可用 6 个变量 $x,y,z,\alpha,\beta,\gamma$ 描述，这 6 个变量可构成机器人的工作空间。另一层含义是几何层面的，是指机器人运动描述参考点所能到达的空间点的集合，一般只考虑机器人工作空间的位置变量，如 x,y,z，通常用于描述机器人操作臂的工作范围，它是由操作臂的连杆尺寸、关节运动范围和构型决定的。机器人工作空间的形状因机构类型不同而不同，例如直角坐标机器人的工作空间是一个矩形六面体，圆柱坐标机器人的工作空间是一个开口空心圆柱体，极坐标机器人的工作空间是一个空心球体。因为机器人的转动关节受结构的限制，一般不能整圈转动，所以关节式机器人的工作空间比较复杂，图 1.52 所示的是某 6 自由度关节式机器人的工作空间投影图。

11. 额定负载(Rated Load)

额定负载是指机器人在规定的性能范围内末端机械接口处能够承受的最大负载量。该指标反映了机器人搬运重物的能力，通常用来表示机械臂的承载力。

12. 分辨率(Resolution)

分辨率是指机器人每个关节能够实现的最小移动距离或最小转动角度。该指标反映了机器人关节传感器的检测精度及关节的运动精度。

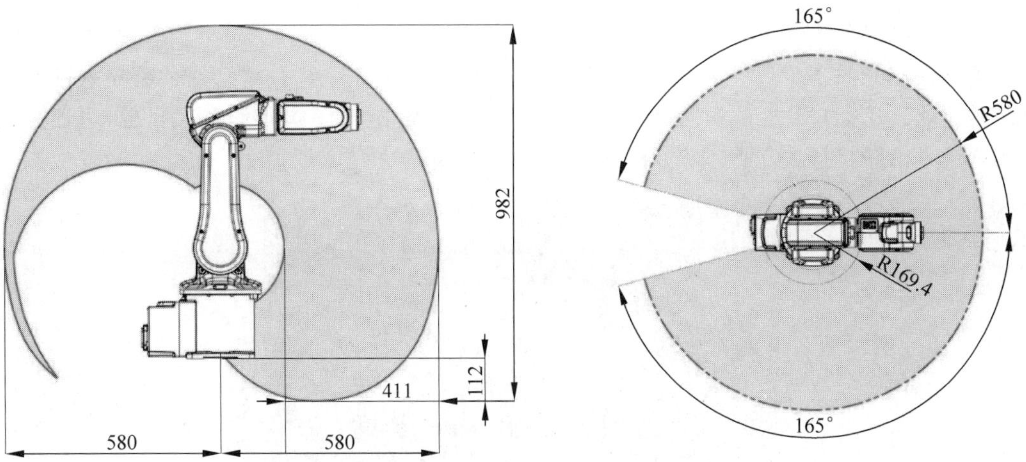

(a) 侧视图　　(b) 俯视图

图 1.52　某关节式机器人的工作空间[50]

13. 定位精度(Positioning Accuracy)

定位精度是指机器人执行指令设定位姿与实际到达位姿的一致程度。在机器人的技术指标中,定位精度通常用重复定位精度来表示,例如某工业机器人的重复定位精度为±0.01mm。

14. 点位控制(Point to Point Control,PTP)

点位控制是机器人的一种典型控制方式,控制机器人从一个位姿运动到下一个位姿,只保证起点和终点处位姿的准确性,不限定其中间的过渡路径,由机器人的控制器和驱动器自动选择。例如,在点焊和物品搬运中,可采用点位控制让机器人顺利地通过和到达某些点,而不必限定两个点之间的运动轨迹的形状。如图 1.53 所示是机器人某关节的点位运动曲线,图中的圆点是必须经过的,而两个相邻圆点之间的轨迹可以是任意形状的。

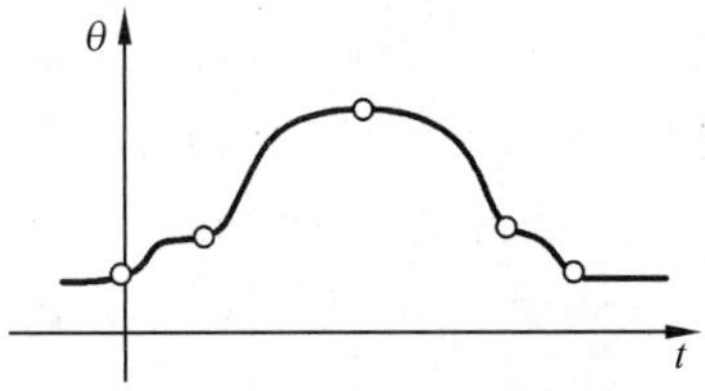

图 1.53　机器人点位控制

15. 连续轨迹控制(Continuous Path Control,CP)

连续轨迹控制是一种比点位控制更复杂的控制方式,它能控制机器人的末端执行器在指定的轨迹上按照编程规定的位姿和速度移动。例如,在如图 1.54 所示的机器人弧焊中,需要采用连续轨迹控制而不是点位控制,让机器人带着焊炬完成预定的连续焊缝的焊接作业。如果采用的是点位控制,则无法保证焊缝的形状,自然无法达到预定的焊接质量。

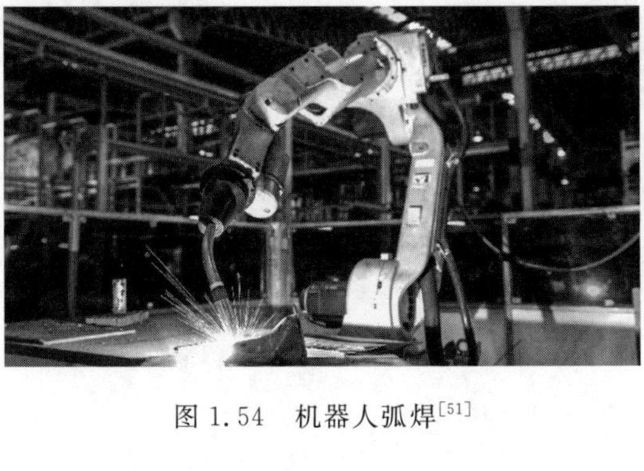

图 1.54　机器人弧焊[51]

16. 协调控制(Coordinated Control)

协调控制是对多个机器人而言的,该控制方式可以协调多个手臂或多台机器人同时进行某种作业。例如,如图 1.55 所示的 4 个机械臂协调合作完成作业任务。目前,机器人的发展趋势是由单机器人作业逐渐向多机器人协调作业的方向变迁。

图 1.55 多机器人协调作业[52]

17. 伺服系统(Servo System)

伺服系统是控制机器人的位姿和速度等使其跟随目标值变化的控制系统。伺服系统是机器人的控制核心,目前主要有基于工控机的伺服系统和基于嵌入式控制器的伺服系统两大类。基于工控机的伺服系统常用于工业机器人等大功率机器人系统,基于嵌入式控制器的伺服系统通常用于移动机器人等小型机器人系统。

18. 离线编程(Off-line Programming)

离线编程是机器人作业方式的信息记忆过程与作业对象不发生直接关系的编程方式。例如,在计算机上编写机器人的控制程序,然后让机器人按着编写的程序运动,这种编程方式就是一种离线编程。

19. 在线编程(On-line Programming)

在线编程是让机器人在执行任务的过程中记忆下运动参数及轨迹的一种编程方式,目前这种编程方式的应用比较少。在线编程最常用的方式是人工示教,即一个操作熟练的人牵引机器人的工具完成操作任务,机器人在运动过程中记忆下运动参数并能够复现整个运动轨迹,如图 1.56 所示。在喷漆机器人的编程中常采用人工示教的在线编程方式。

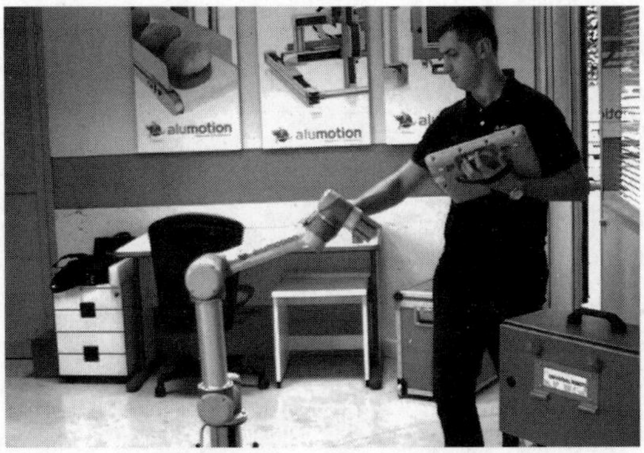

图 1.56 机器人示教[53]

20. 机器人语言(Robot Language)

在机器人的早期阶段,需要采用专用的计算机编程语言编写机器人的控制程序,主要有VAL、VAL2、LAMA、RAIL等。目前,大多数机器人的编程语言是采用主流的计算机程序设计语言,如C、C++、C#等。

21. 传感器(Sensors)

机器人采用传感器感知自己和周围环境,因此机器人的传感器主要分为内部传感器(internal sensors)和外部传感器(external sensors)。例如,检测机器人关节运动的编码器属于内部传感器,检测与物体之间接触力信息的属于外部传感器。机器人的外部传感器主要有力传感器、超声传感器、激光传感器、视觉传感器等,如图1.57所示。

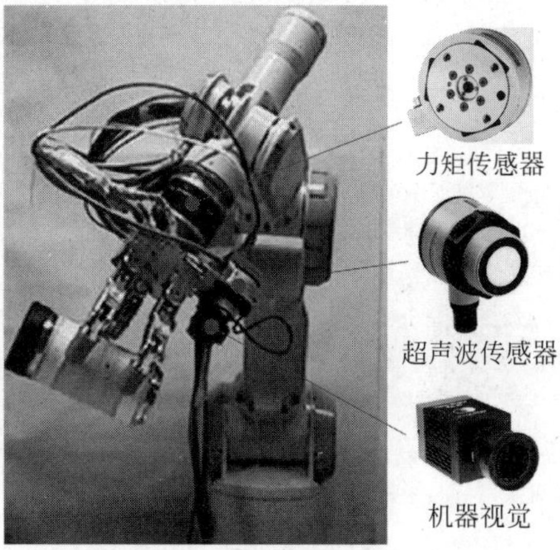

图1.57 机器人中的传感器

1.4 机器人的分类

目前,机器人的功能多种多样,外形也千奇百怪,对现有机器人进行分类不是一件容易的事情。依据国际机器人联合会(IFR)的分类,目前的机器人主要分为工业机器人(Industrial Robot)和服务机器人(Service Robot)两大类。这种分类主要是依据机器人的应用领域及服务对象来划分的。

工业机器人主要用于生产制造流通领域,应用场合是工厂,用途包括焊接、铸造、喷涂、冲压、装配、搬运等,工业机器人在不同应用中的占比如图1.58所示。工业机器人的主要结构形式为多自由度机械臂(如图1.59所示)和轮式移动机器人(如图1.60所示),其中轮式移动机器人主要包括常规轮式移动机器人和全向移动机器人(麦克纳姆轮)。自2013年起,中国市场销售的工业机器人数量连续排名世界第一,超越了日本、美国等发达国家,但中国制造业中机器人数量与工人数量的比值还很低,远远低于美国、日本、德国、韩国等国家。

服务机器人主要为人类提供最直接的服务或替代,主要包括专业服务机器人(Professional Service Robots)、个人及家用服务机器人(Service Robots for Personal and Domestic Use)两大类。专业服务机器人主要包括农牧机器人、食品机器人、建筑机器人、救援机器人、医疗机器人、军用机器人等,如图1.61所示。个人及家用服务机器人主要包括玩具机器人、清洁机器人、陪护机器人、教育机器人等,如图1.62所示。目前,服务机器人的应用范围及类型远比工业机器人多得多。

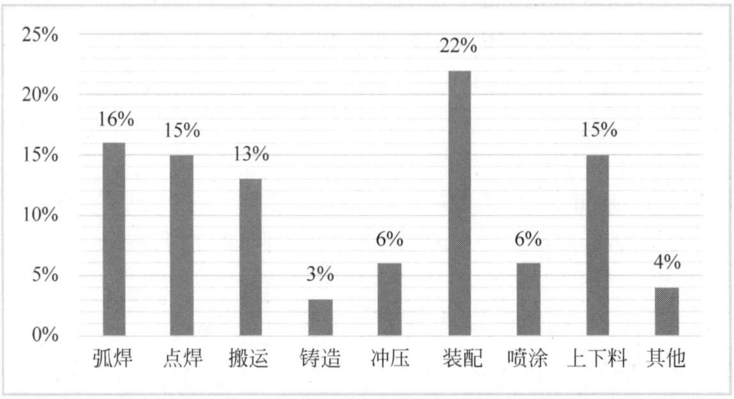

图 1.58 工业机器人在不同应用中的占比

(a) 多自由度机械臂焊接装配[54]

(b) 多自由度机械臂喷涂[55]

图 1.59 多自由度机械臂

(a) 常规轮式移动机器人[56]

(b) 全向移动机器人[57]

图 1.60 轮式移动机器人

挤奶机器人[58]

破拆机器人[59]

机器人宇航员[60]

军用机器人[61]

图 1.61 专业服务机器人

玩具机器人[62]　　教育机器人[63]　　护理机器人[64]　　扫地机器人[65]

图 1.62　个人及家用服务机器人

1.5 机器人的主要研究方向

机器人学是多学科交叉的新兴前沿学科，涉及机械学、生物学、计算机科学与工程、控制理论与控制工程、电子工程、人工智能、人类学、社会学等。简而言之，机器人学是研究机器人的科学和技术的学科。目前，机器人的主要研究方向有机器人机构、机器人运动学、机器人动力学、机器人控制、机器人感知等。下面对各研究方向做简要介绍。

1. 机器人机构(Mechanism)

机器人机构是用来将输入的运动和力转换成期望的力和运动的输出。机器人机构按工作空间可分为平面机构和空间机构，按刚度可分为刚性机构和柔性机构。机器人机构主要研究机构的构型、尺度、速度、负载能力及机构的刚度。

2. 机器人感知(Sensing)

机器人感知是通过不同的传感器来实现的，主要包括内部传感器和外部传感器两大类。机器人感知主要研究机器人专用传感器的研制及相关的传感信息处理方法和技术。

3. 机器人运动学(Kinematics)

机器人运动学主要研究机器人的位置、速度、加速度及其他位置变量的高阶导数，包括正运动学(Forward Kinematics)和逆运动学(Inverse Kinematics)两大类问题。运动学研究机器人的运动，但不考虑产生运动的力。

4. 机器人动力学(Dynamics)

机器人动力学是研究机器人产生预定运动需要的力，如关节电机驱动器输出的力矩。机器人动力学的基础是牛顿力学(Newtonian Mechanics)、拉格朗日力学(Lagrangian Mechanics)和汉密尔顿力学(Hamiltonian Mechanics)。

5. 机器人控制(Control)

机器人控制以机器人运动学和动力学为基础，主要包括位置控制(Position Control)、力控制(Force Control)、力位混合控制(Hybrid Control)等类型。机器人的智能是由其控制系统和控制方法来体现。

1.6 小结

本章首先介绍了机器人的定义，然后分阶段介绍了机器人的发展历程，并对我国机器人的发展进行了概述，在此基础上介绍了机器人中重要的专业术语及机器人的分类，最后介绍了机器人的主要研究方向。本章内容既能帮助读者了解机器人的发展历史及现状，又能为读者学习后续章节的内容提供必要的基础知识储备。

参考文献

[1] https://www.imdb.com/name/nm0135015/mediaviewer/rm2012351232.

[2] http://images.17173.com/news/2008/05/27/b0527jijia01.jpg.

[3] https://upload.wikimedia.org/wikipedia/commons/thumb/4/45/Leonardo-Robot3.jpg/180px-Leonardo-Robot3.jpg.

[4] https://www.nytimes.com/2012/03/08/fashion/08iht-acaw-jaquet08.html.

[5] http://en.dpm.org.cn/dyx.html?path=/tilegenerator/dest/files/image/8831/2007/1266/img0007.xml.

[6] https://cultura.hu/kultura/25-eve-halt-meg-isaac-asimov-a-sci-fi-mestere/.

[7] https://www.aandrijvenenbesturen.nl/nieuws/algemeen/nid5886-george-devol-uitvinder-van-de-robotarm-overleden.html.

[8] https://en.wikipedia.org/wiki/Joseph_Engelberger#/media/File: Joseph_Engelberger_Potrait_Pictures_in_Colour.jpg.

[9] https://spectrum.ieee.org/automaton/robotics/industrial-robots/george-devol-a-life-devoted-to-invention-and-robots.

[10] http://www.istis.sh.cn/list/list.aspx?id=7513.

[11] http://cyberneticzoo.com/early-industrial-robots/1958-62-versatran-industrial-robot-harry-johnson-veljko-milenkovic/.

[12] https://newatlas.com/shakey-robot-sri-fiftieth-anniversary/37668/#gallery.

[13] http://trallfa.no/history/.

[14] https://ifr.org/robot-history.

[15] http://infolab.stanford.edu/pub/voy/museum/pictures/display/1-Robot.htm.

[16] http://www.humanoid.waseda.ac.jp/booklet/photo/WAP-1-1969.jpg.

[17] http://www.aihot.net/robot/9053.html.

[18] http://www.china.com.cn/tech/zhuanti/tygc/2007-10/13/content_9045082.htm.

[19] https://mobsea.com/Most-Famous-Fictional-Robots-of-All-Time/The-Robot-Lost-in-Space.

[20] http://www.sell-buy-machines.com/2011/11/world-of-industrial-robots.html.

[21] https://new.abb.com/products/robotics/home/about-us/historical-milestones.

[22] http://www.istis.sh.cn/list/list.aspx?id=7514.

[23] Gasparetto A, Scalera L. A brief history of industrial robotics in the 20th century[J]. Advances in Historical Studies, 2019, 8: 24-35.

[24] http://www.istis.sh.cn/hykjqb/wenzhang/list_n.asp?id=7514&sid=1.

[25] https://en.wikipedia.org/wiki/Canadarm.

[26] https://www.sciencesource.com/archive/Robotics-Salisbury-Hand-SS2626784.html.

[27] http://www.humanoid.waseda.ac.jp/booklet/photo/WABOT-2-1984.jpg.

[28] https://www.zhihu.com/question/37352068/answer/87088519.

[29] https://www.dlr.de/rm/en/desktopdefault.aspx/tabid-3827/5969_read-8744.

[30] http://hondanews.com/honda-corporate/channels/robotics-asimo/photos/p2-robot.

[31] https://www.space.com/18766-spirit-rover.html.

[32] https://en.wikipedia.org/wiki/ETS-VII#/media/File:ETS-7.jpg

[33] https://www.dlr.de/rm/en/desktopdefault.aspx/tabid-9467/16255_read-8914/.

[34] https://www. nasa. gov/.
[35] https://yes3c. com. tw/wp-content/uploads/2017/10/6z87EAO. jp.
[36] https://www. instrument. com. cn/news/20180102/237109. shtml.
[37] http://robotics. wikia. com/wiki/ASIMO.
[38] https://en. wikipedia. org/wiki/Mobile_Servicing_System.
[39] https://www. researchgate. net/figure/Sony-Entertainment-Robot-QRIO-QRIO-is-a-test-prototype_fig1_221473549.
[40] http://www. gemasbrasil. com. br/products/6026-robo-irobot-560-roomba-vacuuming-robot-black-and-silver. aspx.
[41] https://www. bostondynamics. com/bigdog#&gid=1&pid=2.
[42] https://www. universal-robots. com/products/ur5-robot/.
[43] https://new. abb. com/products/robotics/industrial-robots/yumi.
[44] http://gongkong. ofweek. com/2012-09/ART-310005-8420-28640141. html.
[45] 国家863计划智能机器人主题专家组. 迈向新世纪的中国机器人：国家863计划智能机器人主题回顾与展望[M]. 辽宁：辽宁科学出版社，2001.
[46] http://news. 163. com/10/0609/10/68NRGNCQ00014AEE. html.
[47] https://military. china. com/important/11132797/20160203/21416886_all. html.
[48] https://www. automationsolutions. com. au/projects/robotic-packaging-cell/.
[49] http://www. 158jixie. com/news-detail/251/251533. html.
[50] https://abbcloud. blob. core. windows. net/public/images/b7207bb0-410e-4ea7-bee3-3cbbe94b0a74/i1080px. jpg.
[51] https://www. robotics. org/blog-article. cfm/Robotic-Welding-Improving-the-Performance-of-Your-Automated-Welding-Processes/61.
[52] https://www. processonline. com. au/content/factory-automation/article/using-robots-to-enhance-lean-manufacturing-1171325342.
[53] https://www. youtube. com/watch?v=9So6Ws91Ftw.
[54] http://www. autotribute. com/38052/understanding-automotive-assembly-lines/
[55] http://info. qipei. hc360. com/2014/11/190955677535. shtml.
[56] https://traclabs. com/projects/rmm/.
[57] https://www. kuka. com/en-de/products/mobility/mobile-robots/kmr-quantec.
[58] https://www. agriland. ie/farming-news/herd-health-improved-with-lely-milking-robots/.
[59] https://www. thedisruptory. com/2015/05/husqvarnas-newest-demolition-robot-works-via-bluetooth-remote/.
[60] https://it. wikipedia. org/wiki/Robonauta#/media/File: R2_climb_legs_demo. jpg.
[61] https://www. dailymail. co. uk/sciencetech/article-3724001/Feeling-lucky-Marines-test-machine-gun-wielding-robot-throw-grenades-drag-wounded-soldiers-safety. html.
[62] http://news. 3158. cn/2011120951/i870491219. html.
[63] https://yunsu0222. weebly. com/investigate. html.
[64] https://www. ibtimes. co. uk/japan-meet-robear-robot-bear-nurse-that-can-lift-patients-into-wheelchairs-1489337.
[65] https://www. tomsguide. com/us/irobot-roomba-650,review-4748. html.

第 2 章 机器人机构

CHAPTER 2

机构是机器的某种抽象表示形式，有两个核心组成要素：构件和运动副。机器人机构的主要作用是实现运动的传递及预期的运动形式，是机器人智能实现和展示的载体。虽然目前世界上有各种各样的机器人，但是其机构类型是很有限的。本章首先介绍机器人机构的分类及特点，然后介绍机器人机构简图的绘制方法，最后重点介绍 5 种典型串联机器人机构和 3 种典型并联机器人机构。

2.1 机构的基础知识

机构是人们在实践中发明的用于改造和适应自然的工具，有了人就有了机构的创造，杠杆、车轮等都是人类创造的简单实用机构，如图 2.1 和图 2.2 所示。

图 2.1 杠杆机构[1]

图 2.2 车轮机构[2]

机构有明确的定义：机构是由原动件和机架组成的，具有确定运动的运动链。图 2.3 所示的是大家熟知的平面四连杆机构简图，该机构是由 4 个构件和 4 个转动副组成，只有 1 个自由度。

研究机构的学科被称为机构学，是机械原理的重要分支。1875 年，德国学者勒洛(F. Reuleau)最先给出了机构学的定义：机构学是研究机器的组成(构件和运动副)、运动原理以及分析设计方法的科学。例如，机构学研究各种常用机构的结构和运动，如连杆机构、凸轮机构、齿轮机构、差动机构、间歇运动机构、直线运动机构、螺旋机构等。根据机构中各构件的相对

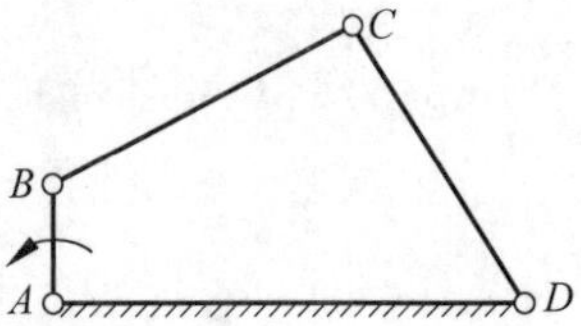

图 2.3 平面四连杆机构

运动是在二维平面内还是在三维空间中，可将机构分为平面机构和空间机构两大类。绝大部分机器人机构属于空间机构，少部分属于平面机构。

2.2　机器人机构分类

对机器人机构进行分类并不是一件容易的事情，在本书中，为了便于介绍，将机器人机构分为三大类：串联机器人机构、并联机器人机构和其他机器人机构。

2.2.1　串联机器人机构

运动链是由两个或两个以上的构件通过运动副的连接而构成的具有相对运动的系统。运动链主要有两种类型：开式链、闭式链。机器人机构本质上也是由运动链构成的，是一种具有机架的运动链。

串联机器人机构(Serial Robot Mechanism)是从基座开始由连杆和关节顺序连接而构成的开式链机构。典型的例子有6自由度的工业机器人、4自由度的码垛机器人、4自由度的SCARA机器人等，如图2.4所示，构成这些机器人机构的运动链都是开式链。我们通常所说的串联机器人是从机构类型的角度来称呼的。

串联机器人机构具有下列优缺点：

优点：工作空间大，运动速度快，正解计算比较简单。

缺点：刚度较弱，定位精度较低，逆解计算复杂。

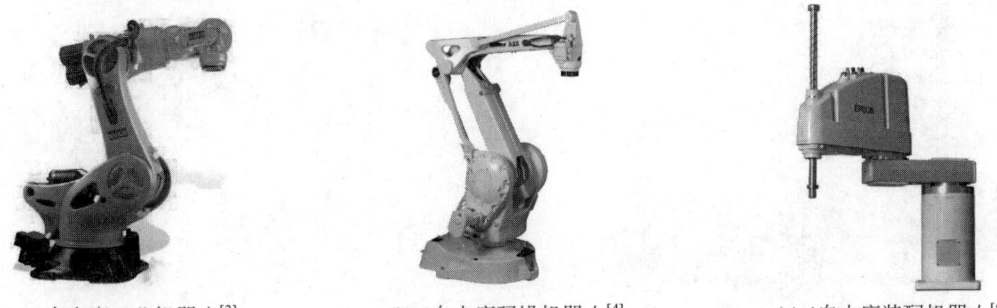

(a) 6自由度工业机器人[3]　(b) 4自由度码垛机器人[4]　(c) 4自由度装配机器人[5]

图2.4　串联机器人

2.2.2　并联机器人机构

并联机构(Parallel Mechanism)是动平台和静平台通过至少两条独立的运动链相连接，具有两个或两个以上自由度且以并联方式驱动的一种闭链机构。并联机器人(Parallel Robot)，顾名思义就是采用并联机构的机器人。典型的并联机器人机构包括6自由度的Stewart机构、3自由度的Delta机构，如图2.5所示。

并联机器人机构具有如下优缺点：

优点：刚度大，定位精度高，逆解计算简单。

缺点：工作空间小，运动速度低，正解计算复杂。

需要说明的是，前面提到的串联机器人机构和并联机器人机构的优缺点是以两种机构对比得出的结果，比如这里讲并联机器人的运动速度低，是相对于串联机器人而言的，它实

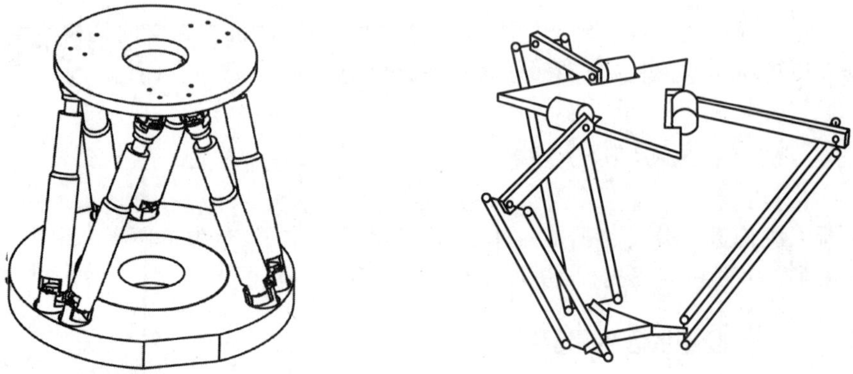

(a) 6自由度Stewart机构　　(b) 3自由度Delta机构[6]

图 2.5　并联机器人机构

际的运动速度是很快的。

2.2.3　其他机器人机构

串联机器人机构和并联机器人机构一般被称为典型机器人机构，除此以外，还有一些其他机器人机构，例如移动机器人机构、飞行机器人机构等，如图 2.6 和图 2.7 所示，它们主要是由连杆机构、齿轮机构等传统机构构成。这些机器人机构大多来自于过去已有的机器系统，最主要的变化是其控制由过去的人工操控变为自动控制。

图 2.6　移动机器人[7]

图 2.7　飞行机器人[8]

机器人机构可能由单一机构类型构成，也可能是多种机构类型的组合。例如，如图 2.8 所示的 AIBO 机器狗是由串联机构和其他机构组合而成。

图 2.8　AIBO 机器狗[9]

2.3 机器人机构简图画法

对于图 2.8 中的机器人，读者能从图中看出它的自由度数、关节类型及关节之间的连接关系吗？如果读者不熟悉这个机器人，很显然答案是否定的。那么能否采用一种直观的形式表示机器人机构信息呢？答案是肯定的，就是机器人机构简图。机器人的机构简图是采用简单的图形符号来表示机器人机构。

在绘制机器人机构简图时，应首先确定表示机器人机构的图形符号，然后再根据机器人机构的具体组成及连接关系进行绘制。

2.3.1 典型机器人机构的图形符号

串联机器人机构与并联机器人机构属于典型机器人机构，如图 2.4 和图 2.5 所示，它们的机构主要由关节和连杆组成。因此可用表示关节和连杆的图形符号来表示典型机器人的机构，即画出机器人的机构简图。

运动副是两构件直接接触并能产生相对运动的活动连接，主要包括高副和低副两大类。构成高副的两构件之间是线接触或点接触，接触压强比较高，如凸轮与从动件、两齿轮传动等。构成低副的两构件之间是面接触，接触压强比较低，如旋转副、移动副、圆柱副等。由于高副一般比低副容易磨损，因此机器人中的运动副一般都是低副。

在机器人中，机器人的关节就是运动副，主要包括两类关节：转动关节和移动关节，分别如图 2.9 和图 2.10 所示。转动关节是一个构件（转动件）相对于另一个构件（基座）绕铰接的转轴产生相对旋转运动。移动关节是一个滑动构件相对于一个固定构件沿直线导路产生相对移动。这两类关节都只有一个自由度。

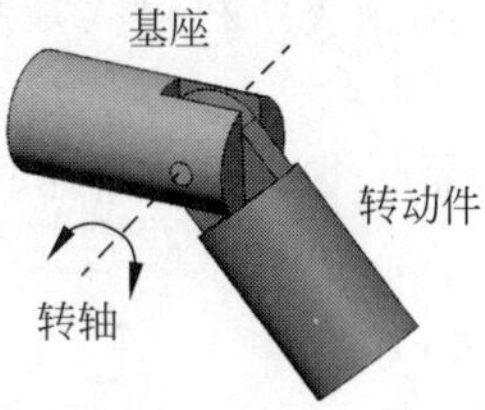

图 2.9　转动关节

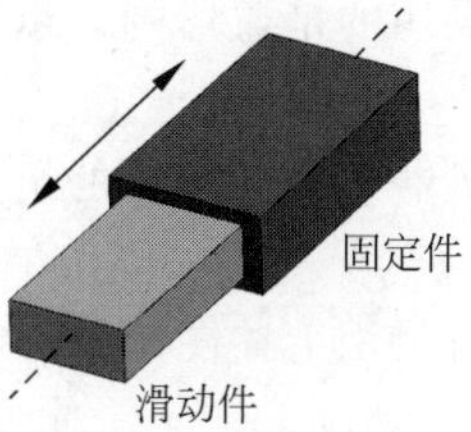

图 2.10　移动关节

在典型机器人机构简图的绘制中，会用到如表 2.1 所示的图形符号。需要说明的是，目前机器人机构图形符号的表示方式还没有统一，而且这些图形符号只是一种象形表达，因此对于同样的机器人机构，在不同的资料中会有不同的图形符号表示方式。

表 2.1　典型机构图形符号

名　　称	图形符号
移动关节	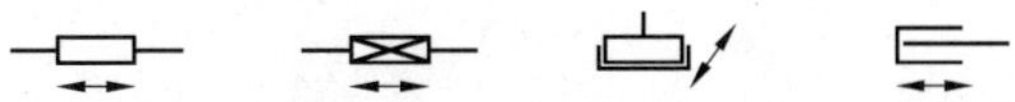
转动关节	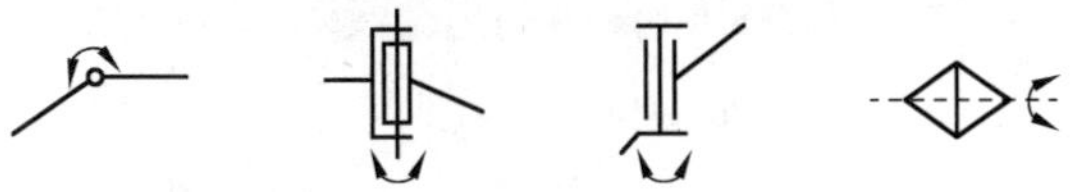

续表

名　　称	图 形 符 号
球关节	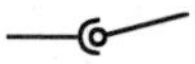
圆柱关节	
连杆	
末端执行器	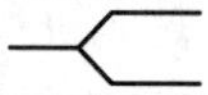
基座	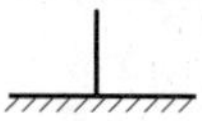

在表 2.1 中，移动关节有四种图形符号：前两种都表示矩形滑块可沿平行于纸面的轴线移动，只是滑块的画法不同；第三种图形符号表示矩形滑块可沿垂直于纸面的轴线移动；第四种符号多用于表示电动缸、液压缸等驱动的直线移动关节，在并联机器人机构中这种符号使用最多。

转动关节也有四种图形符号：第一种表示绕垂直于纸面的轴线转动的关节；第二、三种表示绕平行于纸面的轴线转动的关节；第四种也表示绕平行于纸面的轴线转动的关节，但其画法更加简洁。

球关节有一种图形符号，表示圆球可在球窝中任意转动。球关节也就是球副，有 3 个转动自由度。

圆柱关节有一种图形符号，表示该关节可以绕中间的轴线转动和移动，圆柱关节也就是圆柱副，有 2 个自由度。

连杆的表示很简单，用直线段表示。

末端执行器采用的是象形的表示方法，用一个渔叉状表示机器人末端安装的机械手等执行器。

基座是工业机器人必不可少的组成部分，一般表示机器人固连于地面，因此用剖面线表示地面。

在 2.4 节中将采用上述图形符号绘制机器人的机构简图。

2.3.2 其他机器人机构的简图画法

对于其他机器人的机构简图一般采用“机械原理”课程中学过的机构简图的画法或象形画法，主要表示出其运动机构的组成及运动类型。例如，如图 2.11(a)所示的扫地机器人，

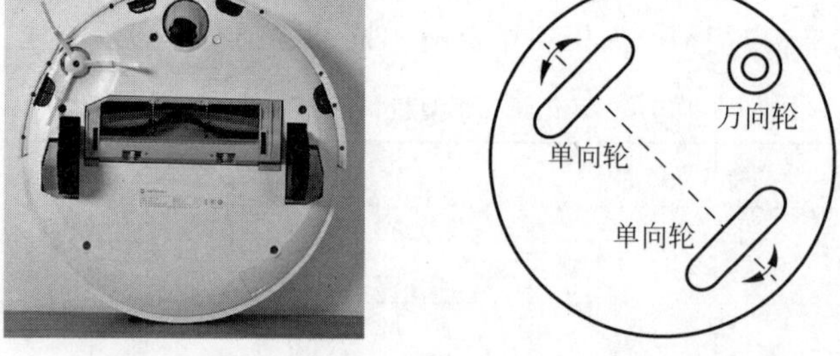

(a) 扫地机器人[10]　　(b) 机构简图

图 2.11　扫地机器人及其机构简图

其运动底盘机构由两个独立驱动的轮子（单向轮）和一个随动轮（万向轮）组成，其机构简图如图 2.11(b)所示；如图 2.12(a)所示的四轮移动机器人，其运动底盘机构是由 4 个独立驱动的轮子组成，其机构简图如图 2.12(b)所示。

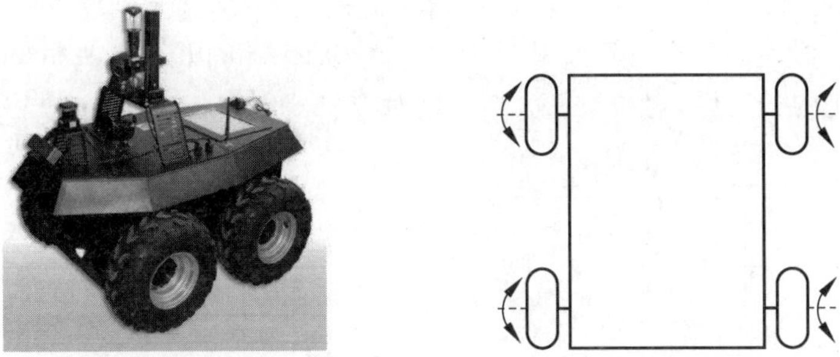

(a) 四轮移动机器人[11]　　(b) 机构简图

图 2.12　四轮移动机器人及其机构简图

2.4　典型机器人机构介绍

本节主要介绍串联机器人、并联机器人这两大类典型机器人所包含的不同机器人机构类型、用途和特点，并画出其机构简图。

2.4.1　串联机器人机构介绍

从机构类型上区分，串联机器人可分为五种：直角坐标机器人、圆柱坐标机器人、球坐标机器人、SCARA 机器人、通用多关节型机器人。下面对各种类型的串联机器人的机构、特点和用途进行介绍并给出其机构简图。

1）直角坐标机器人

直角坐标机器人也被称为笛卡儿机器人（Cartesian Robot）或 *XYZ* 机器人，是指机器人的三个关节分别沿着直角坐标系的 *X*、*Y*、*Z* 三个坐标轴做直线运动，由此在末端产生可控运动轨迹和任意点的定位，如图 2.13(a)所示。直角坐标机器人主要有龙门结构、壁挂结构、垂挂结构，多用于物品的搬运、工件加工和 3D 打印等。

根据表 2.1 中的机构图形符号，可画出图 2.13(a)中的直角坐标机器人的机构简图，如

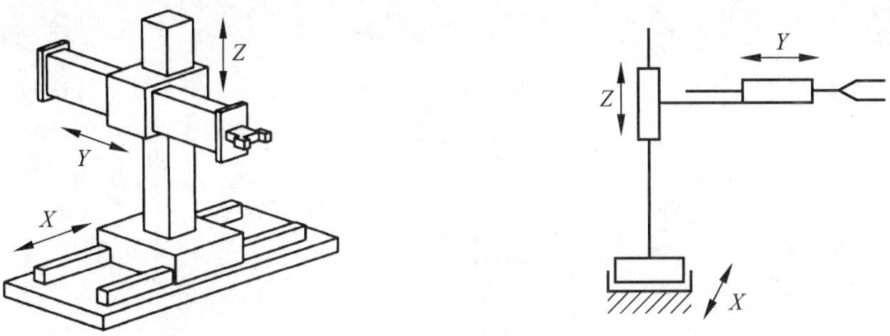

(a) 直角坐标机器人　　(b) 机构简图

图 2.13　直角坐标机器人及其机构简图

图 2.13(b)所示。从该机构简图可以清楚地看出，该机器人是由 3 个正交垂直的移动关节组成，其末端的位置可表示为 $P=F(X,Y,Z)$，即关节变量是 3 个移动变量。

机器人的工作空间是机器人正常运动时末端坐标系原点能到达的空间点的集合，即能覆盖的空间，又称可达工作空间或总工作空间。工作空间是表示机器人运动范围的一个重要参数。

直角坐标机器人的工作空间如图 2.14 所示。从图中可以看出，直角坐标机器人的工作空间是一个规则的长方体，它的长、宽、高分别对应机器人在 X、Y、Z 三个方向的运动范围。

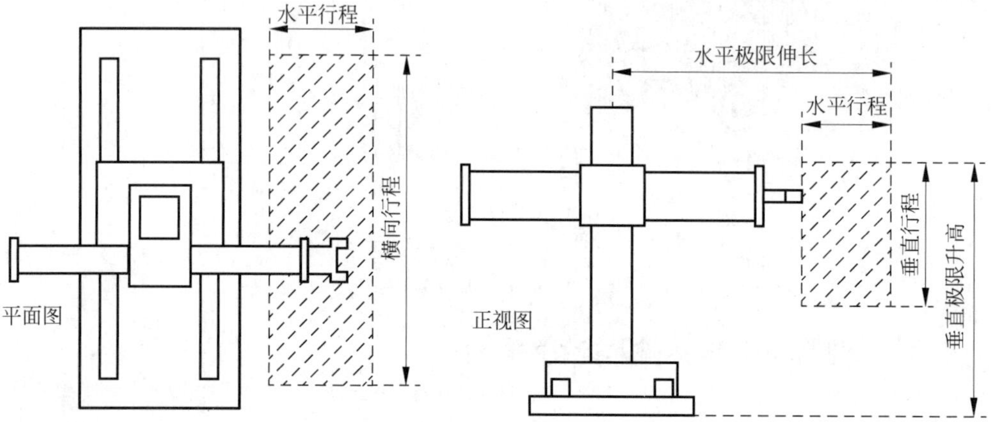

图 2.14　直角坐标机器人的工作空间

直角坐标机器人具有下列特点：

(1) 三个移动关节的运动相互独立，因此运动学建模及反解简单；

(2) 运动速度快、定位精度高；

(3) 结构简单，控制容易；

(4) 移动副可两端支撑，结构刚性大；

(5) 占据空间大。

问题 1：第一台直角坐标机器人是哪年研制出来的？

2）圆柱坐标机器人

圆柱坐标机器人是由一根立柱和安装在立柱上的水平臂组成，立柱安装在基座上，水平臂可绕立柱做旋转运动、可伸缩并沿立柱上下移动，如图 2.15(a)所示，因此该机器人具有一个转动关节和两个移动关节。该类机器人被称为圆柱坐标机器人是因为其末端可到达的工作空间的形状是一个空心的圆柱。圆柱坐标机器人可用于物品的搬运、喷涂、焊接等领域。

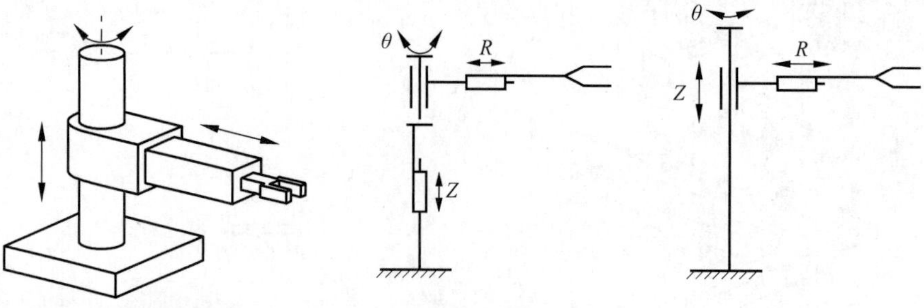

(a) 圆柱坐标机器人　　(b) 机构简图1　　(c) 机构简图2

图 2.15　圆柱坐标机器人及其机构简图

图 2.15(a)中的圆柱坐标机器人的机构简图有两种画法：一种是采用两个独立的移动副和一个转动副绘制机构简图，如图 2.15(b)所示；另一种是将机器人的前两个关节用圆柱副来表示，再加一个移动副来绘制机构简图，如图 2.15(c)所示。第二种机构简图更简洁，但第一种机构简图更符合机器人的实际结构，因为目前机器人的关节一般只有 1 个自由度。圆柱坐标机器人末端的位置可表示为 $P=F(Z,\theta,R)$，即关节变量包括 1 个转动变量和 2 个移动变量。

圆柱坐标机器人工作空间的形状如图 2.16 所示。从图中可以看出，该机器人在水平面的工作空间很大，这主要得益于腰转关节。

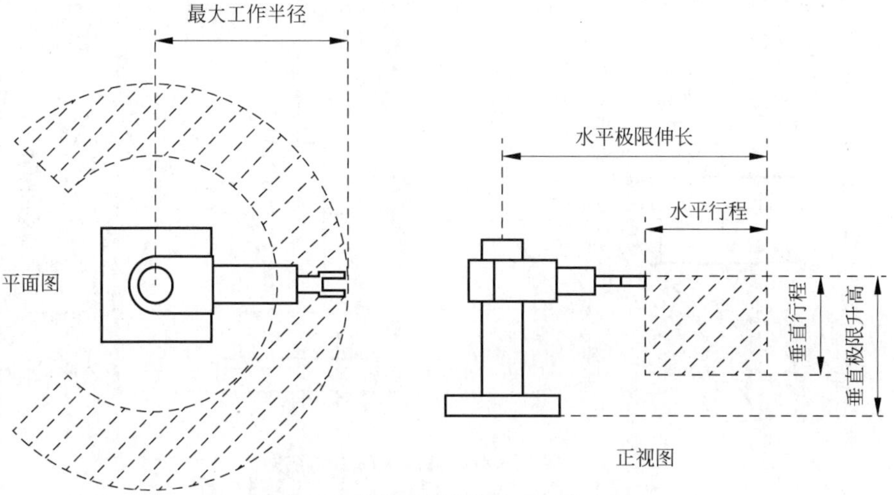

图 2.16　圆柱坐标机器人的工作空间

圆柱坐标机器人的特点包括：

(1) 三个关节的运动耦合性较弱，运动学建模及反解较简单；

(2) 运动灵活性较好，能够伸入型腔式结构内部；

(3) 手臂可达空间受限，不能到达靠近立柱或地面的空间；

(4) 结构较大，自身占据空间也较大。

问题 2：第一台圆柱坐标机器人是哪年研制出来的？它的名字是什么？

3）球坐标机器人

球坐标机器人也被称为极坐标机器人，由腰转关节、俯仰关节和伸缩臂组成，共 3 个自由度，如图 2.17(a)所示，因其末端工作空间的几何形状为球面，因此被称为球坐标机器人。球坐标机器人可用于物品的搬运、喷涂、焊接等领域。

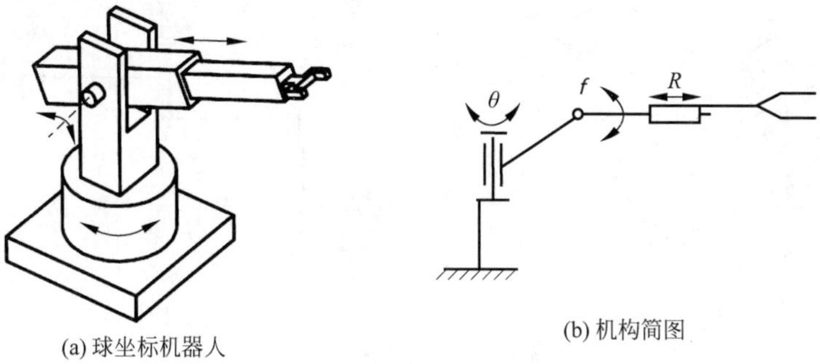

图 2.17　球坐标机器人及其机构简图

图 2.17(a)所示的球坐标机器人的机构简图如图 2.17(b)所示。球坐标机器人末端的位置可表示为 $P=F(\theta,\phi,R)$，即关节变量包括 2 个转动变量和 1 个移动变量。

球坐标机器人工作空间的形状如图 2.18 所示。从图中可以看出，该类机器人在水平面上具有较大的工作空间，但在垂直平面内的工作空间比较小。

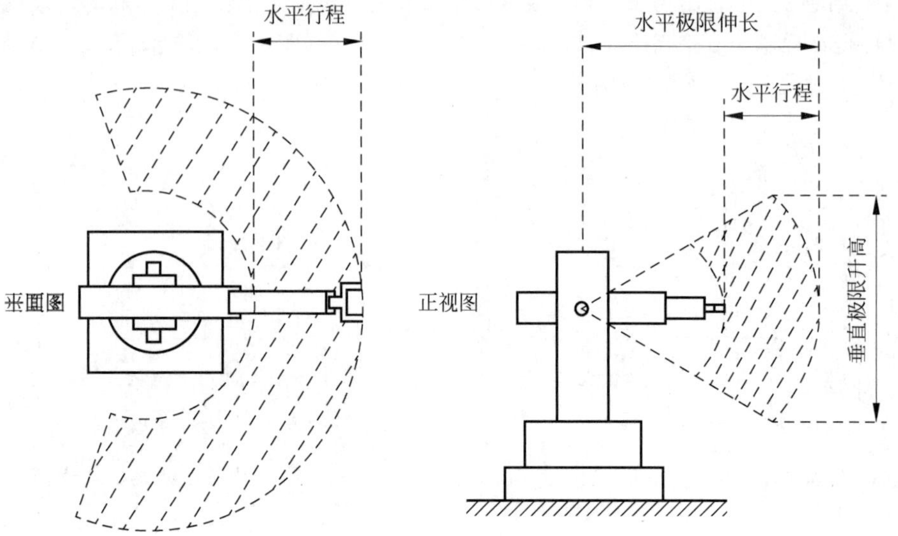

图 2.18　球坐标机器人的工作空间

球坐标机器人的特点包括：

(1) 三个关节的运动耦合性强，运动学建模和逆解复杂；

(2) 工作空间较大；

(3) 运动灵活性好，自身占据空间小；

(4) 存在工作死区，控制复杂。

问题 3：第一台球坐标机器人的名字是什么？

4) SCARA 机器人

SCARA(Selective Compliance Assembly Robot Arm)机器人是日本山梨大学牧野洋教授发明的一种用于装配作业的机器人手臂，有三个转动关节和一个移动关节，如图 2.19(a)所示，三个转动关节实现平面内的快速定位，移动关节用于提取和放置物品。

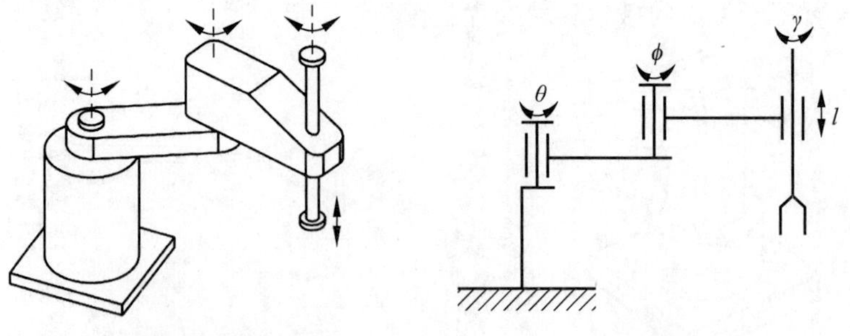

(a) SCARA机器人　　(b) 机构简图

图 2.19　SCARA 机器人及其机构简图

图 2.19(a)中的 SCARA 机器人的机构简图如图 2.19(b)所示。从该机构简图中可以清楚地看出 SCARA 机器人三个转动关节是轴线相互平行的关系，这种机构特性是机器人照片无法给出的，这也体现了机构简图的独特作用。SCARA 机器人末端的位置可表示为 $P=F(\theta,\phi,\gamma,l)$，即关节变量包括 3 个转动变量和 1 个移动变量。

SCARA 机器人工作空间的形状如图 2.20 所示。从图中可以看出，该类机器人在水平面和垂直平面内都具有较大的工作空间。

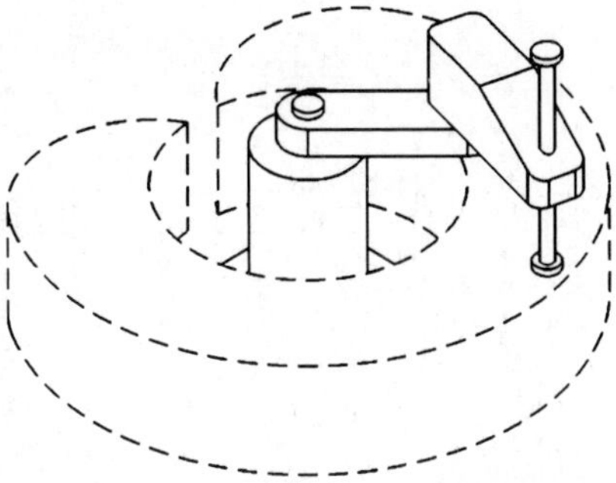

图 2.20　SCARA 机器人的工作空间

SCARA 机器人的特点包括：

(1) 在水平方向上具有柔顺性，在垂直方向上具有良好刚度，特别适合平面定位、垂直方向装配作业；

(2) 运动灵活，速度快，速度可达 10m/s；

(3) 采用串联的两杆结构，类似人的手臂，可伸进受限空间中作业；

(4) 三个转动关节相互平行，具有耦合性，运动学建模与控制比较复杂。

5）通用多关节型机器人

通用多关节型机器人主要是指 6 自由度或 5 自由度的关节型工业机器人，该类机器人一般是由五个或六个独立的转动关节构成，主要包括基座、大臂和小臂三个部分，在外形结构上类似人的胳膊，如图 2.21(a)所示。通用多关节型机器人可采用坐立式、吊挂式和斜挂式三种安装方式，主要用于焊接、装配、搬运、喷涂等，具有广泛的应用。

对于图 2.21(a)中的 6 自由度关节型机器人，其机构简图的画法有两种，如图 2.21(b)和图 2.21(c)所示，它们的主要区别在于轴线平行于纸面的转动关节的画法不同，采用第二种画法更简单些，机器人的构型也显得更简洁，所以目前多采用第二种画法来表示 6 自由度通用多关节型机器人的机构。

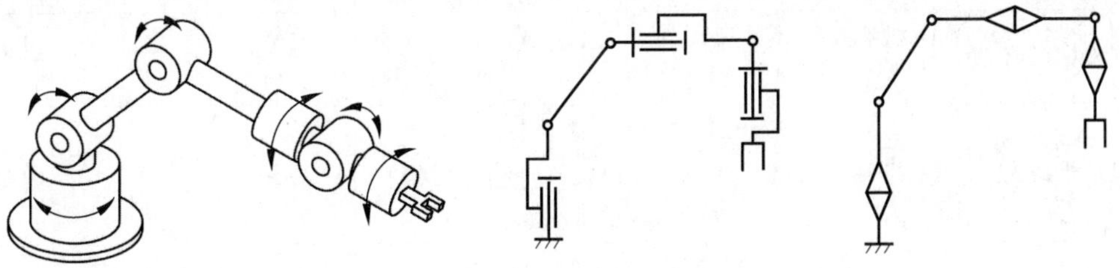

(a) 6自由度关节型机器人　　(b) 机构简图1　　(c) 机构简图2

图 2.21　通用多关节型机器人

通用多关节型机器人工作空间的形状如图 2.22 所示。从图中可以看出，该类机器人在水平面和竖直面内都具有较大的工作空间，与前面介绍的其他机器人相比，在垂直平面内具有最大的工作空间。

通用多关节型机器人具有下列特点：

(1) 动作灵活，工作空间大；

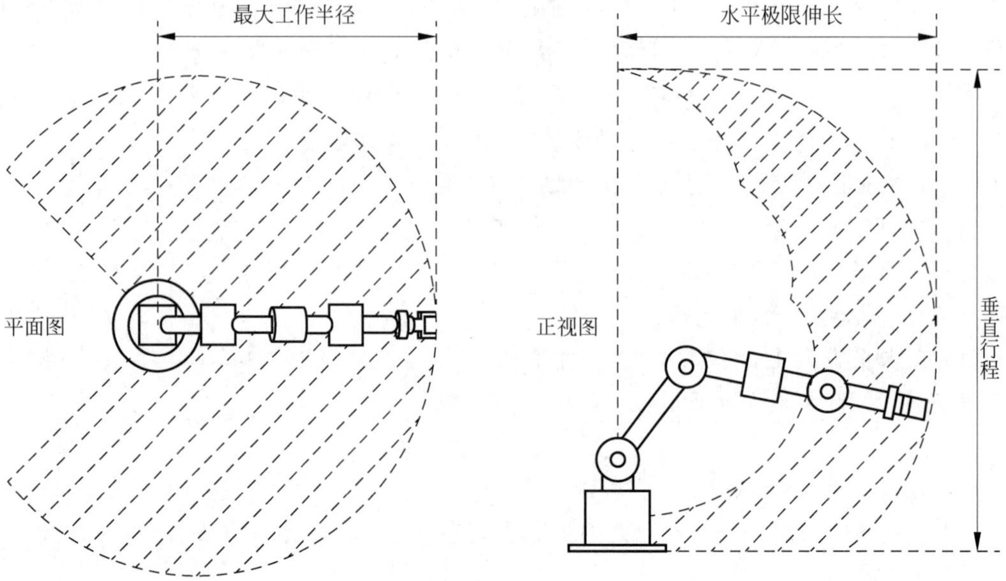

图 2.22 通用多关节型机器人的工作空间

(2) 结构易于实现标准化,具有通用性;

(3) 速度快,重复定位精度高;

(4) 绝对定位精度相对较低,系统刚度低;

(5) 各关节运动具有复杂的耦合关系,运动学建模和逆解复杂,控制复杂。

上述五种串联机器人的特点对比如表 2.2 所示。

表 2.2 五种串联机器人的特点对比

类 型	运动特点	工作范围	结构	定位精度	所占空间
直角坐标机器人	机器人臂部由 X、Y、Z 三个坐标轴方向的直线运动关节组成	小	简单	高	大
圆柱坐标机器人	机器人臂部具有回转、伸缩、升降三个自由度	较大	简单 紧凑	较高	较小
球坐标机器人	机器人臂部由一个直线运动关节与两个回转关节组成,即一个伸缩、一个俯仰与一个回转运动组成	大	复杂	较低	极小
SCARA 机器人	在水平方向上具有顺从性,而在垂直方向具有良好的刚度,速度快	较小	简单	很高	较小
通用多关节型机器人	由多个旋转关节组成,具有多个自由度	很大	复杂	高	较大

2.4.2 并联机器人机构介绍

并联机器人主要包括三种不同的机构类型:Stewart 并联机器人、Delta 并联机器人、Tricept 并联机器人。下面对各种并联机器人的机构、特点和用途进行介绍并给出其机构简图。

1）Stewart 并联机器人

1965 年，德国人 Stewart 发明了 6 自由度并联机构，用于设计飞行模拟器，其结构如图 2.23 所示，采用该机构的机器人被称为 Stewart 并联机器人。Stewart 并联机器人主要由动、静两个平台和连接两个平台的 6 条驱动支链构成，通常采用液压或电驱动，主要特点包括：

（1）具有 6 个自由度；

（2）运动无奇异，定位精度高，刚度大，负载大；

（3）运动学模型有极强的非线性，工作空间小；

（4）单根支链上的定位误差被其他支链平均，没有累积误差；

（5）球关节是被动的，没有驱动和刹车，其位置由其他支链约束确定。

图 2.23(a)中的 Stewart 并联机器人的机构简图如图 2.23(b)所示。该机器人主要由球副和移动副组成，每条驱动支链的结构比较简单，但因为有 6 条支链，所以总体看起来机构简图比较复杂。

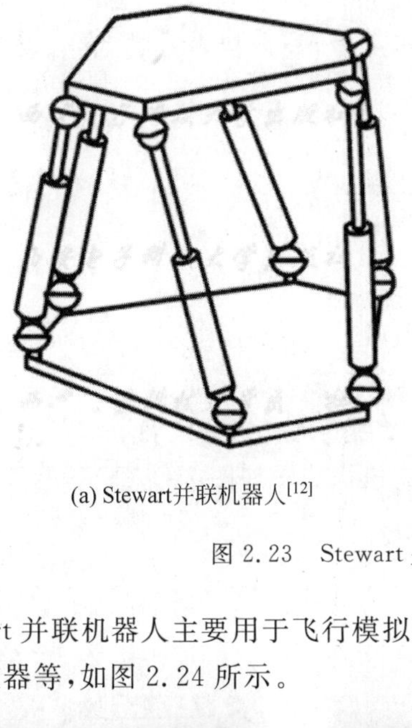

(a) Stewart并联机器人[12]

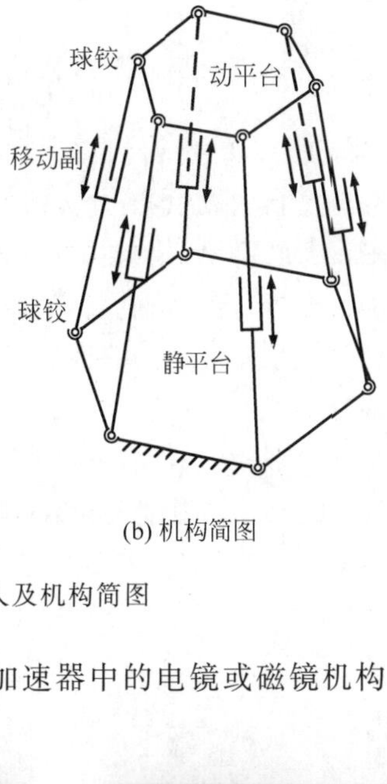

(b) 机构简图

图 2.23　Stewart 并联机器人及机构简图

Stewart 并联机器人主要用于飞行模拟器、粒子加速器中的电镜或磁镜机构、高精度和大负载定位器等，如图 2.24 所示。

(a) 飞行模拟器[13]

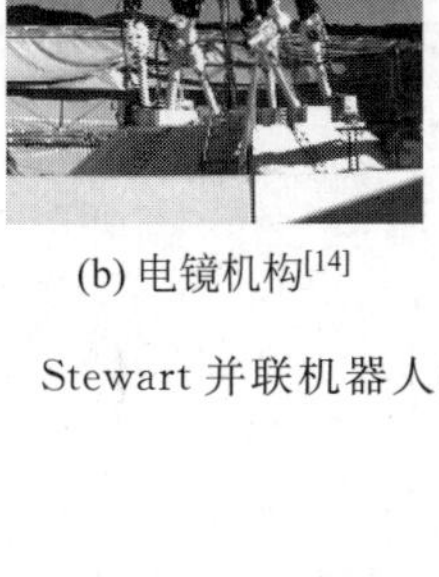

(b) 电镜机构[14]

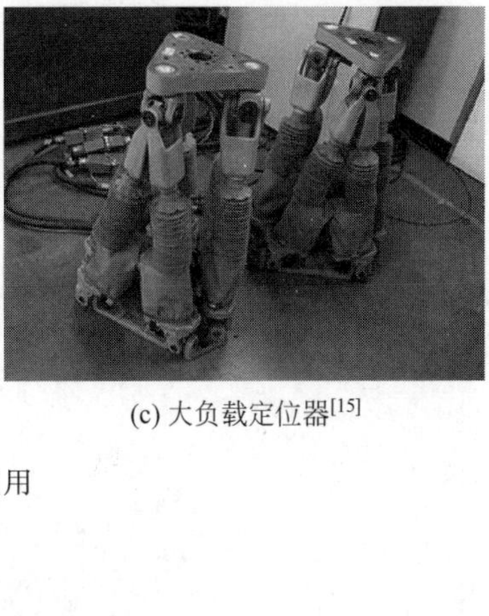

(c) 大负载定位器[15]

图 2.24　Stewart 并联机器人的应用

关于Stewart机构的名称是有一段历史冤案的。英国的Eric Gough在1954年就研制了一种基于并联机构的6自由度轮胎检测装置[16]，如图2.25所示，其核心机构就是我们介绍的Stewart机构。1965年德国人Stewart对Gough发明的这种机构进行了机构学意义上的研究[17]，并将其推广应用于飞行模拟器，因为Stewart对该机构的大力研究和推广，所以人们就把这种机构称为Stewart机构。但实际上，这种6自由度并联机构的正确名称应为Gough-Stewart机构。

图2.25 Gough发明的轮胎检测装置[18]

2）Delta并联机器人

Delta并联机器人是由瑞士洛桑联邦理工学院(EPFL)的Reymond Clavel[19]教授在20世纪80年代初提出。Delta并联机器人的动、静平台之间有三条带有四边形机构的传动支链，三个驱动器安装在静平台上，末端的动平台只有X、Y、Z三个方向的移动，没有转动自由度，如图2.26所示。Delta并联机器人的速度非常快，最快可实现300次/分钟的物品分拣动作。

Delta并联机器人的特点主要包括：

(1) 具有3个自由度(也有4、5、6自由度的混联结构)；

(2) 静平台安装3个驱动器，有3条带四边形机构的驱动支链，通常采用电机驱动；

(3) 运动无奇异，定位精度高，负载小；

(4) 运动学模型有极强的非线性，运动空间小；

(5) 单根支链上的定位误差被其他支链平均，没有累积误差；

(6) 球关节是被动的，没有驱动和刹车，其位置由其他支链约束确定。

图2.26(a)中的3自由度Delta并联机器人的机构简图如图2.26(b)所示，主要由球副和转动副构成，三条支链具有相同的结构。

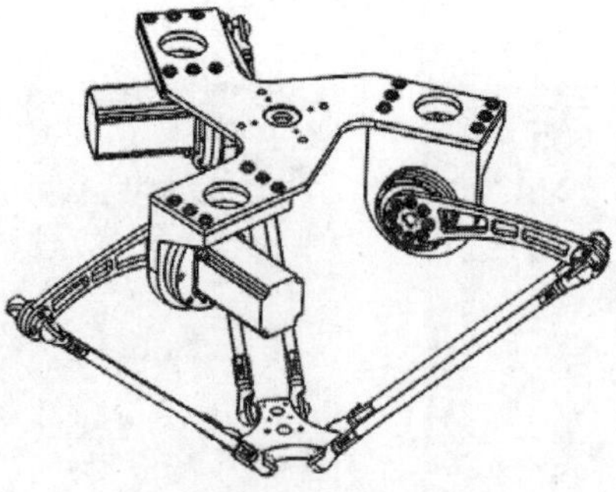

(a) Delta并联机器人

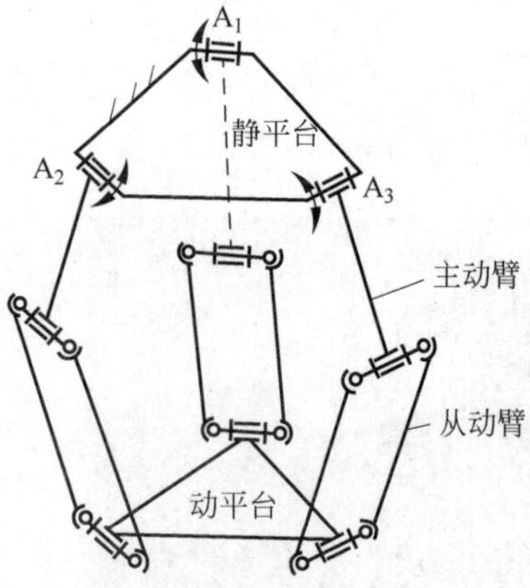

(b) 机构简图

图2.26 Delta并联机器人及机构简图

Delta 并联机器人主要用于包装/医药行业取放物品、电子产品的装配、触觉交互设备、3D 打印设备等，如图 2.27 所示。

(a) 取放物品的Delta机器人[20]

(b) 3D打印的Delta机器人[21]

图 2.27 Delta 机器人的应用

由于传统的 Delta 并联机器人只有 3 个平动自由度，在一些应用场合需要机器人具有转动自由度，即调整姿态的能力，因此具有 4 个或更多自由度的 Delta 并联机器人逐步被开发出来。如图 2.28 所示是 ABB 公司的 4 自由度 Delta 并联机器人，该机器人是在传统 3 自由度 Delta 并联机器人的基础上增加了 1 个自由度的旋转运动，该自由度相对于其他 3 个并联支链是独立的，严格意义上讲这是一个串、并联混合机器人。

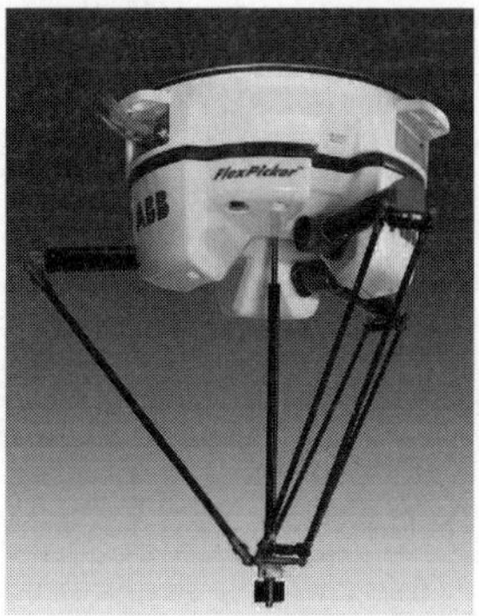

(a) 4自由度Delta机器人[22]

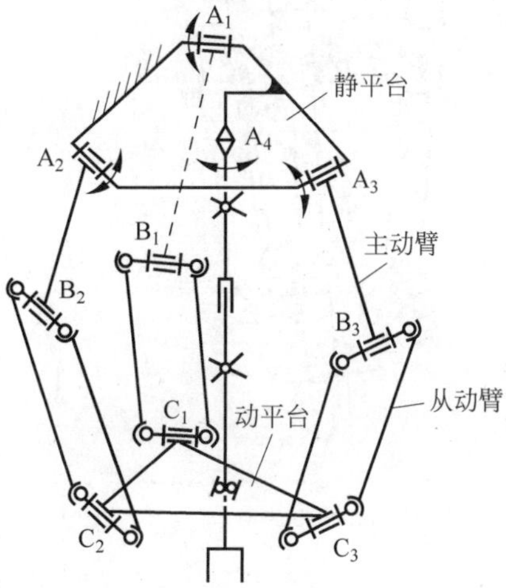

(b) 机构简图

图 2.28 4 自由度的 Delta 机器人及其机构简图

3）Tricept 并联机器人

1985 年，瑞典 Neos Robotics 公司创始人和总裁卡尔·纽曼(Karl-Erik Neumann)发明了 Tricept 并联机器人，如图 2.29 所示。这是一个 5 自由度的串、并联混合机构：并联部分有 3 条支链，共 3 个自由度，驱动安装在静平台上；2 自由度的串联机构安装在动平台上。因为此发明，纽曼先生在 1999 年被授予国际金机器人奖(Golden Robot Award)，这是工业领域最有威信的奖项之一。

Tricept 机器人具有下列特点：

(1) 5 个自由度，串、并联混合结构，并联 3 自由度，串联 2 自由度；

(2) 静平台安装有 3 条支链，动平台末端连接 2 自由度串联结构；

(3) 定位精度高,负载大;

(4) 工作空间大,刚度高。

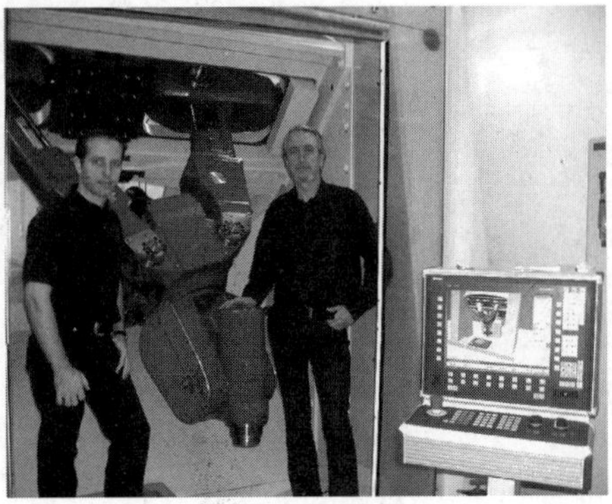

图 2.29 卡尔·纽曼(右)与 Tricept 并联机床[23]

Tricept 机器人主要由移动副、转动副等构成,如图 2.30(a)所示,其机构简图如图 2.30(b)所示。

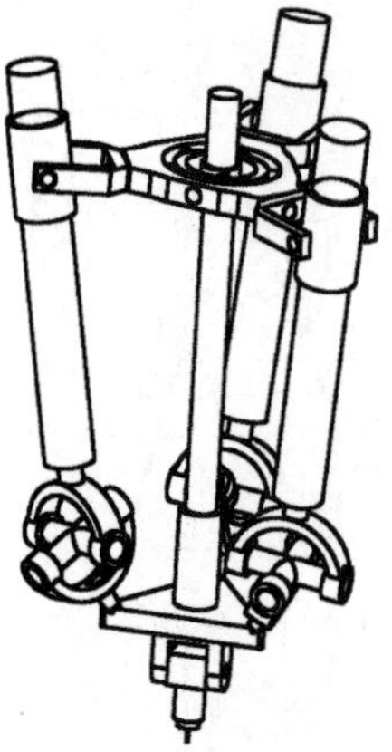

(a) Tricept并联机器人

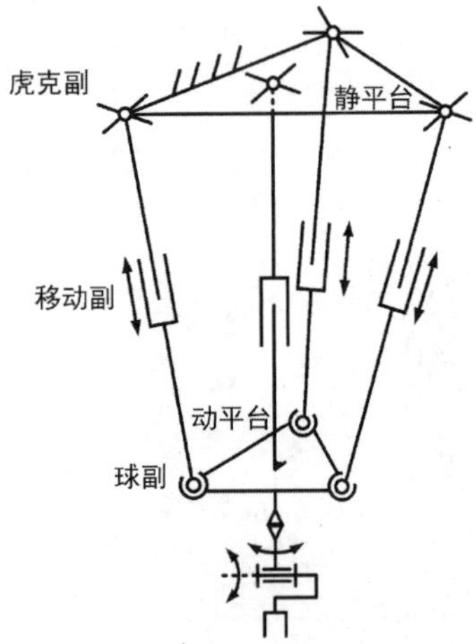

(b) 机构简图

图 2.30 Tricept 并联机构及其机构简图

目前,Tricept 并联机器人主要用于汽车制造、航空制造等领域,完成精密加工等工作,如图 2.31 所示。

图 2.31 Tricept 并联机器人应用[24]

上面介绍的 3 种并联机器人的特点对比如表 2.3 所示。

表 2.3 3 种并联机器人的特点对比

名　　称	自由度数	工作空间	结构	定位精度	所占空间	刚度
Stewart 并联机器人	6	小	复杂	高	大	很高
Delta 并联机器人	3	较大	简单	较高	较小	较高
Tricept 并联机器人	5	大	复杂	高	大	高

2.5 小结

本章主要介绍了机器人机构的类型及其机构简图的画法，重点介绍了 5 种串联机器人机构和 3 种并联机器人机构的结构、特点、用途及机构简图。掌握机器人机构简图的绘制方法是设计和分析机器人机构的基础。需要说明的是，机器人的机构简图是一种象形画法，目前还没有统一的绘制方法。

参考文献

[1] https://www.jianshu.com/p/dd3c335bac91.

[2] https://m.91ddcc.com/t/36972.

[3] http://www.directindustry.com/prod/kuka-ag/product-17587-532445.html#product-item_1272641.

[4] http://www.directindustry.com/prod/abb-robotics/product-30265-274512.html.

[5] https://epson.com/For-Work/Robots/SCARA/Epson-G20-SCARA-Robots-1000mm/p/RG20-A01ST13.

[6] Lu XG, Liu M, Liu JX. Design and optimization of interval type-2 fuzzy logic controller for delta parallel robot trajectory control[J]. International Journal of Fuzzy Systems, 2017, 19(1): 190.

[7] https://grabcad.com/library/multifunctional-4-wheeled-robot.

[8] http://finance.chinanews.com/mil/hd2011/2013/11-27/269925.shtml.

[9] https://sites.google.com/site/tgadeadoc/3-tercera-unidad/c-las-leyes-de-la-robotica.

[10] https://news.mydrivers.com/1/497/497578.htm.

[11] https://cn.made-in-china.com/tupian/chinalion88-UotxwFXbLChR.html.

[12] https://en.wikipedia.org/wiki/Parallel_manipulator#/media/File:Hexapod0a.png

[13] https://en.wikipedia.org/wiki/Motion_simulator#/media/File: Simulator-flight-compartment.jpeg.

[14] https://twitter.com/ibelings/status/895033268566929413.

[15] https://ipfs.io/ipfs/QmXoypizjW3WknFiJnKLwHCnL72vedxjQkDDP1mXWo6uco/wiki/Stewart_platform.html.

[16] Gough V E. Contribution to discussion of papers on research in automobile stability, control and tyre performance[J]. Proc. of Auto Div. Inst. Mech. Eng., 1957, 171: 392-395.

[17] Stewart D. A platform with six degrees of freedom[J]. Proceedings of the institution of mechanical engineers, 1965, 180(1): 371-386.

[18] https://www.parallemic.org/Reviews/Review007.html.

[19] Reymond C, Sa S. Device for the movement and positioning of an element in space: US Patent, 4976582 (A)[P]. 1990-12-11.

[20] https://en.wikipedia.org/wiki/Delta_robot#/media/File: TOSY_Parallel_Robot.JPG.

[21] https://en.wikipedia.org/wiki/Delta_robot#/media/File: Large_delta-style_3D_printer.jpg.

[22] http://www.abb.com.tr/cawp/seitp202/53acf7d4406220ee4825744300232604.aspx.

[23] https://www.nyteknik.se/automation/trebent-svensk-ger-airbus-vingar-6407466.

[24] http://www.pkmtricept.com/productos/index.php?id=en&Nproduct=1240238268.

第3章

CHAPTER 3

机器人位姿的数学描述与坐标变换

在机器人学中，机器人的位置(Position)和姿态(Posture / Pose)常常被统称为位姿。本章主要介绍机器人位姿的数学描述方法以及不同坐标系之间的坐标变换方法。其中，位姿的数学描述是表达机器人的线速度、角速度、力和力矩的基础，而坐标变换是研究不同坐标系中的机器人位姿关系的重要途径。

3.1 引言

机器人通常由一系列构件和运动副组合而成，它能够在三维空间中实现各种复杂运动和预定操作。为了实现机器人的运动及操作，就需要表达出操作对象、工具以及机器人本体的位置与姿态。以图3.1中的机器人为例，为了让机器人抓取传送带上的包裹，首先需要检测出包裹的位置和姿态，然后控制机器人末端机械手的位置和姿态到达预定值。很显然，位姿是机器人控制和应用中非常重要的变量。为了能使用表示机器人位姿的变量，首先必须给出具有通用性的定义和表达规则。

图3.1 机器人抓取包裹[1]

3.2 机器人位姿的数学描述

位姿的概念与自由度的概念是紧密联系在一起的。在运动学中，描述三维空间中物体的运动需要6个变量$(x,y,z,\alpha,\beta,\gamma)$，因此，一个在三维空间中自由运动的物体具有6个自由度，这6个变量中，(x,y,z)3个变量表示位置，(α,β,γ)3个变量表示姿态。

为了描述机器人的位置和姿态，需要建立坐标系。在机器人学中，通常采用笛卡儿坐标系(Cartesian Frame)，就是常用的三轴正交坐标系。

笛卡儿(René Descartes，1596—1650)，见图3.2，是法国著名的哲学家、数学家、物理学家，他创立了著名的平面直角坐标系，使得几何形状可以用代数公式明确表达出来，因将笛卡儿坐标体系公式化而被称为解析几何之父，常用的直角坐标系也被称为笛卡儿坐标系。在笛卡儿所处的时代，拉丁文是通用的学术语言，笛卡儿通常会在他的著作上签上他的拉丁

图 3.2 笛卡儿[2]

名字 Renatus Cartesius，而 Cartesian 是 Cartesius 的形容词形式，所以他创立的直角坐标系被称为 Cartesian Frame。笛卡儿的姓 Descartes（法语）是由 des 和 Cartes 组成的复合词，对应的英文是“of the Maps”，这说明笛卡儿的祖先可能是从事地图绘制的。

由于通常认为机器人的连杆和关节都是刚性的，因此在后续的内容中，讨论的对象都假设为刚性物体，简称刚体。

如图 3.3 所示，这里有一个刚体，为了描述该刚体的位置和姿态总共需要建立两个坐标系，一个是参考系$\{i\}$，它相对于被描述刚体是静止不动的，另一个是建立在被描述刚体上的坐标系$\{j\}$，被称为刚体坐标系。需要说明的是，这两个坐标系的建立是任意的，也就是说可以建立的参考系和刚体坐标系的组合是无穷多的。

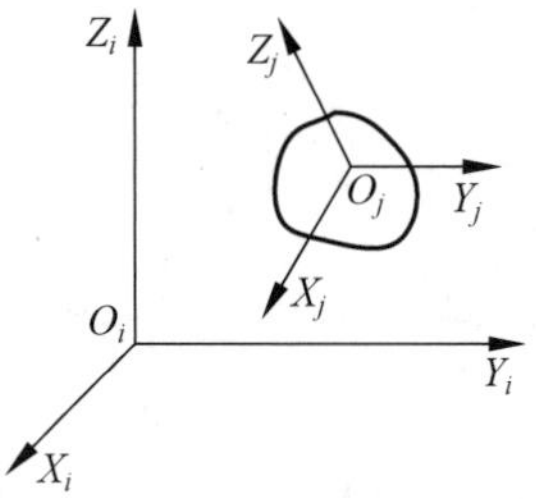

图 3.3 位姿的数学描述

在图 3.3 中，假设刚体坐标系$\{j\}$的原点 O_j 在参考系$\{i\}$中的坐标为(x_0, y_0, z_0)，则该刚体的位置可表示为：

$$ {}_i^j\boldsymbol{P} = \begin{bmatrix} x_0 \\ y_0 \\ z_0 \end{bmatrix} \tag{3-1}$$

即刚体的位置用一个 3×1 的列矢量表示。

刚体的姿态则用一个 3×3 的矩阵表示为：

$$\begin{aligned} {}_i^j\boldsymbol{R} &= \begin{bmatrix} {}_i^j\boldsymbol{X} & {}_i^j\boldsymbol{Y} & {}_i^j\boldsymbol{Z} \end{bmatrix}_{3\times 3} \\ &= \begin{bmatrix} \cos(\angle X_j X_i) & \cos(\angle Y_j X_i) & \cos(\angle Z_j X_i) \\ \cos(\angle X_j Y_i) & \cos(\angle Y_j Y_i) & \cos(\angle Z_j Y_i) \\ \cos(\angle X_j Z_i) & \cos(\angle Y_j Z_i) & \cos(\angle Z_j Z_i) \end{bmatrix} \end{aligned} \tag{3-2}$$

式(3-2)中，${}_i^j\boldsymbol{X}$，${}_i^j\boldsymbol{Y}$，${}_i^j\boldsymbol{Z}$ 为三个单位正交主矢量，分别表示刚体坐标系$\{j\}$的三个坐标轴 X_j、Y_j、Z_j 在参考系$\{i\}$中的方位，$\angle X_j X_i$ 表示坐标轴 X_j 与坐标轴 X_i 之间的夹角，其他的夹角表示含义与此类似。

在刚体的位置矢量${}_i^j\boldsymbol{P}$ 和姿态矩阵${}_i^j\boldsymbol{R}$ 中，左上标表示被描述的刚体坐标系，左下标表示参考系，如左上标 j 表示刚体坐标系$\{j\}$，左下标 i 表示参考坐标系$\{i\}$，本书的后续内容中也将沿用此上下标的规定。当位置矢量和姿态矩阵的左上下标发生变化时，如左上标变为 i，左下标变为 j，则意味着刚体坐标系和参考系也发生了变化。

姿态矩阵${}_i^j\boldsymbol{R}$ 具有下列特点。

(1) ${}_i^j\boldsymbol{R}$ 共有 9 个元素，只有 3 个是独立的，有 6 个约束条件：

$$ {}_i^j\boldsymbol{X}\cdot{}_i^j\boldsymbol{X}={}_i^j\boldsymbol{Y}\cdot{}_i^j\boldsymbol{Y}={}_i^j\boldsymbol{Z}\cdot{}_i^j\boldsymbol{Z}=1 $$

$$ {}_i^j\boldsymbol{X}\cdot{}_i^j\boldsymbol{Y}={}_i^j\boldsymbol{Y}\cdot{}_i^j\boldsymbol{Z}={}_i^j\boldsymbol{Z}\cdot{}_i^j\boldsymbol{X}=0 $$

(2) ${}_i^j\boldsymbol{R}$ 是单位正交阵，具有下列特点：

$$ {}_i^j\boldsymbol{R}^{-1}={}_i^j\boldsymbol{R}^{\mathrm{T}},\quad |{}_i^j\boldsymbol{R}|=1 $$

姿态矩阵${}_i^j\boldsymbol{R}$ 是正交阵的特点可极大简化其求逆。众所周知，矩阵求逆一般比较复杂，但由于${}_i^j\boldsymbol{R}$ 矩阵的逆等于其转置，所以可以很容易地求得其逆矩阵。

例 1：姿态矩阵${}_j^i\boldsymbol{R}$ 的含义是什么？它与姿态矩阵${}_i^j\boldsymbol{R}$ 有什么关系？

解：

参考图 3.3，姿态矩阵${}_j^i\boldsymbol{R}$ 表示的是坐标系$\{i\}$相对于参考系$\{j\}$的姿态。

$$ {}_j^i\boldsymbol{R}=\begin{bmatrix}{}_j^i\boldsymbol{X} & {}_j^i\boldsymbol{Y} & {}_j^i\boldsymbol{Z}\end{bmatrix}_{3\times3}=\begin{bmatrix}\cos(\angle X_iX_j) & \cos(\angle Y_iX_j) & \cos(\angle Z_iX_j)\\ \cos(\angle X_iY_j) & \cos(\angle Y_iY_j) & \cos(\angle Z_iY_j)\\ \cos(\angle X_iZ_j) & \cos(\angle Y_iZ_j) & \cos(\angle Z_iZ_j)\end{bmatrix}={}_i^j\boldsymbol{R}^{\mathrm{T}}={}_i^j\boldsymbol{R}^{-1} $$

在几何关系上，姿态矩阵${}_j^i\boldsymbol{R}$ 是姿态矩阵${}_i^j\boldsymbol{R}$ 的逆。在数值关系上，姿态矩阵${}_j^i\boldsymbol{R}$ 是姿态矩阵${}_i^j\boldsymbol{R}$ 的转置。

例 2：某刚体如图 3.4 所示，建立刚体坐标系$\{j\}$和参考系$\{i\}$，求该刚体的位置矢量${}_i^j\boldsymbol{P}$ 和姿态矩阵${}_i^j\boldsymbol{R}$。

解：

参考图 3.4 中两坐标系的位姿关系及刚体位置和姿态的定义，求得刚体的位置矢量和姿态矩阵分别为：

$$ {}_i^j\boldsymbol{P}=\begin{bmatrix}-10\\0\\6\end{bmatrix},\quad {}_i^j\boldsymbol{R}=\begin{bmatrix}1&0&0\\0&1&0\\0&0&1\end{bmatrix} $$

这里求得的姿态矩阵${}_i^j\boldsymbol{R}$ 是一个单位阵，而在图 3.4 中，坐标系$\{i\}$和$\{j\}$的对应坐标轴方向是相同的，这说明由姿态矩阵可唯一确定刚体坐标系相对于参考系的方位。

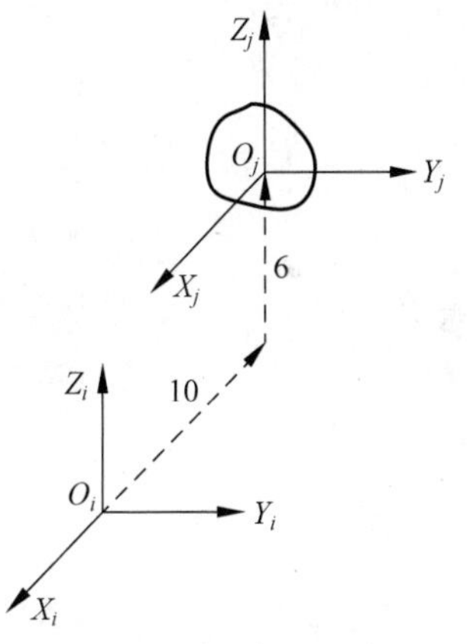

图 3.4 刚体的位姿

3.3 点位的坐标变换

这里，点的位置被简称为点位。点位的坐标变换主要包括三种类型：坐标系的平移、坐标系的旋转以及包含平移与旋转的综合变换，下面分别对这三种变换进行介绍。

3.3.1 坐标系平移(姿态相同)

如图 3.5(a)所示，假设点 P 在坐标系$\{j\}$中的位置${}^j\boldsymbol{P}$ 已知，如果将坐标系$\{j\}$平移至坐标系$\{i\}$处，如何求点 P 在坐标系$\{i\}$中的位置${}^i\boldsymbol{P}$？

该问题可采用矢量三角形来求解。构造图 3.5(b)中所示的矢量三角形 $\boldsymbol{O_iO_jP}$，则可得

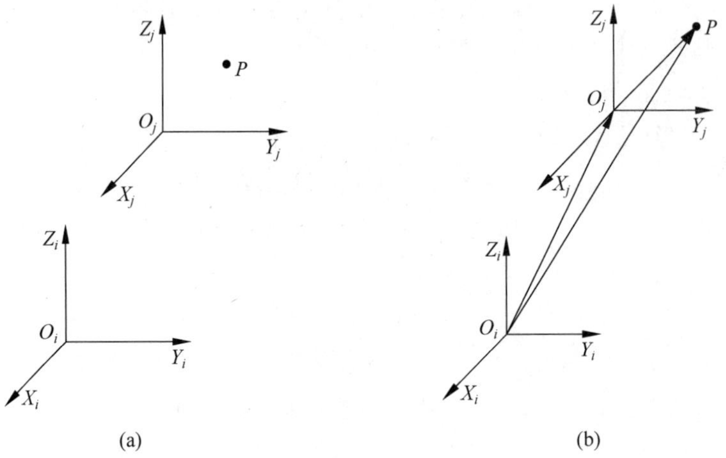

图 3.5 坐标系平移

矢量等式：

$$\boldsymbol{O_iP} = \boldsymbol{O_iO_j} + \boldsymbol{O_jP}$$

由于矢量 $\boldsymbol{O_iP}$、$\boldsymbol{O_jP}$ 分别在坐标系$\{i\}$、$\{j\}$的三个坐标轴上的投影就是点 P 在坐标系$\{i\}$和$\{j\}$中的位置坐标${}^i\boldsymbol{P}$ 和${}^j\boldsymbol{P}$，所以上述矢量等式可表示成以下标量形式：

$${}^i\boldsymbol{P} = {}^{O_j}_{i}\boldsymbol{P} + {}^j\boldsymbol{P} \tag{3-3}$$

式(3-3)即表示了点 P 在坐标系$\{i\}$中的位置。从该公式可以看出，点 P 在坐标系$\{i\}$中的位置除了与该点在坐标系$\{j\}$中的位置相关外，还与坐标系$\{j\}$的坐标原点 O_j 在坐标系$\{i\}$中的位置${}^{O_j}_{i}\boldsymbol{P}$ 相关。${}^{O_j}_{i}\boldsymbol{P}$ 是由坐标系$\{j\}$平移到坐标系$\{i\}$产生的，${}^{O_j}_{i}\boldsymbol{P} = \begin{bmatrix} {}^{O_j}_{i}x & {}^{O_j}_{i}y & {}^{O_j}_{i}z \end{bmatrix}^{\mathrm{T}}$。

由于沿着笛卡儿坐标系的任何坐标轴的位移都不会在另外两个坐标轴上产生投影或分量，因此在不同坐标轴上的位移可以累加，而且不受移动顺序的限制，即：

$${}^{O_j}_{i}\boldsymbol{P} = \begin{bmatrix} -\sum\Delta x \\ 0 \\ 0 \end{bmatrix} + \begin{bmatrix} 0 \\ -\sum\Delta y \\ 0 \end{bmatrix} + \begin{bmatrix} 0 \\ 0 \\ -\sum\Delta z \end{bmatrix} = -\begin{bmatrix} \sum\Delta x \\ \sum\Delta y \\ \sum\Delta z \end{bmatrix}$$

在上式中，Δx、Δy、Δz 是相对于坐标系$\{j\}$发生的位移变量，由于${}^{O_j}_{i}\boldsymbol{P}$ 表示的是坐标系$\{j\}$的坐标原点在坐标系$\{i\}$中的位置，参考系发生了变化，所以需要把各位移变量取负。

在图 3.5 中，坐标系$\{j\}$与坐标系$\{i\}$之间的关系既可描述成平移关系，也可以描述成平行关系，即如果两个坐标系相互平行，知道一个点在一个坐标系中的位置，则该点在另一个坐标系中的位置也可以用式(3-3)求得。

式(3-3)适用于图 3.6 所示的直角坐标机器人的运动学计算。该机器人的三个关节分别在参考系$\{0\}$的 X_0、Y_0、Z_0 三个坐标轴方向上移动，这些移动量改变的是机器人末端坐标系$\{e\}$的原点 O_e 相对于参考坐标系$\{0\}$的位置${}^{O_e}_{0}\boldsymbol{P}$。由于直角坐标机器人的关节运动变量是移动量，所以该类机器人只能改变机器人末端工具的位置，不能改变其姿态。

例 3：如图 3.7 所示，坐标系$\{j\}$由坐标系$\{i\}$沿着 Y 轴方向平移而得，已知点 P 在坐标

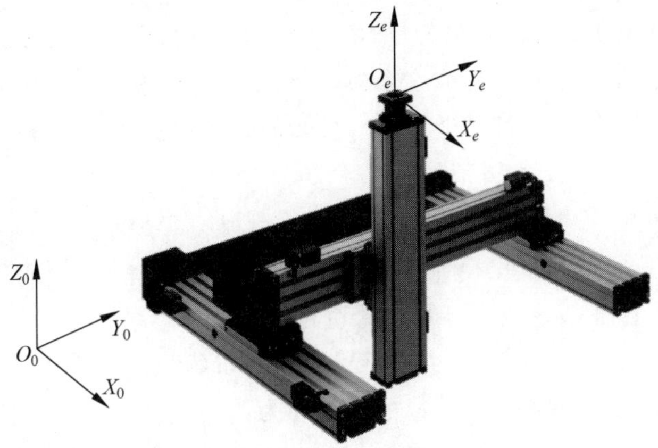

图 3.6　直角坐标机器人

系$\{j\}$中的位置为${}^{j}\boldsymbol{P}=[-5\quad 6\quad 7]^{\mathrm{T}}$，求点 P 在坐标系$\{i\}$中的位置。

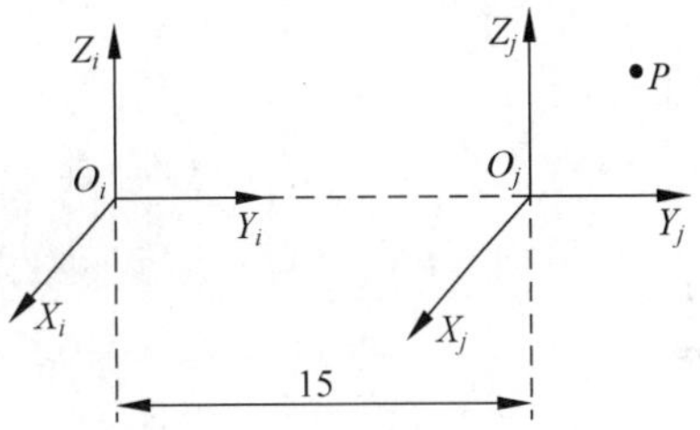

图 3.7　坐标系平移

解：

由式(3-3)可得点 P 在坐标系$\{i\}$中的位置为：

$$
\begin{aligned}
{}^{i}\boldsymbol{P} &= {}^{O_j}_{i}\boldsymbol{P} + {}^{j}\boldsymbol{P} \\
&= [0\quad 15\quad 0]^{\mathrm{T}} + [-5\quad 6\quad 7]^{\mathrm{T}} \\
&= [-5\quad 21\quad 7]^{\mathrm{T}}
\end{aligned}
$$

这里，坐标系$\{i\}$可理解为由坐标系$\{j\}$沿着 Y_j 轴方向平移-15而得，即 $\Delta y=-15$。

3.3.2　坐标系旋转(原点相同)

问题：如图 3.8 所示，坐标系$\{j\}$由坐标系$\{i\}$旋转而成，两坐标系具有相同的坐标原点。已知点 P 在坐标系$\{j\}$中的位置为${}^{j}\boldsymbol{P}=[x_j\quad y_j\quad z_j]^{\mathrm{T}}$，求点 P 在坐标系$\{i\}$中的位置${}^{i}\boldsymbol{P}=[x_i\quad y_i\quad z_i]^{\mathrm{T}}$。

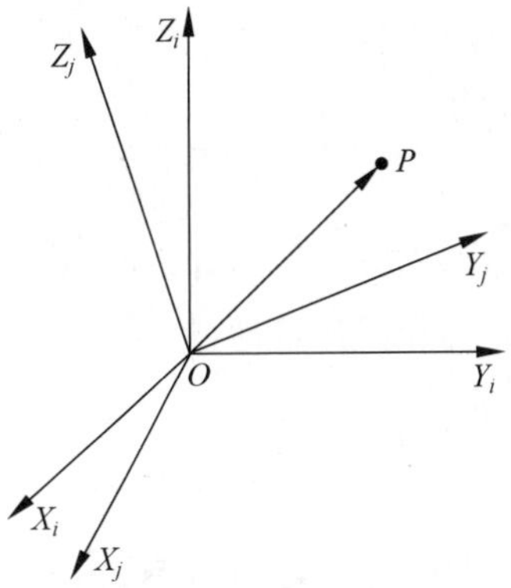

图 3.8　坐标系旋转

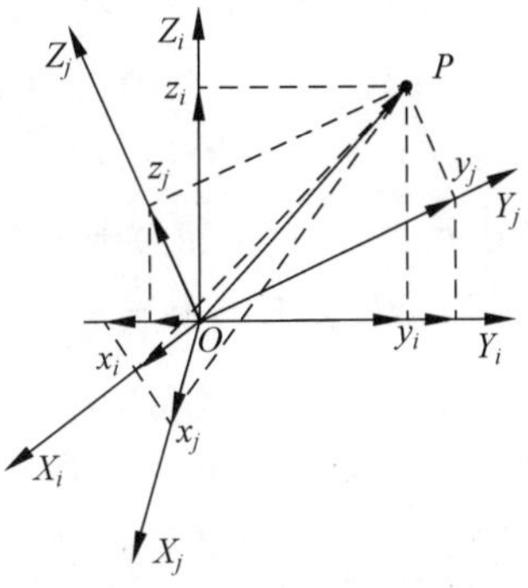

图 3.9　坐标变换投影图

解：

该问题可采用如图 3.9 所示的矢量投影的方法来求解。具体的解题步骤是：点 P 在坐标系$\{j\}$中的位置变量x_j、y_j、z_j就是矢量$\boldsymbol{OP}$在坐标轴X_j、Y_j、Z_j上的投影，将三个位置变量分别与各自所在的坐标轴组合构成三个矢量$\boldsymbol{x}_j$、$\boldsymbol{y}_j$、$\boldsymbol{z}_j$，再将三个矢量分别向坐标系$\{i\}$的三个坐标轴X_i、Y_i、Z_i投影，在每个坐标轴上投影的标量和就是点P在坐标系$\{i\}$中的位置。下面以求y_i为例说明。

首先，把矢量$\boldsymbol{x}_j$向Y_i轴投影，得y_i分量为：

$$y_i = x_j\cos(\angle Y_iX_j)$$

再把矢量$\boldsymbol{y}_j$向Y_i轴投影，得y_i的分量和为：

$$y_i = x_j\cos(\angle Y_iX_j) + y_j\cos(\angle Y_iY_j)$$

最后，把矢量$\boldsymbol{z}_j$向Y_i轴投影，得y_i的分量和为：

$$y_i = x_j\cos(\angle Y_iX_j) + y_j\cos(\angle Y_iY_j) + z_j\cos(\angle Y_iZ_j)$$

这就是点P在坐标系$\{i\}$的Y_i轴上的位置坐标值。

利用此方法可分别求得点P在X_i、Z_i两轴上的位置坐标值x_i、z_i，由此得到点P在坐标系$\{i\}$中的位置为：

$$^i\boldsymbol{P} = \begin{cases} x_i = x_j\cos(\angle X_iX_j) + y_j\cos(\angle X_iY_j) + z_j\cos(\angle X_iZ_j) \\ y_i = x_j\cos(\angle Y_iX_j) + y_j\cos(\angle Y_iY_j) + z_j\cos(\angle Y_iZ_j) \\ z_i = x_j\cos(\angle Z_iX_j) + y_j\cos(\angle Z_iY_j) + z_j\cos(\angle Z_iZ_j) \end{cases}$$

将上式写成矩阵形式，可得：

$$^i\boldsymbol{P} = \begin{bmatrix} \cos(\angle X_iX_j) & \cos(\angle X_iY_j) & \cos(\angle X_iZ_j) \\ \cos(\angle Y_iX_j) & \cos(\angle Y_iY_j) & \cos(\angle Y_iZ_j) \\ \cos(\angle Z_iX_j) & \cos(\angle Z_iY_j) & \cos(\angle Z_iZ_j) \end{bmatrix} \begin{bmatrix} x_j \\ y_j \\ z_j \end{bmatrix}$$

由于该等式右边的第一个矩阵与前面介绍的姿态矩阵[式(3-2)]相同，所以该矩阵可以表示为：

$$^j_i\boldsymbol{R} = \begin{bmatrix} \cos(\angle X_iX_j) & \cos(\angle X_iY_j) & \cos(\angle X_iZ_j) \\ \cos(\angle Y_iX_j) & \cos(\angle Y_iY_j) & \cos(\angle Y_iZ_j) \\ \cos(\angle Z_iX_j) & \cos(\angle Z_iY_j) & \cos(\angle Z_iZ_j) \end{bmatrix}$$

所以点P在坐标系$\{i\}$中位置的计算公式可简写为：

$$^i\boldsymbol{P} = {}^j_i\boldsymbol{R}\,{}^j\boldsymbol{P} \tag{3-4}$$

其中，$^j_i\boldsymbol{R}$表示坐标系$\{j\}$相对于坐标系$\{i\}$的姿态，是3×3的矩阵，这里该矩阵被称作旋转变换矩阵，简称旋转矩阵。旋转矩阵具有与姿态矩阵相同的特性：

$$^j_i\boldsymbol{R}^{-1} = {}^j_i\boldsymbol{R}^{\mathrm{T}} = {}^i_j\boldsymbol{R}$$

上面介绍的是坐标系旋转的一般情况，式(3-4)对于共原点的两坐标系之间的任意旋转都适用。那么如何计算旋转矩阵呢？下面分类介绍。

1. 坐标系绕单个坐标轴旋转的旋转矩阵

坐标系绕单个坐标轴旋转的问题可描述为：一个坐标系$\{i\}$绕其某个坐标轴旋转θ角产生新坐标系$\{j\}$，求旋转矩阵$^j_i\boldsymbol{R}$。坐标系绕单个坐标轴旋转共包括三种情况：绕X轴旋转θ角，绕Y轴旋转θ角和绕Z轴旋转θ角，如图3.10所示。

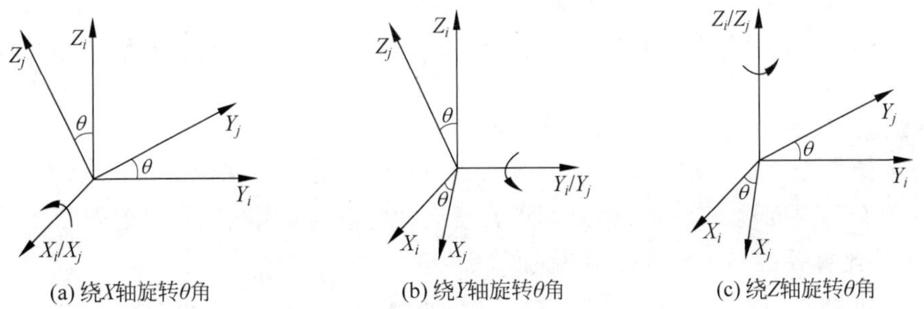

图 3.10 坐标系绕单个坐标轴旋转 θ 角

由图 3.10 中的坐标系$\{j\}$与坐标系$\{i\}$之间的几何关系，根据旋转矩阵的定义，可分别得到绕 X 轴、Y 轴、Z 轴转动 θ 角对应的旋转变换矩阵，如表 3.1 所示。

表 3.1 绕单个坐标轴旋转 θ 角的旋转矩阵

旋转描述	旋转矩阵
绕 X 轴旋转 θ 角	${}_i^j\boldsymbol{R}=\boldsymbol{R}(X,\theta)=\begin{bmatrix}1 & 0 & 0\\ 0 & \cos\theta & -\sin\theta\\ 0 & \sin\theta & \cos\theta\end{bmatrix}$
绕 Y 轴旋转 θ 角	${}_i^j\boldsymbol{R}=\boldsymbol{R}(Y,\theta)=\begin{bmatrix}\cos\theta & 0 & \sin\theta\\ 0 & 1 & 0\\ -\sin\theta & 0 & \cos\theta\end{bmatrix}$
绕 Z 轴旋转 θ 角	${}_i^j\boldsymbol{R}=\boldsymbol{R}(Z,\theta)=\begin{bmatrix}\cos\theta & -\sin\theta & 0\\ \sin\theta & \cos\theta & 0\\ 0 & 0 & 1\end{bmatrix}$

表 3.1 中的三个旋转矩阵具有下列特点：

(1) 旋转矩阵中元素 1 所在的行号或列号与绕哪个坐标轴旋转相对应($1\Rightarrow X$；$2\Rightarrow Y$；$3\Rightarrow Z$)；

(2) 主对角线上只有一个元素为 1，其余均为转角的余弦；

(3) 在元素 1 所在的行和列，其他元素均为 0；

(4) 从元素 1 所在的行起，自上而下，先出现的正弦为负，后出现的正弦为正；反之亦然。

绕单个坐标轴旋转的旋转矩阵的上述特点可以帮助我们更容易地记住它们。

例 4：坐标系$\{i\}$绕其 X 轴旋转 45°，产生新坐标系$\{j\}$，假设点 P 在坐标系$\{j\}$中的位置为${}^j\boldsymbol{P}=[10,0,20]^{\mathrm{T}}$，求它在坐标系$\{i\}$中的位置${}^i\boldsymbol{P}$。

解：

该题可用公式(3-4)和绕 X 轴旋转 θ 角的旋转矩阵通式(表 3.1)求解。

$$
{}^i\boldsymbol{P}={}_i^j\boldsymbol{R}\cdot{}^j\boldsymbol{P}=\boldsymbol{R}(X,\theta)\cdot{}^j\boldsymbol{P}=\begin{bmatrix}1 & 0 & 0\\ 0 & \cos45^\circ & -\sin45^\circ\\ 0 & \sin45^\circ & \cos45^\circ\end{bmatrix}\cdot\begin{bmatrix}10\\ 0\\ 20\end{bmatrix}=\begin{bmatrix}10\\ -10\sqrt{2}\\ 10\sqrt{2}\end{bmatrix}
$$

如果不知道坐标系$\{j\}$如何由坐标系$\{i\}$旋转生成的，但两坐标系之间位姿关系符合坐标系绕单轴旋转θ角的情况，则同样可以用式(3-4)和表3.1中的旋转矩阵通式进行坐标变换的计算。

2. 坐标系绕多个坐标轴转动的旋转矩阵

坐标系绕多个坐标轴转动问题可分为绕动坐标系的多个坐标轴旋转和绕定坐标系的多个坐标轴旋转两类问题。下面介绍这两类转动问题的旋转矩阵计算方法。

1）绕动坐标系的多个坐标轴旋转的旋转矩阵

问题：如图3.11所示，坐标系$\{i\}$绕其Z轴旋转φ角，得到新坐标系$\{1\}$，坐标系$\{1\}$再绕其Y轴旋转θ角，得到新坐标系$\{2\}$，坐标系$\{2\}$再绕其Z轴旋转ϕ角，得到新坐标系$\{j\}$，求旋转矩阵${}_i^j\boldsymbol{R}(\varphi,\theta,\phi)$。

解：

在坐标系$\{i\}$旋转到坐标系$\{j\}$的过程中，三个坐标系的三个坐标轴先后被作为旋转参考轴。

下面来推导如何求得旋转矩阵${}_i^j\boldsymbol{R}(\varphi,\theta,\phi)$。

假设有一点P，它在坐标系$\{j\}$中的位置为${}^j\boldsymbol{P}$，求它在坐标系$\{i\}$中的位置${}^i\boldsymbol{P}$。

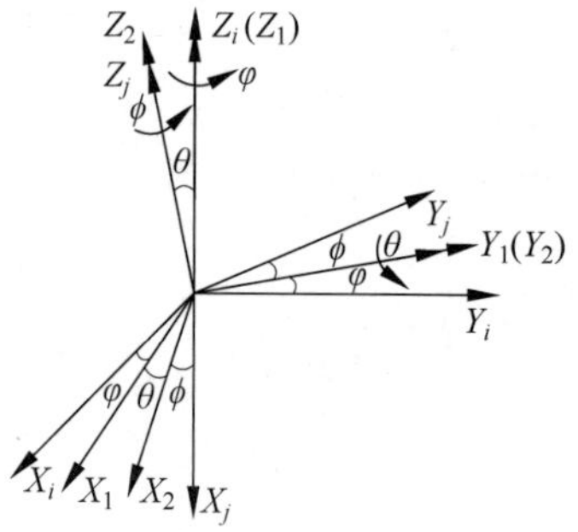

图3.11 绕动坐标系的坐标轴旋转示意图

首先，以坐标系$\{j\}$和坐标系$\{2\}$为对象，这两个坐标系之间的转换关系属于绕Z轴旋转一个角度ϕ，采用式(3-4)计算点P在坐标系$\{2\}$中的位置：

$$^2\boldsymbol{P} = {}_2^j\boldsymbol{R}\cdot{}^j\boldsymbol{P} = \boldsymbol{R}(Z,\phi)\,{}^j\boldsymbol{P}$$

然后，以坐标系$\{2\}$和坐标系$\{1\}$为对象，这两个坐标系之间的转换关系属于绕Y轴旋转一个角度θ，采用式(3-4)计算点P在坐标系$\{1\}$中的位置：

$$^1\boldsymbol{P} = {}_1^2\boldsymbol{R}\cdot{}^2\boldsymbol{P} = \boldsymbol{R}(Y,\theta)\,{}^2\boldsymbol{P}$$

最后，以坐标系$\{1\}$和坐标系$\{i\}$为对象，这两个坐标系之间的转换关系属于绕Z轴旋转一个角度φ，采用式(3-4)计算点P在坐标系$\{i\}$中的位置：

$$^i\boldsymbol{P} = {}_i^1\boldsymbol{R}\cdot{}^1\boldsymbol{P} = \boldsymbol{R}(Z,\varphi)\,{}^1\boldsymbol{P}$$

将前面求得的${}^1\boldsymbol{P}$、${}^2\boldsymbol{P}$依次代入上式，可得：

$$\begin{aligned}
^i\boldsymbol{P} &= {}_i^1\boldsymbol{R}\cdot{}^1\boldsymbol{P} = \boldsymbol{R}(Z,\varphi)\,{}^1\boldsymbol{P}\\
&= \boldsymbol{R}(Z,\varphi)\boldsymbol{R}(Y,\theta)\,{}^2\boldsymbol{P}\\
&= \boldsymbol{R}(Z,\varphi)\boldsymbol{R}(Y,\theta)\boldsymbol{R}(Z,\phi)\,{}^j\boldsymbol{P}\\
&= {}_i^j\boldsymbol{R}\cdot{}^j\boldsymbol{P}
\end{aligned}$$

所以可得：

$${}_i^j\boldsymbol{R} = \boldsymbol{R}(Z,\varphi)\boldsymbol{R}(Y,\theta)\boldsymbol{R}(Z,\phi)$$

即

$${}_i^j\boldsymbol{R}(\varphi,\theta,\phi) = \boldsymbol{R}(Z,\varphi)\boldsymbol{R}(Y,\theta)\boldsymbol{R}(Z,\phi)$$

将各旋转矩阵的表达式代入上式可得：

$$
{}_i^j\boldsymbol{R}(\varphi,\theta,\phi)=\begin{bmatrix}\cos\varphi & -\sin\varphi & 0\\ \sin\varphi & \cos\varphi & 0\\ 0 & 0 & 1\end{bmatrix}\begin{bmatrix}\cos\theta & 0 & \sin\theta\\ 0 & 1 & 0\\ -\sin\theta & 0 & \cos\theta\end{bmatrix}\begin{bmatrix}\cos\phi & -\sin\phi & 0\\ \sin\phi & \cos\phi & 0\\ 0 & 0 & 1\end{bmatrix}
$$

$$
=\begin{bmatrix}\cos\varphi\cos\theta\cos\phi-\sin\varphi\sin\phi & -\cos\varphi\cos\theta\sin\phi-\sin\varphi\cos\phi & \cos\varphi\sin\theta\\ \sin\varphi\cos\theta\cos\phi+\cos\varphi\sin\phi & -\sin\varphi\cos\theta\sin\phi+\cos\varphi\cos\phi & \sin\varphi\sin\theta\\ \sin\theta\sin\phi & \sin\theta\sin\phi & \cos\theta\end{bmatrix}
$$

除第一次坐标系旋转环绕的坐标轴外，后面两次旋转环绕的坐标轴都是新生成坐标系的坐标轴，这些新生成的坐标系被称为动系，而坐标系$\{i\}$被称为定系。所以，上述坐标系$\{i\}$旋转到坐标系$\{j\}$的过程被称为绕动系的坐标轴旋转，旋转矩阵${}_i^j\boldsymbol{R}(\varphi,\theta,\phi)$等于绕三个坐标轴转动的旋转矩阵的顺序乘积。

2）绕定坐标系的多个坐标轴转动的旋转矩阵

问题：如图 3.12 所示，坐标系$\{i\}$绕其 X 轴旋转 α 角，得到新坐标系$\{m\}$，坐标系$\{m\}$再绕坐标系$\{i\}$的 Z 轴旋转 θ 角，得到新坐标系$\{j\}$，求旋转矩阵${}_i^j\boldsymbol{R}(\alpha,\theta)$。

解：

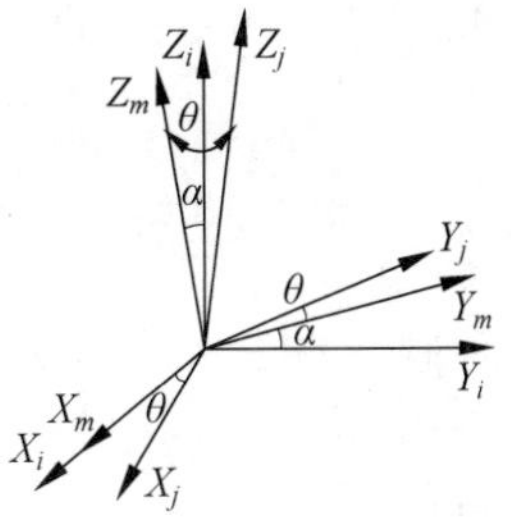

图 3.12 绕固定坐标轴旋转示意图

在坐标系$\{i\}$旋转到坐标系$\{j\}$的过程中，坐标系$\{i\}$的两个坐标轴先后被作为旋转参考轴。

推导旋转矩阵${}_i^j\boldsymbol{R}(\alpha,\theta)$的过程分两步：

（1）考虑坐标系$\{i\}$和坐标系$\{m\}$，假设它们初始位姿重合，坐标系$\{m\}$固连一个点 P，旋转前该点在坐标系$\{i\}$和坐标系$\{m\}$中的位置都为${}_i^i\boldsymbol{P}$。坐标系$\{m\}$绕坐标系$\{i\}$的 X 轴旋转 α 角后，该点 P 在坐标系$\{i\}$中的坐标设为${}_i^m\boldsymbol{P}$，由于固连关系，点 P 在坐标系$\{m\}$中的位置值仍为${}_i^i\boldsymbol{P}$，则存在下列转换关系：

$$
{}_i^m\boldsymbol{P}={}_i^m\boldsymbol{R}\cdot{}_m^m\boldsymbol{P}=\boldsymbol{R}(X,\alpha){}_i^i\boldsymbol{P}
$$

（2）考虑坐标系$\{i\}$和坐标系$\{j\}$，它们初始位姿重合，假设坐标系$\{j\}$与点 P 固连，则旋转前该点在坐标系$\{i\}$和坐标系$\{j\}$中的位置坐标为${}_i^m\boldsymbol{P}$。坐标系$\{j\}$绕坐标系$\{i\}$的 Z 轴旋转 θ 角后，该点 P 在坐标系$\{i\}$中的坐标设为${}_i^j\boldsymbol{P}$，由于固连关系，该点 P 在坐标系$\{j\}$中的坐标为${}_i^m\boldsymbol{P}$，则存在下列转换关系：

$$
{}_i^j\boldsymbol{P}={}_i^j\boldsymbol{R}\cdot{}_j^j\boldsymbol{P}=\boldsymbol{R}(Z,\theta){}_i^m\boldsymbol{P}=\boldsymbol{R}(Z,\theta)\boldsymbol{R}(X,\alpha){}_i^i\boldsymbol{P}
$$

${}_i^i\boldsymbol{P}$ 为旋转前点 P 在坐标系$\{i\}$中的位置，${}_i^j\boldsymbol{P}$ 是经过两次旋转后的点 P 在坐标系$\{i\}$中的位置，所以坐标系$\{j\}$与坐标系$\{i\}$之间的旋转矩阵为：

$$
{}_i^j\boldsymbol{R}(\alpha,\theta)=\boldsymbol{R}(Z,\theta)\boldsymbol{R}(X,\alpha)
$$

$$
{}_i^j\boldsymbol{R}(\alpha,\theta)=\begin{bmatrix}\cos\theta & -\sin\theta & 0\\ \sin\theta & \cos\theta & 0\\ 0 & 0 & 1\end{bmatrix}\begin{bmatrix}1 & 0 & 0\\ 0 & \cos\alpha & -\sin\alpha\\ 0 & \sin\alpha & \cos\alpha\end{bmatrix}=\begin{bmatrix}\cos\theta & -\sin\theta\cos\alpha & \sin\theta\sin\alpha\\ \sin\theta & \cos\theta\cos\alpha & -\cos\theta\sin\alpha\\ 0 & \sin\alpha & \cos\alpha\end{bmatrix}
$$

即绕着固定坐标系$\{i\}$的两个坐标轴 X、Z 转动的旋转矩阵等于绕 Z 轴和绕 X 轴转动的两个旋转矩阵的乘积。

对于该问题，本章附录中还给出了另外一种求解方法，供参考。

特别提醒：多个旋转矩阵连乘时，次序不同则含义不同。

绕定坐标系和绕动坐标系的多个坐标轴转动时，其最终坐标系与初始坐标系之间的旋转矩阵的计算规律如下：

(1) 绕多个动坐标系的坐标轴依次转动时，最终坐标系相对于初始坐标系的旋转矩阵等于每个绕单坐标轴旋转的旋转矩阵从左往右乘的乘积，即旋转矩阵的相乘顺序与坐标系转动次序相同；

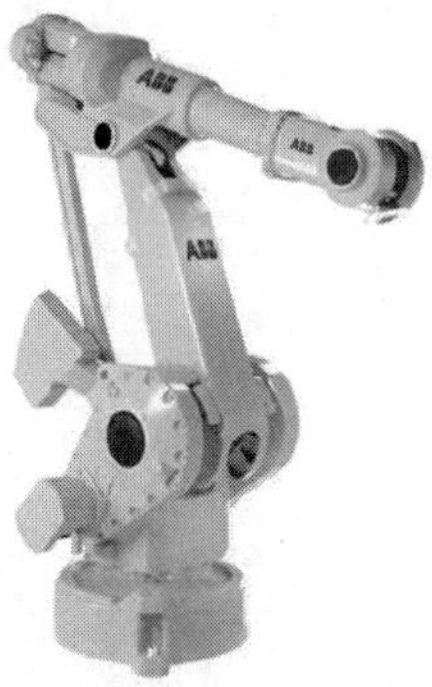

图 3.13 旋转关节机器人[3]

(2) 绕定坐标系的多个坐标轴依次转动时，最终坐标系相对于初始坐标系的旋转矩阵等于每个绕单坐标轴旋转的旋转矩阵从右往左乘的乘积，即旋转矩阵的相乘顺序与坐标系转动次序相反。

坐标系旋转变换矩阵可用于具有旋转关节的机器人的运动学计算，如图 3.13 所示。

通过前面关于坐标变换的介绍可以看出：基于坐标系旋转的坐标变换比基于坐标系平移的坐标变换复杂得多。但现实情况是，现有的机器人中旋转关节比移动关节普遍，因此基于坐标系旋转的坐标变换比基于坐标系平移的坐标变换应用更广泛。

3.3.3 坐标变换综合(平移＋旋转)

问题：如图 3.14 所示，坐标系$\{i\}$和坐标系$\{j\}$的姿态不相同，也不共原点，如果已知点 P 在坐标系$\{j\}$中的位置，如何求出其在坐标系$\{i\}$中的位置？

解：

假设一个中间坐标系$\{c\}$，它与坐标系$\{j\}$的原点重合，与坐标系$\{i\}$的姿态相同。

由于坐标系$\{c\}$与坐标系$\{i\}$的姿态相同，所以它们之间是纯平移关系，则：

$$ {}^{j}_{c}\boldsymbol{R} = {}^{j}_{i}\boldsymbol{R} $$

考虑坐标系$\{j\}$和$\{c\}$，两个坐标系之间是纯旋转关系，假设已知点 P 在坐标系$\{j\}$中的位置${}^{j}\boldsymbol{P}$，则点 P 在坐标系$\{c\}$中的位置为：

$$ {}^{c}\boldsymbol{P} = {}^{j}_{c}\boldsymbol{R}\,{}^{j}\boldsymbol{P} = {}^{j}_{i}\boldsymbol{R}\,{}^{j}\boldsymbol{P} $$

由于坐标系$\{c\}$与坐标系$\{j\}$原点重合，所以有${}^{O_c}_{i}\boldsymbol{P} = {}^{O_j}_{i}\boldsymbol{P}$。

考虑坐标系$\{i\}$和$\{c\}$，计算点 P 在坐标系$\{i\}$中的位置为：

$$ {}^{i}\boldsymbol{P} = {}^{c}\boldsymbol{P} + {}^{O_c}_{i}\boldsymbol{P} = {}^{j}_{i}\boldsymbol{R}\,{}^{j}\boldsymbol{P} + {}^{O_j}_{i}\boldsymbol{P} $$

由此可求得两个姿态不同、原点不同的坐标系之间的点位转换计算公式为：

$$ {}^{i}\boldsymbol{P} = {}^{j}_{i}\boldsymbol{R}\,{}^{j}\boldsymbol{P} + {}^{O_j}_{i}\boldsymbol{P} \tag{3-5} $$

此公式由旋转和平移两部分组成。

对于该问题，还有另外一种求解方法。

如图 3.15 所示，假设一个中间坐标系$\{c\}$，它与坐标系$\{i\}$原点重合，与坐标系$\{j\}$姿态相同。

考虑坐标系$\{j\}$和$\{c\}$，它们之间是纯平移关系，假设已知点 P 在坐标系$\{j\}$中的位置${}^{j}\boldsymbol{P}$，则点 P 在坐标系$\{c\}$中的位置为：

$$ {}^{c}\boldsymbol{P} = {}^{j}\boldsymbol{P} + {}^{O_j}_{c}\boldsymbol{P} $$

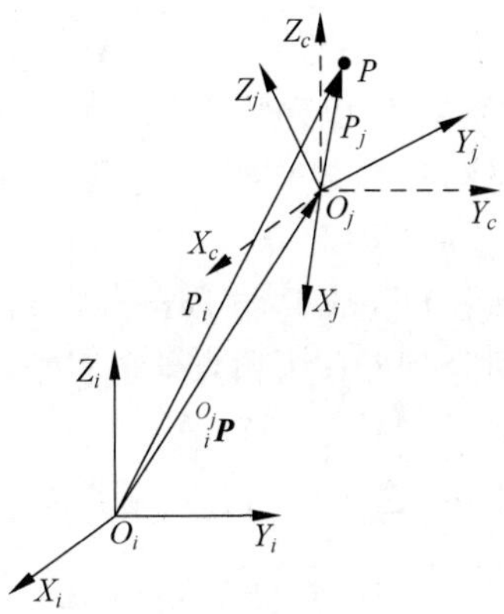

图 3.14 坐标变换综合(平移+旋转)示意图

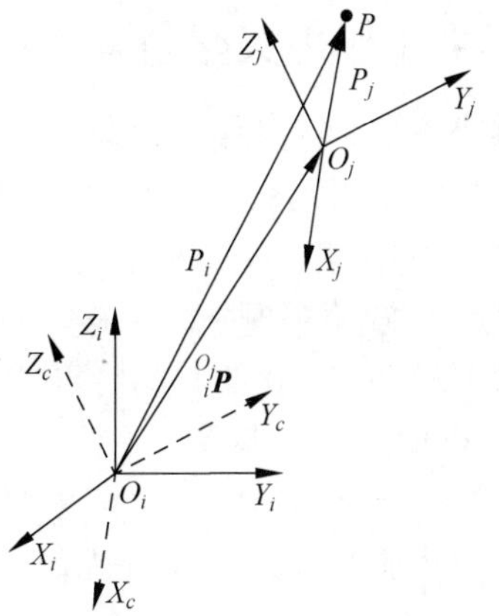

图 3.15 坐标变换综合(旋转+平移)示意图

这里需要注意的是${}^{O_j}_{c}\boldsymbol{P} \neq {}^{O_j}_{i}\boldsymbol{P}$,因为对于坐标原点 O_j,${}^{O_j}_{c}\boldsymbol{P}$ 是在坐标系$\{c\}$中描述的,它是未知的,而${}^{O_j}_{i}\boldsymbol{P}$ 是在坐标系$\{i\}$中描述的,它是已知的。

然后,考虑坐标系$\{i\}$和坐标系$\{c\}$,它们是纯旋转关系,则点 P 在坐标系$\{i\}$中的位置为:

$$ {}^{i}\boldsymbol{P} = {}^{c}_{i}\boldsymbol{R}{}^{c}\boldsymbol{P} = {}^{j}_{i}\boldsymbol{R}({}^{j}\boldsymbol{P} + {}^{O_j}_{c}\boldsymbol{P}) = {}^{j}_{i}\boldsymbol{R}{}^{j}\boldsymbol{P} + {}^{c}_{i}\boldsymbol{R}{}^{O_j}_{c}\boldsymbol{P} = {}^{j}_{i}\boldsymbol{R}{}^{j}\boldsymbol{P} + {}^{O_j}_{i}\boldsymbol{P} $$

上式中,由于坐标系$\{c\}$与坐标系$\{j\}$姿态相同,所以有${}^{c}_{i}\boldsymbol{R} = {}^{j}_{i}\boldsymbol{R}$ 的代换。

例 5:已知坐标系$\{j\}$初始位姿与坐标系$\{i\}$重合,首先坐标系$\{j\}$相对于坐标系$\{i\}$的 X 轴转 45°,再沿坐标系$\{i\}$的 Y 轴移动 10。假设点 P 在坐标系$\{j\}$的位置为${}^{j}\boldsymbol{P} = [10,10,10]^{\mathrm{T}}$,求它在坐标系$\{i\}$中的位置${}^{i}\boldsymbol{P}$。

解:

经过一个绕 X 轴的转动,坐标系$\{j\}$与坐标系$\{i\}$的 Y 轴和 Z 轴的指向不同,再经过一个沿坐标系$\{i\}$的 Y 轴的移动,则两个坐标系原点不同。这个坐标系变换过程与图 3.15 类似。

可利用式(3-5)求点 P 在坐标系$\{i\}$中的位置。

$$ \begin{aligned} {}^{i}\boldsymbol{P} &= {}^{j}_{i}\boldsymbol{R}{}^{j}\boldsymbol{P} + {}^{O_j}_{i}\boldsymbol{P} = \boldsymbol{R}(X,45){}^{j}\boldsymbol{P} + \boldsymbol{P}(Y,10) \\ &= \begin{bmatrix} 1 & 0 & 0 \\ 0 & \cos 45^\circ & -\sin 45^\circ \\ 0 & \sin 45^\circ & \cos 45^\circ \end{bmatrix} \begin{bmatrix} 10 \\ 10 \\ 10 \end{bmatrix} + \begin{bmatrix} 0 \\ 10 \\ 0 \end{bmatrix} \\ &= \begin{bmatrix} 10 \\ 0 \\ 10\sqrt{2} \end{bmatrix} \end{aligned} $$

3.4 齐次坐标与齐次变换

齐次坐标可用于表征机器人的位姿,齐次变换可用于实现不同坐标系中机器人位姿的转换,利用齐次坐标和齐次变换研究机器人的位姿问题十分便捷。

3.4.1 齐次坐标

齐次坐标是一种用于投影几何的坐标表示形式，类似于用于欧式几何的笛卡儿坐标。齐次坐标除了用在机器人学中，也是计算机图形学的重要工具之一，由于它既能够用来区分向量和点，也更易于进行仿射变换(Affine Transformation)，因此通过矩阵与向量相乘的一般运算可有效地实现坐标平移、旋转、缩放及透视投影。OpenGL 与 Direct3D 图形软件以及图形卡均利用齐次坐标的特点，以 4 个暂存器的向量处理器作为顶点着色引擎。

1. 点位的齐次坐标

在笛卡儿坐标系中，点的位置通常用 3 维列向量表示，这三个元素对应着该点在 X、Y、Z 三个坐标轴上的投影，例如点的位置可表示为：

$$\boldsymbol{P}=\begin{bmatrix}x\\y\\z\end{bmatrix}$$

点位的齐次坐标就是将笛卡儿坐标系下点的 3×1 维位置列向量，用一个 4×1 维的列向量表示，由此构建一种新的表达形式，这增加的 1 维元素是任意的非零实数。点的齐次坐标可表示为：

$$\boldsymbol{P}=\begin{bmatrix}a\\b\\c\\\omega\end{bmatrix}$$

其中，ω 是非零的实数，$\frac{a}{\omega}=x$，$\frac{b}{\omega}=y$，$\frac{c}{\omega}=z$。所以 ω 实际上是一个非零的比例因子，它对笛卡儿坐标系中点的位置坐标进行了缩放。

对于笛卡儿坐标系下点的位置 $\boldsymbol{P}=[1\quad2\quad3]^{\mathrm{T}}$，$\boldsymbol{P}=[1\quad2\quad3\quad1]^{\mathrm{T}}$ 和 $\boldsymbol{P}=[2\quad4\quad6\quad2]^{\mathrm{T}}$ 都是该点位置的齐次坐标。需要指出的是，由于比例因子 ω 可为任意的非零实数，因此一个点位置的齐次坐标有无穷多个。为了简化计算及便于转换，在机器人学中，通常取比例因子 $\omega=1$，即点的齐次坐标的通式为：

$$\boldsymbol{P}=[x\quad y\quad z\quad 1]^{\mathrm{T}}。$$

坐标系原点的齐次坐标为：$[0\quad0\quad0\quad1]^{\mathrm{T}}$。

2. 坐标轴的齐次坐标

笛卡儿坐标系的坐标轴是具有确定方向的指向无穷远的矢量，每个坐标轴的齐次坐标可采用如下通式表示：

$[a\quad b\quad c\quad 0]^{\mathrm{T}}$，其中 a,b,c 称为方向数

笛卡儿坐标系的三个坐标轴的齐次坐标表示如下：

(1) X 轴的齐次坐标为：$[1\quad0\quad0\quad0]^{\mathrm{T}}$；

(2) Y 轴的齐次坐标为：$[0\quad1\quad0\quad0]^{\mathrm{T}}$；

(3) Z 轴的齐次坐标为：$[0\quad0\quad1\quad0]^{\mathrm{T}}$。

3.4.2 齐次变换

如图 3.16 所示，坐标系$\{j\}$相对于坐标系$\{i\}$的旋转矩阵${}_{j}^{i}\boldsymbol{R}$ 与平移向量${}_{i}^{O_j}\boldsymbol{P}$ 可构成一个

4×4 的齐次变换矩阵：

$$ {}_i^j\boldsymbol{T} = \begin{bmatrix} {}_i^j\boldsymbol{R} & {}_i^{O_j}\boldsymbol{P} \\ 0 \quad 0 \quad 0 & 1 \end{bmatrix}_{4\times4} \tag{3-6} $$

齐次变换矩阵${}_i^j\boldsymbol{T}$的含义是坐标系$\{j\}$相对于坐标系$\{i\}$的位姿。即在式(3-6)这样一个单一的4×4矩阵中，既表示了坐标系$\{j\}$相对于坐标系$\{i\}$的位置，也表示了坐标系$\{j\}$相对于坐标系$\{i\}$的姿态。

例 6：坐标系$\{i\}$和$\{j\}$的相对位置和坐标轴指向如图3.17所示，坐标系$\{j\}$的原点在坐标系$\{i\}$中的位置为$[-3,-4,5]^{\mathrm{T}}$，写出齐次转换矩阵${}_i^j\boldsymbol{T}$。

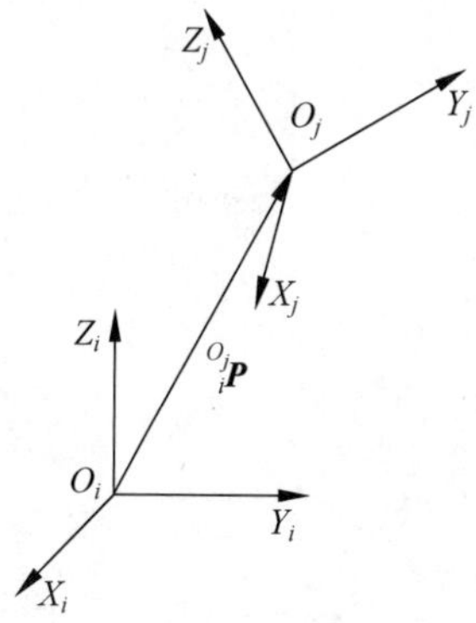

图 3.16　齐次变换示意图

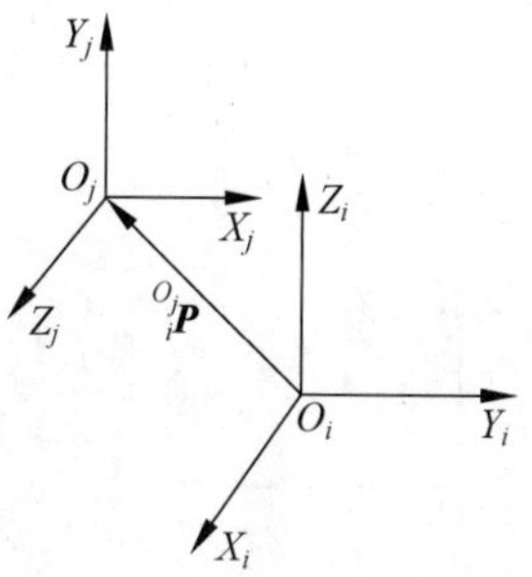

图 3.17　齐次变换矩阵表示

解：

解该题的关键是写出旋转矩阵${}_i^j\boldsymbol{R}$。由于坐标系$\{j\}$的X、Y、Z三个坐标轴分别与坐标系$\{i\}$的Y、Z、X三个坐标轴平行，所以可知对应的三个夹角为0，则其余弦为1，再由于${}_i^j\boldsymbol{R}$的每列都是单位向量，所以每列的其余两个元素必为0，由此可快速写出${}_i^j\boldsymbol{R}$矩阵的每列。

从而可求得齐次变换矩阵${}_i^j\boldsymbol{T}$为：

$$ {}_i^j\boldsymbol{T} = \begin{bmatrix} 0 & 0 & 1 & -3 \\ 1 & 0 & 0 & -4 \\ 0 & 1 & 0 & 5 \\ 0 & 0 & 0 & 1 \end{bmatrix} $$

式(3-6)所示的齐次变换矩阵通式也能表示纯平移和纯旋转两种坐标系变换：

(1) 纯平移的齐次变换矩阵：$\mathbf{Trans}({}_i^{O_j}\boldsymbol{P}) = \begin{bmatrix} \boldsymbol{I}_{3\times3} & {}_i^{O_j}\boldsymbol{P} \\ 0 \quad 0 \quad 0 & 1 \end{bmatrix}$

(2) 纯旋转的齐次变换矩阵：$\mathbf{Rot}(\boldsymbol{K},\theta) = \begin{bmatrix} {}_i^j\boldsymbol{R} & 0 \\ 0 \quad 0 \quad 0 & 1 \end{bmatrix}$

在纯平移的齐次变换矩阵中，由于坐标系$\{i\}$和坐标系$\{j\}$的姿态相同，所以旋转矩阵${}_i^j\boldsymbol{R}$为单位阵。而在纯旋转的齐次变换矩阵中，由于坐标系$\{i\}$和坐标系$\{j\}$共原点，所以平移向量${}_i^{O_j}\boldsymbol{P}$为零，这里$\boldsymbol{K}$表示过原点的单位矢量，θ是绕矢量$\boldsymbol{K}$旋转的角度，${}_i^j\boldsymbol{R}$与$\boldsymbol{K}$和θ的关系式在3.5节介绍。

利用纯平移和纯旋转的齐次变换矩阵，也可以表示两坐标系之间既有平移又有旋转的复合变换：

$$
{}_i^j\boldsymbol{T}=\mathbf{Trans}({}_i^{O_j}\boldsymbol{P})\mathbf{Rot}(\boldsymbol{K},\theta)=\begin{bmatrix}\boldsymbol{I}_{3\times3} & {}_i^{O_j}\boldsymbol{P}\\ 0\quad 0\quad 0 & 1\end{bmatrix}\begin{bmatrix}{}_i^j\boldsymbol{R} & 0\\ 0\quad 0\quad 0 & 1\end{bmatrix}
$$

$$
=\begin{bmatrix}{}_i^j\boldsymbol{R} & {}_i^{O_j}\boldsymbol{P}\\ 0\quad 0\quad 0 & 1\end{bmatrix} \tag{3-7}
$$

式(3-7)可以表示两种不同的坐标系变换：相对于动坐标系的先平移后旋转(如图 3.18(a)所示)和相对于定坐标系的先旋转再平移(如图 3.18(b)所示)。

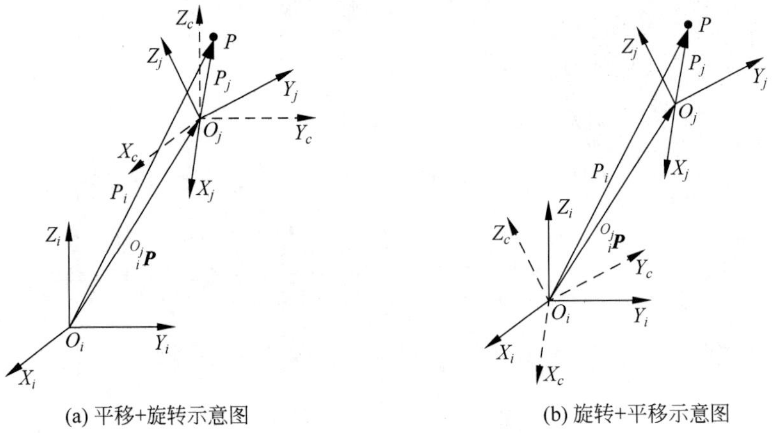

图 3.18　坐标系变换示意图

对于第一种坐标系变换，如图 3.18(a)所示，以坐标系$\{i\}$作为参考系，平移坐标系$\{i\}$至坐标系$\{j\}$的原点 O_j 产生坐标系$\{c\}$；然后坐标系$\{c\}$以自身为参考系，旋转至坐标系$\{j\}$。由于该系列坐标系旋转属于绕动坐标系旋转，所以齐次变换矩阵相乘的顺序与坐标系旋转的次序相同，则可得式(3-7)。

对于第二种坐标系变换，如图 3.18(b)所示，坐标系$\{i\}$以自身作为参考系，旋转至与坐标系$\{j\}$姿态相同产生坐标系$\{c\}$，坐标系$\{c\}$与$\{i\}$共原点；然后坐标系$\{c\}$以坐标系$\{i\}$为参考系，平移至坐标系$\{j\}$。由于所有的坐标系旋转都是相对于定坐标系$\{i\}$的，所以齐次变换矩阵相乘的顺序与坐标系旋转的次序相反，同样可得式(3-7)。

这个例子说明：同样的齐次变换矩阵相乘关系式可以表示不同的坐标系转换关系。

假设点 P 在坐标系$\{i\}$中的笛卡儿坐标为${}^i\boldsymbol{P}$，其齐次坐标为 $\boldsymbol{P}^i=\begin{bmatrix}{}^i\boldsymbol{P}\\1\end{bmatrix}_{4\times1}$。

假设点 P 在坐标系$\{j\}$中的笛卡儿坐标为${}^j\boldsymbol{P}$，其齐次坐标为 $\boldsymbol{P}^j=\begin{bmatrix}{}^j\boldsymbol{P}\\1\end{bmatrix}_{4\times1}$。

则：

$$
{}_i^j\boldsymbol{T}\cdot\boldsymbol{P}^j=\begin{bmatrix}{}_i^j\boldsymbol{R} & {}_i^{O_j}\boldsymbol{P}\\ 0\quad 0\quad 0 & 1\end{bmatrix}\begin{bmatrix}{}^j\boldsymbol{P}\\1\end{bmatrix}=\begin{bmatrix}{}_i^j\boldsymbol{R}\,{}^j\boldsymbol{P}+{}_i^{O_j}\boldsymbol{P}\\1\end{bmatrix}=\begin{bmatrix}{}^i\boldsymbol{P}\\1\end{bmatrix}=\boldsymbol{P}^i
$$

上式中，由笛卡儿坐标系下的坐标变换公式(3-5)得${}^i\boldsymbol{P}={}_i^j\boldsymbol{R}\,{}^j\boldsymbol{P}+{}_i^{O_j}\boldsymbol{P}$。

因此，点 P 的齐次坐标变换的计算公式为：

$$P^i = {}_i^jTP^j \tag{3-8}$$

式(3-8)也被称为齐次变换通式，该公式可实现任意两个笛卡儿坐标系之间点的位置变换。

例 7：已知坐标系$\{j\}$初始位姿与坐标系$\{i\}$重合，首先坐标系$\{j\}$相对于坐标系$\{i\}$的 X 轴转 45°，再沿坐标系$\{i\}$的 Y 轴移动 10，再沿坐标系$\{i\}$的 Z 轴移动 $-10\sqrt{2}$。假设点 P 在坐标系$\{j\}$中的位置为${}^jP=[10,10,10]^T$，求它在坐标系$\{i\}$中的位置${}^iP$。

解法 1：

因为由坐标系$\{i\}$变换到坐标系$\{j\}$的所有运动都是相对于定参考系$\{i\}$的，所以把表示各个运动的齐次矩阵按着与运动次序相反的顺序相乘，可得坐标系$\{j\}$到坐标系$\{i\}$的齐次变换矩阵${}_i^jT$，由齐次变换公式(3-8)可求得点 P 在坐标系$\{i\}$中的位置。

$$P^i = {}_i^jTP^j = \mathbf{Trans}(Y,Z)\mathbf{Rot}(X,45°)\cdot P^j$$

$$= \begin{bmatrix} 1 & 0 & 0 & 0 \\ 0 & 1 & 0 & 10 \\ 0 & 0 & 1 & -10\sqrt{2} \\ 0 & 0 & 0 & 1 \end{bmatrix} \begin{bmatrix} 1 & 0 & 0 & 0 \\ 0 & \cos45° & -\sin45° & 0 \\ 0 & \sin45° & \cos45° & 0 \\ 0 & 0 & 0 & 1 \end{bmatrix} \begin{bmatrix} 10 \\ 10 \\ 10 \\ 1 \end{bmatrix}$$

$$= \begin{bmatrix} 1 & 0 & 0 & 0 \\ 0 & \frac{\sqrt{2}}{2} & -\frac{\sqrt{2}}{2} & 10 \\ 0 & \frac{\sqrt{2}}{2} & \frac{\sqrt{2}}{2} & -10\sqrt{2} \\ 0 & 0 & 0 & 1 \end{bmatrix} \begin{bmatrix} 10 \\ 10 \\ 10 \\ 1 \end{bmatrix} = \begin{bmatrix} 10 \\ 10 \\ 0 \\ 1 \end{bmatrix}$$

所以，点 P 在坐标系$\{i\}$中的位置为${}^iP=[10,10,0]^T$。

解法 2：

由于坐标系$\{j\}$与坐标系$\{i\}$是简单的旋转和平移关系，参考图 3.18(b)和公式(3-7)，所以可以直接写出齐次转换矩阵${}_i^jT$，然后利用齐次坐标变换公式(3-8)求得${}^iP$。

$$P^i = {}_i^jT\cdot P^j$$

$$= \begin{bmatrix} 1 & 0 & 0 & 0 \\ 0 & \cos45° & -\sin45° & 10 \\ 0 & \sin45° & \cos45° & -10\sqrt{2} \\ 0 & 0 & 0 & 1 \end{bmatrix} \begin{bmatrix} 10 \\ 10 \\ 10 \\ 1 \end{bmatrix}$$

$$= \begin{bmatrix} 1 & 0 & 0 & 0 \\ 0 & \frac{\sqrt{2}}{2} & -\frac{\sqrt{2}}{2} & 10 \\ 0 & \frac{\sqrt{2}}{2} & \frac{\sqrt{2}}{2} & -10\sqrt{2} \\ 0 & 0 & 0 & 1 \end{bmatrix} \begin{bmatrix} 10 \\ 10 \\ 10 \\ 1 \end{bmatrix} = \begin{bmatrix} 10 \\ 10 \\ 0 \\ 1 \end{bmatrix}$$

同样可得点 P 在坐标系$\{i\}$中的位置为${}^iP=[10,10,0]^T$。

3.5 旋转变换通式

前面介绍的坐标系旋转都是绕坐标轴转的，下面介绍一种更一般的情况：坐标系绕过原点的单位矢量旋转，主要介绍旋转矩阵通式以及等效转轴、等效转角等内容。

3.5.1 旋转矩阵通式

问题：如图 3.19 所示，坐标系$\{i\}$绕通过原点的任意单位矢量 $\boldsymbol{K}=k_x i+k_y j+k_z k$ 旋转θ角得到坐标系$\{j\}$，定义旋转矩阵 $\boldsymbol{R}(\boldsymbol{K},\theta)={}^{j}_{i}\boldsymbol{R}$，求该旋转矩阵。

解：

定义两个坐标系$\{i'\}$和$\{j'\}$，$\{i\}$与$\{i'\}$固连，$\{j\}$与$\{j'\}$固连；$\{i'\}$和$\{j'\}$的 Z 轴与矢量 $\boldsymbol{K}$ 重合；旋转前，$\{i\}$与$\{j\}$重合，$\{i'\}$与$\{j'\}$重合，如图 3.20 所示。

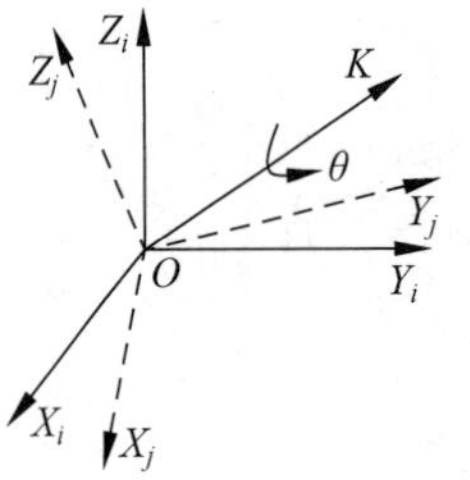

图 3.19 绕过原点的单位矢量旋转示意图

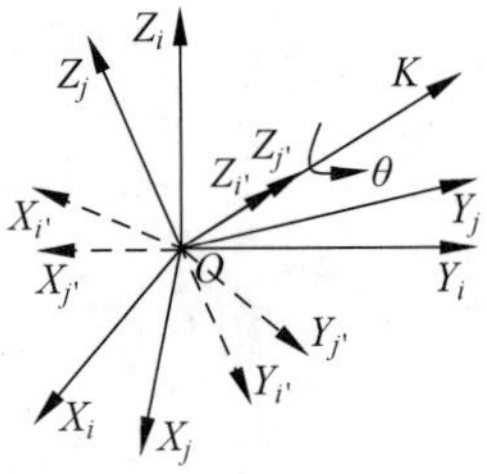

图 3.20 绕过原点单位矢量旋转（假设两个坐标系）

由于矢量 $\boldsymbol{K}$ 已知，所以由上述假设可得到：

$$
{}^{i'}_{i}\boldsymbol{R}={}^{j'}_{j}\boldsymbol{R}=\begin{bmatrix} n_x & o_x & a_x \\ n_y & o_y & a_y \\ n_z & o_z & a_z \end{bmatrix}=\begin{bmatrix} n_x & o_x & k_x \\ n_y & o_y & k_y \\ n_z & o_z & k_z \end{bmatrix}
$$

如果坐标系$\{i\}$绕 $\boldsymbol{K}$ 转θ角，则坐标系$\{j'\}$相对于$\{i'\}$的 Z 轴也旋转θ角。对于四个坐标系$\{i\}$、$\{i'\}$、$\{j\}$、$\{j'\}$，可构建如图 3.21 所示的旋转变换关系图。

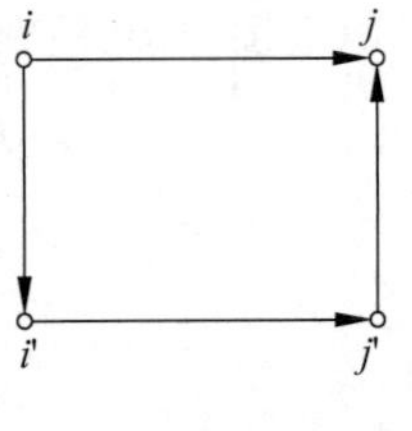

图 3.21 旋转变换关系图

由该关系图可得到等式：

$$
\begin{aligned}
\boldsymbol{R}(\boldsymbol{K},\theta) &= {}^{j}_{i}\boldsymbol{R} \\
&= {}^{i'}_{i}\boldsymbol{R}\cdot{}^{j'}_{i'}\boldsymbol{R}\cdot{}^{j}_{j'}\boldsymbol{R} \\
&= {}^{i'}_{i}\boldsymbol{R}\cdot\boldsymbol{R}(Z,\theta)\cdot{}^{j}_{j'}\boldsymbol{R} \\
&= {}^{i'}_{i}\boldsymbol{R}\cdot\boldsymbol{R}(Z,\theta)\cdot{}^{j'}_{j}\boldsymbol{R}^{\mathrm{T}}
\end{aligned}
$$

所以：

$$
\boldsymbol{R}(\boldsymbol{K},\theta)=\begin{bmatrix} n_x & o_x & k_x \\ n_y & o_y & k_y \\ n_z & o_z & k_z \end{bmatrix}\cdot\begin{bmatrix} \cos\theta & -\sin\theta & 0 \\ \sin\theta & \cos\theta & 0 \\ 0 & 0 & 1 \end{bmatrix}\cdot\begin{bmatrix} n_x & n_y & n_z \\ o_x & o_y & o_z \\ k_x & k_y & k_z \end{bmatrix}
$$

利用旋转矩阵的单位正交性质得：

(1) $\boldsymbol{n}\cdot\boldsymbol{n}=\boldsymbol{o}\cdot\boldsymbol{o}=\boldsymbol{a}\cdot\boldsymbol{a}=1$；

(2) $\boldsymbol{n}\cdot\boldsymbol{o}=\boldsymbol{o}\cdot\boldsymbol{a}=\boldsymbol{a}\cdot\boldsymbol{n}=0$；

(3) $\boldsymbol{a}=\boldsymbol{n}\times\boldsymbol{o}$。

假设：

$$s\theta=\sin\theta, c\theta=\cos\theta, vers\theta=(1-\cos\theta)$$

整理得到：

$$\boldsymbol{R}(\boldsymbol{K},\theta)=\begin{bmatrix} k_x k_x vers\theta+c\theta & k_y k_x vers\theta-k_z s\theta & k_z k_x vers\theta+k_y s\theta \\ k_x k_y vers\theta+k_z s\theta & k_y k_y vers\theta+c\theta & k_z k_y vers\theta-k_x s\theta \\ k_x k_z vers\theta-k_y s\theta & k_y k_z vers\theta+k_x s\theta & k_z k_z vers\theta+c\theta \end{bmatrix} \tag{3-9}$$

式(3-9)就是绕过原点的单位矢量 $\boldsymbol{K}$ 旋转 θ 角的旋转变换矩阵通式。

在前面介绍过坐标系绕坐标轴 X、Y、Z 旋转 θ 角的旋转矩阵，实际上每个坐标轴也是一个过原点的单位矢量，因此也可以采用通式(3-9)来表示各个旋转矩阵。

(1) 绕 X 轴旋转 θ 角的旋转矩阵：

$$k_x=1,\quad k_y=k_z=0,\quad \boldsymbol{R}(\boldsymbol{K},\theta)=\begin{bmatrix}1 & 0 & 0\\ 0 & \cos\theta & -\sin\theta \\ 0 & \sin\theta & \cos\theta\end{bmatrix}$$

(2) 绕 Y 轴旋转 θ 角的旋转矩阵：

$$k_y=1,\quad k_x=k_z=0,\quad \boldsymbol{R}(\boldsymbol{K},\theta)=\begin{bmatrix}\cos\theta & 0 & \sin\theta\\ 0 & 1 & 0 \\ -\sin\theta & 0 & \cos\theta\end{bmatrix}$$

(3) 绕 Z 轴旋转 θ 角的旋转矩阵：

$$k_z=1,\quad k_y=k_x=0,\quad \boldsymbol{R}(\boldsymbol{K},\theta)=\begin{bmatrix}\cos\theta & -\sin\theta & 0\\ \sin\theta & \cos\theta & 0 \\ 0 & 0 & 1\end{bmatrix}$$

例 8：坐标系$\{j\}$与坐标系$\{i\}$重合，将坐标系$\{j\}$绕过原点 O 的矢量 $\boldsymbol{K}=-\frac{1}{\sqrt{3}}i-\frac{1}{\sqrt{3}}j-\frac{1}{\sqrt{3}}k$，转动 $\theta=240°$，求旋转矩阵 $\boldsymbol{R}(\boldsymbol{K},240°)$。

解：

由矢量 $\boldsymbol{K}$ 可得：$k_x=-\frac{1}{\sqrt{3}}, k_y=-\frac{1}{\sqrt{3}}, k_z=-\frac{1}{\sqrt{3}}$。

$$\cos 240°=-\frac{1}{2},\quad \sin 240°=-\frac{\sqrt{3}}{2},\quad \text{vers}\ 240°=\frac{3}{2}$$

将上述值代入旋转矩阵通式(3-9)，得到：

$$\boldsymbol{R}(\boldsymbol{K},240°)=\begin{bmatrix} \frac{1}{3}\times\frac{3}{2}-\frac{1}{2} & \frac{1}{3}\times\frac{3}{2}+\frac{1}{\sqrt{3}}\times\left(-\frac{\sqrt{3}}{2}\right) & \frac{1}{3}\times\frac{3}{2}+\frac{1}{\sqrt{3}}\times\frac{\sqrt{3}}{2} \\ \frac{1}{3}\times\frac{3}{2}-\frac{1}{\sqrt{3}}\times\left(-\frac{\sqrt{3}}{2}\right) & \frac{1}{3}\times\frac{3}{2}-\frac{1}{2} & \frac{1}{3}\times\frac{3}{2}-\frac{1}{\sqrt{3}}\times\frac{\sqrt{3}}{2} \\ \frac{1}{3}\times\frac{3}{2}-\frac{1}{\sqrt{3}}\times\frac{\sqrt{3}}{2} & \frac{1}{3}\times\frac{3}{2}+\frac{1}{\sqrt{3}}\times\frac{\sqrt{3}}{2} & \frac{1}{3}\times\frac{3}{2}-\frac{1}{2} \end{bmatrix}$$

$$=\begin{bmatrix}0 & 0 & 1\\ 1 & 0 & 0\\ 0 & 1 & 0\end{bmatrix}$$

3.5.2 等效转轴与等效转角

问题：如果已知一个旋转矩阵 $\boldsymbol{R}$，能否求得对应的过坐标原点的矢量 $\boldsymbol{K}$ 和转角 θ？

解：

这个问题被称为等效转轴和等效转角问题。前面已经介绍过：已知过原点的矢量 $\boldsymbol{K}$ 和转角 θ，可以利用旋转矩阵通式(3-9)求得对应的旋转矩阵，而现在这个问题正是一个反问题，如图 3.22 所示。对于该问题，可建立式(3-10)所示的矩阵等式，等式右边矩阵已知，左边矩阵未知。由于等式的两边都是矩阵，因此这个问题实际上就是一个矩阵方程求解问题。

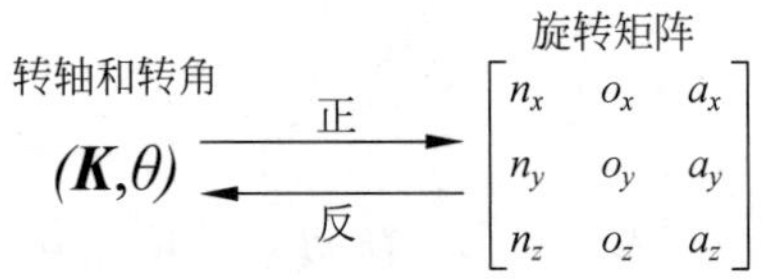

图 3.22 转轴和转角与旋转矩阵之间的转换关系

$$\begin{bmatrix} k_x k_x \mathrm{vers}\theta + c\theta & k_y k_x \mathrm{vers}\theta - k_z s\theta & k_z k_x \mathrm{vers}\theta + k_y s\theta \\ k_x k_y \mathrm{vers}\theta + k_z s\theta & k_y k_y \mathrm{vers}\theta + c\theta & k_z k_y \mathrm{vers}\theta - k_x s\theta \\ k_x k_z \mathrm{vers}\theta - k_y s\theta & k_y k_z \mathrm{vers}\theta + k_x s\theta & k_z k_z \mathrm{vers}\theta + c\theta \end{bmatrix} = \begin{bmatrix} n_x & o_x & a_x \\ n_y & o_y & a_y \\ n_z & o_z & a_z \end{bmatrix} \tag{3-10}$$

对于式(3-10)，具体的求解步骤如下：

首先，将式(3-10)两边矩阵的主对角线元素分别相加，则得：

$$n_x + o_y + a_z = (k_x^2 + k_y^2 + k_z^2)\mathrm{vers}\theta + 3c\theta = 1 + 2c\theta$$

整理得到：

$$\cos\theta = \frac{1}{2}(n_x + o_y + a_z - 1) \tag{3-11}$$

其次，将式(3-10)两边矩阵关于对角线对称的元素成对相减得到：

$$o_z - a_y = 2k_x \sin\theta$$

$$a_x - n_z = 2k_y \sin\theta$$

$$n_y - o_x = 2k_z \sin\theta$$

将上列等式两边平方相加，得：

$$(o_z - a_y)^2 + (a_x - n_z)^2 + (n_y - o_x)^2 = 4\sin^2\theta$$

由上式可得：

$$\sin\theta = \pm\frac{1}{2}\sqrt{(o_z - a_y)^2 + (a_x - n_z)^2 + (n_y - o_x)^2} \tag{3-12}$$

由求得的 $\sin\theta$ 可得：

$$k_x = \frac{o_z - a_y}{2\sin\theta}, \quad k_y = \frac{a_x - n_z}{2\sin\theta}, \quad k_z = \frac{n_y - o_x}{2\sin\theta} \tag{3-13}$$

由此可求得等效转轴 $\boldsymbol{K}$。

利用求得的 $\sin\theta$ 和 $\cos\theta$ 可得：

$$\tan\theta = \pm\frac{\sqrt{(o_z - a_y)^2 + (a_x - n_z)^2 + (n_y - o_x)^2}}{n_x + o_y + a_z - 1}$$

采用反正切函数可求得等效转角 θ：

$$\theta = \arctan\left(\pm\frac{\sqrt{(o_z - a_y)^2 + (a_x - n_z)^2 + (n_y - o_x)^2}}{n_x + o_y + a_z - 1}\right) \tag{3-14}$$

由此求出了旋转矩阵对应的等效转轴和等效转角，它们都有两个解。

值得注意的是，对于给定的旋转矩阵，一般对应的等效转轴 $\boldsymbol{K}$ 和等效转角 θ 不是唯一的。

例 9：求复合旋转矩阵 ${}_{i}^{j}\boldsymbol{R}=\boldsymbol{R}(X,90)\boldsymbol{R}(Y,90)$ 的等效转轴 $\boldsymbol{K}$ 和等效转角 θ。

解：

(1) 首先求出旋转矩阵：

$$
\begin{aligned}
{}_{i}^{j}\boldsymbol{R} &= \boldsymbol{R}(X,90)\boldsymbol{R}(Y,90)\\
&=\begin{bmatrix}1&0&0\\0&0&-1\\0&1&0\end{bmatrix}\cdot\begin{bmatrix}0&0&1\\0&1&0\\-1&0&0\end{bmatrix}=\begin{bmatrix}0&0&1\\1&0&0\\0&1&0\end{bmatrix}=\begin{bmatrix}n_x&o_x&a_x\\n_y&o_y&a_y\\n_z&o_z&a_z\end{bmatrix}
\end{aligned}
$$

(2) 利用式(3-12)求 $\sin\theta$：

$$
\begin{aligned}
\sin\theta &=\pm\frac{1}{2}\sqrt{(o_z-a_y)^2+(a_x-n_z)^2+(n_y-o_x)^2}\\
&=\pm\frac{1}{2}\sqrt{(1-0)^2+(1-0)^2+(-1-0)^2}=\pm\frac{\sqrt{3}}{2}
\end{aligned}
$$

(3) 利用式(3-13)求等效转轴 $\boldsymbol{K}$：

$$k_x=\frac{o_z-a_y}{2\sin\theta}=(1-0)\div\left(2\times\pm\frac{\sqrt{3}}{2}\right)=\pm\frac{1}{\sqrt{3}}$$

$$k_y=\frac{a_x-n_z}{2\sin\theta}=(1-0)\div\left(2\times\pm\frac{\sqrt{3}}{2}\right)=\pm\frac{1}{\sqrt{3}}$$

$$k_z=\frac{n_y-o_x}{2\sin\theta}=(-1-0)\div\left(2\times\pm\frac{\sqrt{3}}{2}\right)=\pm\frac{1}{\sqrt{3}}$$

所以等效转轴有两个：

$$\boldsymbol{K}_1=\frac{1}{\sqrt{3}}i+\frac{1}{\sqrt{3}}j+\frac{1}{\sqrt{3}}k,\quad \boldsymbol{K}_2=-\frac{1}{\sqrt{3}}i-\frac{1}{\sqrt{3}}j-\frac{1}{\sqrt{3}}k$$

(4) 利用式(3-11)求 $\cos\theta$：

$$\cos\theta=\frac{1}{2}(n_x+o_y+a_z-1)=\frac{1}{2}(0+0+0-1)=-\frac{1}{2}$$

(5) 利用式(3-14)求等效转角 θ：

$$\tan\theta=\frac{\sin\theta}{\cos\theta}=\frac{\pm\dfrac{\sqrt{3}}{2}}{-\dfrac{1}{2}}=\mp\sqrt{3}$$

由于 $\cos\theta=-\dfrac{1}{2}$，所以 θ 只能在二、三象限，故等效转角有两个：$\theta_1=120°$，$\theta_2=240°$。

所以求得的等效转轴和等效转角有两组解，即：

$$\boldsymbol{K}_1=\frac{1}{\sqrt{3}}i+\frac{1}{\sqrt{3}}j+\frac{1}{\sqrt{3}}k,\quad \theta_1=120°$$

$$\boldsymbol{K}_2=-\frac{1}{\sqrt{3}}i-\frac{1}{\sqrt{3}}j-\frac{1}{\sqrt{3}}k,\quad \theta_2=240°$$

由上述计算可知：有两组过原点的矢量 $\boldsymbol{K}$ 和转角 θ 的组合与绕坐标轴 X 和 Y 的复合

转动等效。这两组解的关系是互为相反数，即 $\boldsymbol{K}_2=-\boldsymbol{K}_1$，$\theta_2=-\theta_1$。可对照例 8 理解。

由此可推广得出如下结论：任何一组绕坐标轴线的复合转动总等效于绕过原点的某一矢量 $\boldsymbol{K}$ 转动 θ 角。简而言之，任意数量的绕坐标轴转动的组合可被绕过原点的某一矢量转动一个角度代替。

3.6 齐次变换通式

问题：如图 3.23 所示，假设单位矢量 $\boldsymbol{K}=k_x i+k_y j+k_z k$ 通过点 $\boldsymbol{P}=p_x i+p_y j+p_z k$，求绕矢量 $\boldsymbol{K}$ 转 θ 角的齐次变换矩阵。

解：

这里讨论的是一种更具一般性的问题，即单位矢量 $\boldsymbol{K}$ 没有过坐标系原点的约束。

定义两个坐标系 $\{i'\}$ 和 $\{j'\}$，它们的坐标原点在 P 点，$\{i\}$ 与 $\{i'\}$ 固连，$\{j\}$ 与 $\{j'\}$ 固连；$\{i'\}$ 和 $\{j'\}$ 的坐标轴分别与 $\{i\}$ 和 $\{j\}$ 的坐标轴平行，旋转前，$\{i\}$ 与 $\{j\}$ 重合，$\{i'\}$ 与 $\{j'\}$ 重合。

可构建如图 3.24 所示的旋转变换关系图。

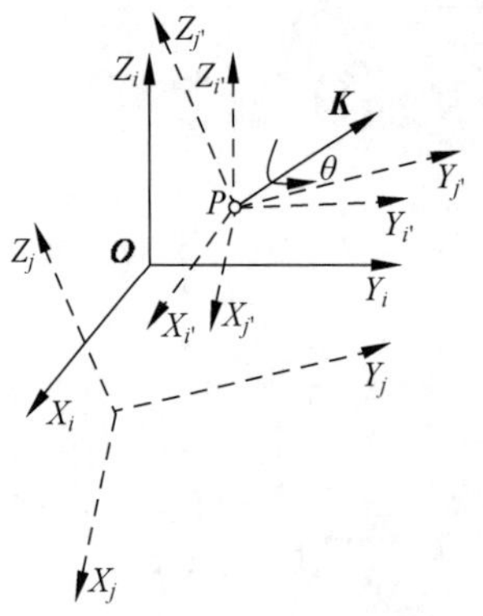

图 3.23 坐标齐次变换示意图

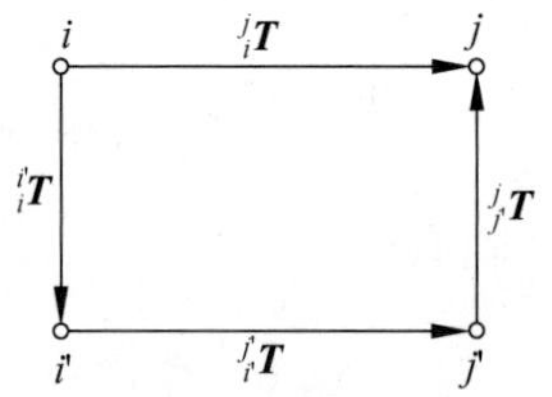

图 3.24 旋转变换关系图

由此旋转变换关系图可求得下列变换等式：

$$ {}^{j}_{i}\boldsymbol{T}={}^{i'}_{i}\boldsymbol{T}\,{}^{j'}_{i'}\boldsymbol{T}\,{}^{j}_{j'}\boldsymbol{T} $$

由于

$$ {}^{i'}_{i}\boldsymbol{T}=\mathbf{Trans}(\boldsymbol{P})=\begin{bmatrix}\boldsymbol{I}_{3\times3} & \boldsymbol{P}\\ \mathbf{0}_{1\times3} & 1\end{bmatrix}, $$

$$ {}^{j}_{j'}\boldsymbol{T}={}^{j'}_{j}\boldsymbol{T}^{-1}=\mathbf{Trans}(-\boldsymbol{P})=\begin{bmatrix}\boldsymbol{I}_{3\times3} & -\boldsymbol{P}\\ \mathbf{0}_{1\times3} & 1\end{bmatrix}, $$

$$ {}^{j'}_{i'}\boldsymbol{T}=\mathbf{Rot}(\boldsymbol{K},\theta)=\begin{bmatrix}\boldsymbol{R}(\boldsymbol{K},\theta) & \mathbf{0}_{3\times1}\\ \mathbf{0}_{1\times3} & 1\end{bmatrix}, $$

最后可求得：

$$ {}^{j}_{i}\boldsymbol{T}=\mathbf{Trans}(\boldsymbol{P})\mathbf{Rot}(\boldsymbol{K},\theta)\mathbf{Trans}(-\boldsymbol{P})=\begin{bmatrix}\boldsymbol{R}(\boldsymbol{K},\theta) & -\boldsymbol{R}(\boldsymbol{K},\theta)\boldsymbol{P}+\boldsymbol{P}\\ \mathbf{0}_{1\times3} & 1\end{bmatrix} $$

由此可得坐标系绕不过原点的矢量 $\boldsymbol{K}$ 旋转的齐次变换矩阵的通式为：

$$ {}_i^j\boldsymbol{T}=\begin{bmatrix}\boldsymbol{R}(\boldsymbol{K},\theta) & -\boldsymbol{R}(\boldsymbol{K},\theta)\boldsymbol{P}+\boldsymbol{P}\\ \boldsymbol{0}_{1\times 3} & 1\end{bmatrix} \tag{3-15}$$

式(3-15)比式(3-9)更具有一般性,几乎可以处理任意类型的坐标系旋转变换问题,而绕过原点的矢量旋转问题只是绕不过原点的矢量旋转问题的一个特例。

例 10：坐标系$\{j\}$与坐标系$\{i\}$重合,将坐标系$\{j\}$绕过点 P 的矢量$\boldsymbol{K}=-\dfrac{1}{\sqrt{3}}i-\dfrac{1}{\sqrt{3}}j-\dfrac{1}{\sqrt{3}}k$ 旋转 $\theta=240°$,$\boldsymbol{P}^i=[2\quad 4\quad 6]^{\mathrm{T}}$,求旋转矩阵${}_i^j\boldsymbol{T}$。

解：

(1) 由式(3-9)可得：$\boldsymbol{R}(\boldsymbol{K},240°)=\begin{bmatrix}0&0&1\\1&0&0\\0&1&0\end{bmatrix}$

(2) 将 $R(\boldsymbol{K},240°)$和 $\boldsymbol{P}^i=[2\quad 4\quad 6]^{\mathrm{T}}$ 代入齐次变换矩阵通式(3-15),可得：

$$ {}_i^j\boldsymbol{T}=\begin{bmatrix}0&0&1&-4\\1&0&0&2\\0&1&0&2\\0&0&0&1\end{bmatrix}$$

对于上述这个旋转矩阵,同样存在其逆问题,即已知该旋转矩阵,求 P 点、矢量 $\boldsymbol{K}$ 和转角 θ。一般情况下,解是不唯一的,即使在矢量 $\boldsymbol{K}$ 已知的情况下,点 P 的值也不唯一,所有的 P 点可构成一条直线。

3.7 机器人姿态的其他表示方法

前面介绍了用 3×3 的矩阵${}_i^j\boldsymbol{R}$ 表示机器人的姿态,这个矩阵有 9 个元素、6 个约束条件,实际上只有 3 个独立元素。这意味着尽管表示 3 个变量,但在计算编程时需要输入 9 个元素,显然很不方便。因此,研究者们也提出了一些其他的机器人姿态的表示方法,只采用 3 个元素表示机器人姿态。在这些姿态的表示方法中,RPY 角、欧拉角和四元数的应用最普遍,下面对它们作介绍。

3.7.1 RPY 角

RPY 角是船舶在海上航行时常用的一种姿态表示方法,其笛卡儿坐标系建立方法如下：以船头前进方向为 Z 轴,以垂直于甲板平面的法线向上方向为 X 轴,Y 轴依据右手法则由 X、Z 确定,一般平行于甲板平面指向右舷外侧,如图 3.25 所示。定义绕 Z 轴的转动为 Roll(翻滚),转角为 α；绕 Y 轴的转动为 Pitch(俯仰),转角为 β；绕 X 轴的转动为 Yaw(偏航),转角为 γ。RPY 的名称来源于 Roll,Pitch,Yaw 三个单词的首字母。

下面介绍如何用 RPY 角描述船舶的姿态。

为了描述船舶的姿态,需要建立两个笛卡儿坐标系,这两个坐标系共原点。其中一个坐标系为参考系$\{i\}$,另一个是船体坐标系$\{j\}$。这两个坐标系的区别是：参考系$\{i\}$与大地固连,它的姿态是固定的；而坐标系$\{j\}$与船体固连,它的姿态与船体是一致的,随着船体的运动而变化。

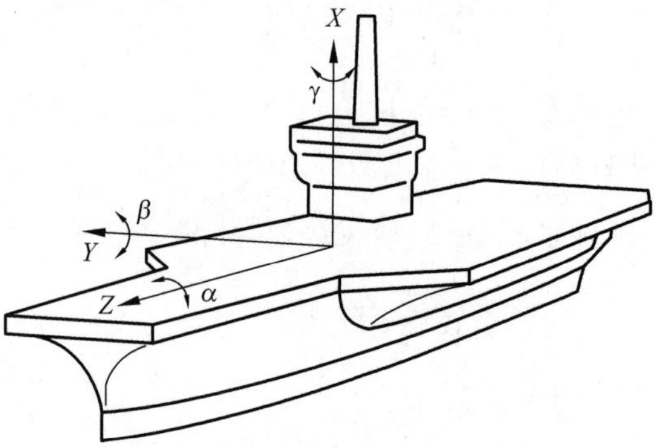

图 3.25　RPY 角描述船舶航行时的姿态

坐标系$\{j\}$相对于参考系$\{i\}$的姿态描述为：开始时，坐标系$\{i\}$和坐标系$\{j\}$重合，坐标系$\{j\}$首先绕 X_i 转 γ 角，再绕 Y_i 转 β 角，最后绕 Z_i 转 α 角。

很显然，这是一个绕固定坐标系的多个坐标轴旋转的问题。依据前面介绍过的绕固定坐标系的多个坐标轴旋转的旋转矩阵的求法，可得坐标系$\{j\}$相对于坐标系$\{i\}$的姿态矩阵为：

$$
\begin{aligned}
{}_i^j\boldsymbol{R}_{xyz}(\gamma,\beta,\alpha) &= \boldsymbol{R}(Z,\alpha)\boldsymbol{R}(Y,\beta)\boldsymbol{R}(X,\gamma) \\
&= \begin{bmatrix} c\alpha & -s\alpha & 0 \\ s\alpha & c\alpha & 0 \\ 0 & 0 & 1 \end{bmatrix}\begin{bmatrix} c\beta & 0 & s\beta \\ 0 & 1 & 0 \\ -s\beta & 0 & c\beta \end{bmatrix}\begin{bmatrix} 1 & 0 & 0 \\ 0 & c\gamma & -s\gamma \\ 0 & s\gamma & c\gamma \end{bmatrix} \\
&= \begin{bmatrix} c\alpha c\beta & c\alpha s\beta s\gamma - s\alpha c\gamma & c\alpha s\beta c\gamma + s\alpha s\gamma \\ s\alpha c\beta & s\alpha s\beta s\gamma + c\alpha c\gamma & s\alpha s\beta c\gamma - c\alpha s\gamma \\ -s\beta & c\beta s\gamma & c\beta c\gamma \end{bmatrix}
\end{aligned} \tag{3-16}
$$

由上述计算过程可以看出，如果已知绕着固定参考坐标系的 X、Y、Z 三个坐标轴的转角 γ,β,α，则可以利用上述通式求出一个 3×3 的姿态矩阵表示船舶的姿态，而且这个矩阵是唯一的。同理，也可以用 RPY 角表示其他刚体的姿态，如机器人、飞机等。

RPY 角与姿态矩阵之间也存在着一个反问题：如果已知姿态矩阵，如何求 RPY 角？依据此问题可列出下列矩阵等式，等式左边矩阵已知。

$$
\begin{bmatrix} r_{11} & r_{12} & r_{13} \\ r_{21} & r_{22} & r_{23} \\ r_{31} & r_{32} & r_{33} \end{bmatrix} = \begin{bmatrix} c\alpha c\beta & c\alpha s\beta s\gamma - s\alpha c\gamma & c\alpha s\beta c\gamma + s\alpha s\gamma \\ s\alpha c\beta & s\alpha s\beta s\gamma + c\alpha c\gamma & s\alpha s\beta c\gamma - c\alpha s\gamma \\ -s\beta & c\beta s\gamma & c\beta c\gamma \end{bmatrix}
$$

很显然，这是一个矩阵方程的求解问题。其解法如下：

首先，将等式两边矩阵中的(1,1)和(2,1)两个元素平方后求和，得：

$$(c\alpha c\beta)^2 + (s\alpha c\beta)^2 = \cos^2\beta = r_{11}^2 + r_{21}^2$$

可得：

$$\cos\beta = \pm\sqrt{r_{11}^2 + r_{21}^2}$$

如果知道 β 的取值范围，则可方便地确定 $\cos\beta$ 的正负，从而采用反余弦方法求得 β。假设 $-90°\leqslant\beta\leqslant90°$，则 $\cos\beta=\sqrt{r_{11}^2+r_{21}^2}$，但 β 会有两个解。

这里，介绍另外一种求角度的方法：双变量反正切函数法。双变量反正切函数的形式为：$\mathrm{Atan2}(y,x)=\arctan\dfrac{y}{x}$，$y=\sin\beta$，$x=\cos\beta$。该函数的优点是能根据 x 和 y 的符号唯一地确定对应的角度值。例如 $\mathrm{Atan2}(-2,-2)=-135°$，$\mathrm{Atan2}(2,2)=45°$。

基于该方法，三个角度的求解方法如下：

如果 $\cos\beta\neq0$，则：

$$\begin{cases}\alpha=\mathrm{Atan2}(r_{21},r_{11})\\ \beta=\mathrm{Atan2}(-r_{31},\sqrt{r_{11}^2+r_{21}^2})\\ \gamma=\mathrm{Atan2}(r_{32},r_{33})\end{cases}$$

如果 $\cos\beta=0\Rightarrow\beta=\pm90°$，可得：$\beta=\pm90°$，$r_{12}=\sin(\gamma-\alpha)$，$r_{22}=\cos(\gamma-\alpha)$，则：

$$\begin{cases}\beta=90°,\begin{cases}\alpha=0\\ \gamma=\mathrm{Atan2}(r_{12},r_{22})\end{cases}\\ \beta=-90°,\begin{cases}\alpha=0\\ \gamma=-\mathrm{Atan2}(r_{12},r_{22})\end{cases}\end{cases}$$

很显然，如果已知一个姿态矩阵，其对应的 RPY 角是不唯一的。

3.7.2 欧拉角

欧拉角(Euler Angles)是瑞士数学家 Leonhard Euler(1707—1783 年)提出的一种采用绕运动坐标系的三个坐标轴的转角组合描述刚体姿态的方法，与 RPY 角类似，也是采用了三个角度变量。该方法被广泛用于数学、物理学、航空工程及刚体动力学。

欧拉角有多种类型，绕不小于两个坐标轴的三个转角的组合都可表示成欧拉角，如坐标轴组合为 *Z-X-Z*，*Z-Y-Z*，*Y-X-Y*，*Y-Z-Y*，*X-Y-X*，*X-Z-X*，*X-Y-Z*，所以欧拉角表示刚体姿态的时候需要与关联的坐标轴组合，以表明旋转的坐标轴及旋转顺序。下面介绍两种常用的欧拉角。

1. *ZYX* 欧拉角

ZYX 欧拉角描述姿态的方法如下：

有两个坐标系$\{i\}$和$\{j\}$，开始时，坐标系$\{i\}$和坐标系$\{j\}$重合，坐标系$\{j\}$首先绕 Z_j/Z_i 转 α 角，再绕 Y_j 转 β 角，最后绕 X_j 转 γ 角。

很显然，这是一个绕动坐标系的多个坐标轴旋转的问题。依据绕动坐标系的坐标轴旋转的矩阵连乘方法，则可求得坐标系$\{j\}$相对于参考系$\{i\}$的姿态描述矩阵如下：

$$\begin{aligned}{}_i^j\boldsymbol{R}_{zyx}(\alpha,\beta,\gamma)&=\boldsymbol{R}(Z,\alpha)\boldsymbol{R}(Y,\beta)\boldsymbol{R}(X,\gamma)\\&=\begin{bmatrix}c\alpha&-s\alpha&0\\s\alpha&c\alpha&0\\0&0&1\end{bmatrix}\begin{bmatrix}c\beta&0&s\beta\\0&1&0\\-s\beta&0&c\beta\end{bmatrix}\begin{bmatrix}1&0&0\\0&c\gamma&-s\gamma\\0&s\gamma&c\gamma\end{bmatrix}\\&=\begin{bmatrix}c\alpha c\beta&c\alpha s\beta s\gamma-s\alpha c\gamma&c\alpha s\beta c\gamma+s\alpha s\gamma\\s\alpha c\beta&s\alpha s\beta s\gamma+c\alpha c\gamma&s\alpha s\beta c\gamma-c\alpha s\gamma\\-s\beta&c\beta s\gamma&c\beta c\gamma\end{bmatrix}\end{aligned}\tag{3-17}$$

这样，就实现了用三个绕动坐标轴的转角来表示刚体的姿态。

现在回头看看 RPY 角表示的姿态矩阵，见式(3-16)，再看看上面这个 *ZYX* 欧拉角表示的姿态矩阵，很显然它们是相同的，但它们绕坐标轴旋转的顺序是相反的。这也从侧面说明了坐标系绕定轴旋转与绕动轴旋转具有等效性。

2. ZXZ 欧拉角

ZXZ 欧拉角描述姿态的方法如下：

有两个坐标系$\{i\}$和$\{j\}$，开始时，坐标系$\{i\}$和坐标系$\{j\}$重合，坐标系$\{j\}$首先绕 Z_j/Z_i 转α角，再绕 X_j 转β角，最后绕 Z_j 转γ角。坐标系$\{j\}$相对于参考系$\{i\}$的方位描述如下：

$$
\begin{aligned}
{}_i^j\boldsymbol{R}_{zxz}(\alpha,\beta,\gamma) &= \boldsymbol{R}(Z,\alpha)\boldsymbol{R}(X,\beta)\boldsymbol{R}(Z,\gamma) \\
&= \begin{bmatrix} c\alpha & -s\alpha & 0 \\ s\alpha & c\alpha & 0 \\ 0 & 0 & 1 \end{bmatrix}\begin{bmatrix} 1 & 0 & 0 \\ 0 & c\beta & -s\beta \\ 0 & s\beta & c\beta \end{bmatrix}\begin{bmatrix} c\gamma & -s\gamma & 0 \\ s\gamma & c\gamma & 0 \\ 0 & 0 & 1 \end{bmatrix} \\
&= \begin{bmatrix} c\alpha c\gamma - s\alpha c\beta s\gamma & -c\alpha s\gamma - s\alpha c\beta c\gamma & s\alpha s\beta \\ s\alpha c\gamma + c\alpha c\beta s\gamma & -s\alpha s\gamma + c\alpha c\beta c\gamma & -c\alpha s\beta \\ s\beta s\gamma & s\beta c\gamma & c\beta \end{bmatrix}
\end{aligned} \tag{3-18}
$$

ZYX 欧拉角需要用到三个坐标轴，而 ZXZ 欧拉角只需要两个坐标轴，在一些具体的应用中使用 ZXZ 这种形式的欧拉角会更方便些。例如，在用欧拉角表示机器人末端的姿态时，如果用 ZXZ 欧拉角，只需要考虑 Z、X 两个坐标轴即可，而不需要考虑 Y 轴指向哪里。

欧拉角与姿态矩阵之间也存在一个逆问题，即已知姿态矩阵求对应的欧拉角。如式(3-19)所示，等式右边的姿态矩阵已知，需要求出对应的欧拉角。很显然，这也是一个解矩阵方程的问题。

$$
\begin{bmatrix} c\alpha c\gamma - s\alpha c\beta s\gamma & -c\alpha s\gamma - s\alpha c\beta c\gamma & s\alpha s\beta \\ s\alpha c\gamma + c\alpha c\beta s\gamma & -s\alpha s\gamma + c\alpha c\beta c\gamma & -c\alpha s\beta \\ s\beta s\gamma & s\beta c\gamma & c\beta \end{bmatrix} = \begin{bmatrix} r_{11} & r_{12} & r_{13} \\ r_{21} & r_{22} & r_{23} \\ r_{31} & r_{32} & r_{33} \end{bmatrix} \tag{3-19}
$$

对于式(3-19)，可从等式两边矩阵的元素(1,3)和(2,3)找到求解途径，结果如下：

$$
\text{如果 } \sin\beta\neq 0\text{，则}\begin{cases} \alpha = \mathrm{Atan2}(r_{13}, -r_{23}) \\ \beta = \mathrm{Atan2}(\sqrt{r_{31}^2 + r_{32}^2}, r_{33}) \\ \gamma = \mathrm{Atan2}(r_{31}, r_{32}) \end{cases}
$$

$$
\text{如果 } \sin\beta = 0\text{，则}\begin{cases} \beta = 0\text{ 时}, \alpha = 0, \gamma = \mathrm{Atan2}(-r_{12}, r_{11}) \\ \beta = 180\text{ 时}, \alpha = 0, \gamma = \mathrm{Atan2}(r_{12}, -r_{11}) \end{cases}
$$

很显然，欧拉角的解也不唯一。

3.7.3 四元数

一般来讲，用欧拉角表示刚体的姿态或运动是非常简单有效的，但是在某些特殊的情况下，欧拉角会出现所谓的“万向节死锁(Gimbal Lock)”问题，即欧拉角无法描述刚体的运动。出现万向节死锁问题的原因是采用有序三个角度的欧拉角方法并不能描述所有的刚体运动。

1. 四元数的定义及特点

1843 年，爱尔兰数学家 William Rowan Hamilton(1805—1865 年)在研究将复数从描

述二维空间扩展到高维空间时，创造出了一个超复数：四元数(Quaternion)。四元数能表示四维空间，由一个实数单位1和三个虚数单位i、j、k组成，通常表示形式为：

$$q = a + b\mathrm{i} + c\mathrm{j} + d\mathrm{k} \tag{3-20}$$

式(3-20)中，a、b、c、d 均为实数，i、j、k 被称为第一、第二、第三维虚单位，具有下列性质：

$$\mathrm{i}^2 = \mathrm{j}^2 = \mathrm{k}^2 = -1$$

$$\mathrm{ij} = -\mathrm{ji} = \mathrm{k};\quad \mathrm{jk} = -\mathrm{kj} = \mathrm{i};\quad \mathrm{ki} = -\mathrm{ik} = \mathrm{j}$$

可以看出，i、j、k 的性质与笛卡儿坐标系三个坐标轴的性质很像。

为了表达简便，通常将四元数写成一个实数和一个向量组合的形式：

$$q = (a, \boldsymbol{v}) = (a, b, c, d)$$

上式中，$\boldsymbol{v}$ 是一个向量，$\boldsymbol{v} = b\mathrm{i} + c\mathrm{j} + d\mathrm{k}$，$a$、$b$、$c$、$d$ 为4个有序的实数。四元数可以看作是一种实数和向量表达的一般形式，实数可看作是虚部为0的四元数，而向量可看作为实部为0的四元数，也被称为纯四元数。任意的三维向量都可以转化为纯四元数。

四元数具有下列特点：

(1) 可以避免万向节死锁；

(2) 几何意义明确，只需4个数就可以表示绕过原点任意向量的旋转；

(3) 方便快捷，计算效率高；

(4) 比欧拉角多了一个维度，理解困难。

四元数在机器人学、数学、物理学和计算机图形学中具有很高的应用价值。

2. 四元数的运算

四元数是一个新的超复数，针对它的计算问题，Hamilton 给出了四元数的加法、乘法、逆和模等的计算规则。

令 $q_1 = (a_1, v_1)$，$q_2 = (a_2, v_2)$。

(1) 四元数的加法：

$$q_1 + q_2 = (a_1 + a_2, v_1 + v_2)$$

(2) 四元数的乘法：

$$q_1 q_2 = (a_1 a_2 - v_1 \cdot v_2, a_1 v_2 + a_2 v_1 + v_1 \times v_2)$$

由于涉及矢量运算，四元数乘法不适用于乘法交换律，即 $q_1 q_2 \neq q_2 q_1$。

(3) 共轭四元数：

$$q^* = (a, -v)$$

(4) 四元数的逆：

$$q^{-1} = \frac{q^*}{q \cdot q}$$

(5) 四元数的模：

$$|q| = \sqrt{q \cdot q} = \sqrt{q^* q} = \sqrt{a^2 + b^2 + c^2 + d^2}$$

3. 四元数表示刚体姿态及运动变换

模为1的四元数被称为单位四元数。对于单位四元数，由于 $\| q \| = 1$，所以有：

$$q^{-1} = \frac{q^*}{q \cdot q} = \frac{q^*}{\| q \|^2} = \frac{q^*}{1^2} = q^*$$

即：

$$q^{-1} = q^{*} \tag{3-21}$$

这可大大简化单位四元数逆的计算。

一个单位四元数描述了一个转轴和绕该转轴的旋转角度，因此可以描述刚体的运动和姿态。单位四元数可表示成如下形式：

$$q = (\cos\theta, \boldsymbol{v}\sin\theta) \tag{3-22}$$

该四元数表示绕向量$\boldsymbol{v}$旋转 2θ 角度的运动，角度为零表示刚体的初始姿态，不同的角度代表着刚体相对于初始姿态的新姿态。这里，$\boldsymbol{v}$ 是过坐标系原点的任意单位向量。

同理，如果已知过坐标系原点的单位向量$\boldsymbol{v}=(0,b,c,d)$（纯四元数）和绕该向量旋转的角度 θ，则表示该运动的单位四元数为：

$$q = (\cos(\theta/2), \sin(\theta/2)b, \sin(\theta/2)c, \sin(\theta/2)d)$$

这里，b、c、d 为向量$\boldsymbol{v}$ 在笛卡儿坐标系的 X、Y、Z 坐标轴上的分量。

假设一个向量$\boldsymbol{v}_1$ 绕向量$\boldsymbol{v}$ 旋转轴角度 θ 至$\boldsymbol{v}_1'$，则$\boldsymbol{v}_1'$可表示为：

$$\boldsymbol{v}_1' = q\,\boldsymbol{v}_1 q^{-1} \tag{3-23}$$

例 11：假设点 $P=(1,1,0)$，将该点绕旋转轴 $v=(1,0,0)$旋转 90°，求旋转后该点的坐标。

解：

首先将点 P 表示成纯四元数，即 $p=(0,P)=(0,1,1,0)$。

由式(3-22)得 $q=(\cos 45°, \boldsymbol{v}\sin 45°)=\left(\frac{\sqrt{2}}{2},\frac{\sqrt{2}}{2},0,0\right)$。

由式(3-21)得 $q^{-1}=q^{*}=\left(\frac{\sqrt{2}}{2},-\frac{\sqrt{2}}{2},0,0\right)$。

最后由公式(3-23)得：

$$p' = qpq^{-1} = \left(\frac{\sqrt{2}}{2},\frac{\sqrt{2}}{2},0,0\right)(0,1,1,0)\left(\frac{\sqrt{2}}{2},-\frac{\sqrt{2}}{2},0,0\right) = (0,1,0,1)$$

所以旋转后该点的坐标是(1,0,1)。

4. 四元数与其他姿态表示方法的转换

欧拉角与四元数可以实现相互的转换，旋转矩阵也可以表示成四元数。

(1) 欧拉角转换为四元数

设 ZYX 欧拉角为(ψ,θ,φ)，则对应的四元数为：

$$q = \begin{bmatrix} w \\ x \\ y \\ z \end{bmatrix} = \begin{bmatrix} \cos(\phi/2)\cos(\theta/2)\cos(\psi/2) + \sin(\phi/2)\sin(\theta/2)\sin(\psi/2) \\ \sin(\phi/2)\cos(\theta/2)\cos(\psi/2) - \cos(\phi/2)\sin(\theta/2)\sin(\psi/2) \\ \cos(\phi/2)\sin(\theta/2)\cos(\psi/2) + \sin(\phi/2)\cos(\theta/2)\sin(\psi/2) \\ \cos(\phi/2)\cos(\theta/2)\sin(\psi/2) - \sin(\phi/2)\sin(\theta/2)\cos(\psi/2) \end{bmatrix}$$

(2) 四元数转换为欧拉角

设四元数为 $q=w+x\mathrm{i}+y\mathrm{j}+z\mathrm{k}$，则对应的 ZYX 欧拉角为：

$$\begin{bmatrix} \phi \\ \theta \\ \psi \end{bmatrix} = \begin{bmatrix} \arctan2[2(wx+yz), 1-2(x^2+y^2)] \\ \arcsin(2(wy-zx)) \\ \arctan2[2(wz+xy), 1-2(y^2+z^2)] \end{bmatrix}$$

(3) 旋转矩阵转换为四元数

设旋转矩阵为：

$$R=\begin{bmatrix} r_{11} & r_{12} & r_{13} \\ r_{21} & r_{22} & r_{32} \\ r_{31} & r_{32} & r_{33} \end{bmatrix}$$

则对应的单位四元数为：

$$q=\begin{bmatrix} w \\ x \\ y \\ z \end{bmatrix}=\begin{bmatrix} \frac{1}{2}\sqrt{r_{11}+r_{22}+r_{33}+1} \\ \mathrm{sgn}(r_{32}-r_{23})\sqrt{r_{11}-r_{22}-r_{33}+1} \\ \mathrm{sgn}(r_{13}-r_{31})\sqrt{r_{22}-r_{33}-r_{11}+1} \\ \mathrm{sgn}(r_{21}-r_{12})\sqrt{r_{33}-r_{11}-r_{22}+1} \end{bmatrix}$$

3.8 小结

本章主要介绍了机器人位置和姿态的数学描述方法及不同坐标系变换的类型和方法，最后介绍了机器人姿态的其他表示方法：RPY 角、欧拉角和四元数。

总结补充下列知识要点：

(1) 齐次矩阵 ${}^{j}_{i}\boldsymbol{T}=\begin{bmatrix} {}^{j}_{i}\boldsymbol{R} & {}^{O_j}_{i}\boldsymbol{P} \\ 0 & 1 \end{bmatrix}$ 的数学含义有两个：

① 刚体的位姿：刚体坐标系$\{j\}$相对于参考系$\{i\}$的位姿。

② 转换算子：坐标系$\{j\}$和坐标系$\{i\}$之间的位姿转换算子。

(2) 齐次变换矩阵 $\boldsymbol{T}$ 的相乘

齐次变换矩阵 $\boldsymbol{T}$ 相乘的顺序一般不可换，但当坐标系变换是在相同参考系下的平移或绕同一坐标轴的旋转时可换。

(3) 旋转矩阵/姿态矩阵求逆

旋转矩阵或姿态矩阵具有特殊的属性：${}^{j}_{i}\boldsymbol{R}^{-1}={}^{j}_{i}\boldsymbol{R}^{\mathrm{T}}={}^{i}_{j}\boldsymbol{R}$，在矩阵求逆时可灵活运用该矩阵的特点。

参考文献

[1] https://www.zacmi.com/machines/palletizing-robots/.

[2] https://zh.wikipedia.org/wiki/勒内·笛卡儿#/media/File：Frans_Hals_-_Portret_van_René_Descartes.jpg.

[3] https://new.abb.com/products/robotics/zh/industrial-robots/irb-4400

[4] 熊有伦. 机器人学[M]. 北京：机械工业出版社，1992.

[5] Craig J J. Introduction to Robotics：Mechanics and Control [M]. 3rd Ed. 北京：机械工业出版社，2005.

[6] 杨丕文. 四元数分析与偏微分方程[M]. 北京：科学出版社，2009.

附录 绕固定坐标系的多个坐标轴转动的旋转矩阵计算

如图 3.12 所示，坐标系$\{i\}$绕其 X 轴旋转 α 角，得到新坐标系$\{m\}$，坐标系$\{m\}$再绕坐标系$\{i\}$的 Z 轴旋转 θ 角，得到新坐标系$\{j\}$，求旋转矩阵${}_i^j\boldsymbol{R}(\alpha,\theta)$。

解：

这个推导需要用到绕过原点的矢量 $\boldsymbol{K}$ 的旋转矩阵通式。

(1) 由坐标系$\{i\}$绕 X_i 轴旋转 α 角得到新坐标系$\{m\}$，可得：${}_i^m\boldsymbol{R}=\boldsymbol{R}(X,\alpha)$。

(2) 将 Z_i 轴看作是坐标系$\{m\}$中过原点的矢量 $\boldsymbol{K}$，假设 Z_i 轴在 X_m, Y_m, Z_m 三个坐标轴上的投影分别是 k_x, k_y, k_z，所以有：

$$\boldsymbol{K} = k_x\mathrm{i} + k_y\mathrm{j} + k_z\mathrm{k} = 0 \cdot \mathrm{i} + \sin\alpha \cdot \mathrm{i} + \cos\alpha \cdot \mathrm{k}$$

则：

$${}_m^j\boldsymbol{R} = \boldsymbol{R}(\boldsymbol{K},\theta) = \begin{bmatrix} k_xk_x vers\theta + c\theta & k_yk_x vers\theta - k_z s\theta & k_zk_x vers\theta + k_y s\theta \\ k_xk_y vers\theta + k_z s\theta & k_yk_y vers\theta + c\theta & k_zk_y vers\theta - k_x s\theta \\ k_xk_z vers\theta - k_y s\theta & k_yk_z vers\theta + k_x s\theta & k_zk_z vers\theta + c\theta \end{bmatrix}$$

将 $k_x=0, k_y=\sin\alpha, k_z=\cos\alpha, vers\theta=(1-\cos\theta)$代入上式，可得：

$$\boldsymbol{R}(\boldsymbol{K},\theta) = \begin{bmatrix} \cos\theta & -\cos\alpha\sin\theta & \sin\alpha\sin\theta \\ \cos\alpha\sin\theta & \cos\theta + (1-\cos\theta)\sin^2\alpha & \cos\alpha\sin\alpha(1-\cos\theta) \\ -\sin\alpha\sin\theta & \cos\alpha\sin\alpha(1-\cos\theta) & \cos^2\alpha(1-\cos\theta)+\cos\theta \end{bmatrix}$$

因此有：

$${}_i^j\boldsymbol{R} = {}_i^m\boldsymbol{R}\,{}_m^j\boldsymbol{R} = \boldsymbol{R}(X,\alpha)\boldsymbol{R}(K,\theta)$$

假设：

$${}_i^j\boldsymbol{R} = \boldsymbol{R}(X_i,\alpha)\boldsymbol{R}(X_i,-\alpha)\boldsymbol{R}(Z_i,\theta)\boldsymbol{R}(X_i,\alpha) = \boldsymbol{R}(Z_i,\theta)\boldsymbol{R}(X_i,\alpha)$$

只要证明 $\boldsymbol{R}(K,\theta)=\boldsymbol{R}(X_i,-\alpha)\boldsymbol{R}(Z_i,\theta)\boldsymbol{R}(X_i,\alpha)$，结论即可得证。

令 $R_{XZX}=\boldsymbol{R}(X_i,-\alpha)\boldsymbol{R}(Z_i,\theta)\boldsymbol{R}(X_i,\alpha)$，计算得到：

$$\boldsymbol{R}_{XZX} = \begin{bmatrix} 1 & 0 & 0 \\ 0 & \cos(-\alpha) & -\sin(-\alpha) \\ 0 & \sin(-\alpha) & \cos(-\alpha) \end{bmatrix} \begin{bmatrix} \cos\theta & -\sin\theta & 0 \\ \sin\theta & \cos\theta & 0 \\ 0 & 0 & 1 \end{bmatrix} \begin{bmatrix} 1 & 0 & 0 \\ 0 & \cos\alpha & -\sin\alpha \\ 0 & \sin\alpha & \cos\alpha \end{bmatrix}$$

$$\boldsymbol{R}_{XZX} = \begin{bmatrix} \cos\theta & -\cos\alpha\sin\theta & \sin\alpha\sin\theta \\ \cos\alpha\sin\theta & \cos^2\alpha\cos\theta + \sin^2\alpha & \cos\alpha\sin\alpha(1-\cos\theta) \\ -\sin\alpha\sin\theta & \cos\alpha\sin\alpha(1-\cos\theta) & \cos^2\alpha(1-\cos\theta)+\cos\theta \end{bmatrix}$$

$$\boldsymbol{R}(\boldsymbol{K},\theta) = \begin{bmatrix} \cos\theta & -\cos\alpha\sin\theta & \sin\alpha\sin\theta \\ \cos\alpha\sin\theta & \cos^2\alpha\cos\theta + \sin^2\alpha & \cos\alpha\sin\alpha(1-\cos\theta) \\ -\sin\alpha\sin\theta & \cos\alpha\sin\alpha(1-\cos\theta) & \cos^2\alpha(1-\cos\theta)+\cos\theta \end{bmatrix}$$

即：

$$\boldsymbol{R}(\boldsymbol{K},\theta) = \boldsymbol{R}_{XZX} = \boldsymbol{R}(X_i,-\alpha)\boldsymbol{R}(Z_i,\theta)\boldsymbol{R}(X_i,\alpha)$$

所以：

$${}_i^j\boldsymbol{R} = \boldsymbol{R}(X_i,\alpha)\boldsymbol{R}(K,\theta) = \boldsymbol{R}(X_i,\alpha)\boldsymbol{R}(X_i,-\alpha)\boldsymbol{R}(Z_i,\theta)\boldsymbol{R}(X_i,\alpha) = \boldsymbol{R}(Z_i,\theta)\boldsymbol{R}(X_i,\alpha)$$

第4章 机器人运动学

CHAPTER 4

机器人运动学(Kinematics)是从几何角度描述和研究机器人的位置、速度和加速度随时间的变化规律的科学,它不涉及机器人本体的物理性质和加在其上的力。本章重点介绍机器人运动学的建模方法及逆运动学的求解方法。

4.1 引言

机器人运动学问题主要在机器人的工作空间与关节空间中讨论,包括正运动学(Forward Kinematics)和逆运动学(Inverse Kinematics)两部分内容。如图 4.1 所示,由机器人关节空间到机器人工作空间的映射称为正运动学,由机器人工作空间到机器人关节空间的映射称为逆运动学。正运动学也被称为运动学建模,而逆运动学也被称为运动学求逆或求逆解。

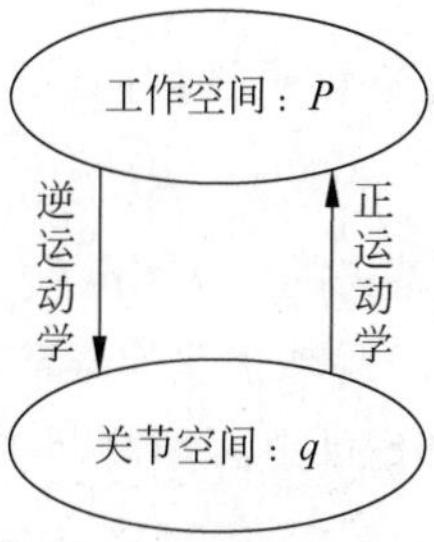

图 4.1 正运动学与逆运动学

4.2 运动学建模方法

机器人运动学建模方法主要包括几何建模法、D-H 建模法等。几何建模方法适用于结构简单的机器人,尤其是适合平面机器人。D-H 建模方法具有较强的通用性,对于串联机器人、并联机器人都适用。其他建模方法,如旋量法、四元数法等,则各有侧重。本节重点介绍三角几何建模方法和 D-H 建模方法。

4.2.1 三角几何建模方法

如图 4.2 所示是一个具有单个旋转关节的机械臂，如何建立它的运动学模型呢？

对于该机械臂，首先在其基座上建立一个参考坐标系 XOY，定义关节变量 θ 为从 X 轴至臂杆的夹角，逆时针方向为正，顺时针方向为负。机械臂关节空间只有一个变量 θ，其工作空间具有两个变量 x 和 y，表示末端抓手中心在参考系中的位置，采用三角几何的方法可以很容易地建立其运动学模型：

$$\begin{cases} x = l\cos\theta \\ y = l\sin\theta \end{cases}$$

若已知关节变量 θ，则可利用该模型直接求出机械臂末端抓手在参考系中的位置。

对于如图 4.3 所示的两自由度机械臂，为了建立其运动学模型，同样需要建立一个参考坐标系 XOY。该机械臂的关节空间有两个变量 θ_1 和 θ_2，工作空间有两个变量 x 和 y。这里，为了使机械臂运动学模型具有一致性，将 θ_1 和 θ_2 表示成带符号的变量，因此对它们的方向做如下定义：θ_1 起始于 X 轴指向连杆 1，θ_2 起始于连杆 1 的延长线指向连杆 2，同时定义 θ_1 和 θ_2 顺时针方向为负，逆时针方向为正。

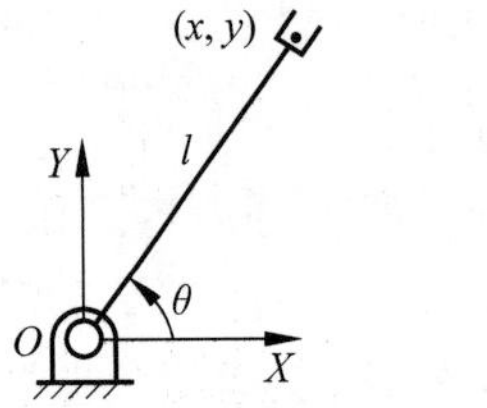

图 4.2　单自由度机械臂简图

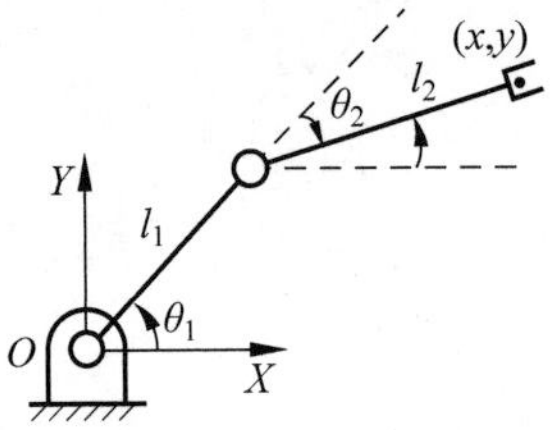

图 4.3　两自由度机械臂简图

同样可以采用三角几何的方法建立该机械臂的运动学模型：

$$\begin{cases} x = l_1\cos\theta_1 + l_2\cos(\theta_1 + \theta_2) \\ y = l_1\sin\theta_1 + l_2\sin(\theta_1 + \theta_2) \end{cases}$$

到这里，大家是不是觉得机器人的运动学建模很简单呢？

接下来，对于如图 4.4(a)所示的 6 自由度串联机器人，能否采用三角几何的方法建立

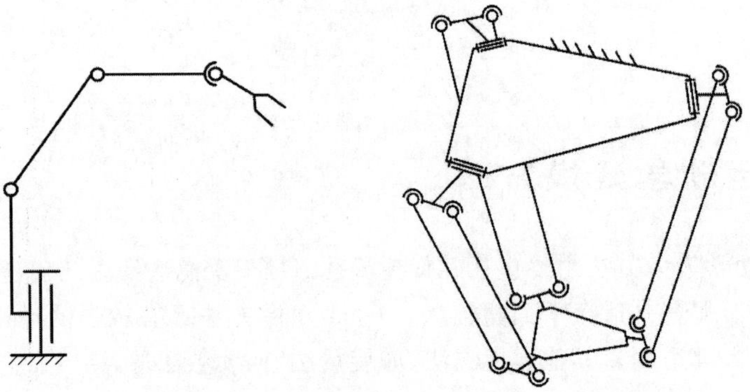

(a) 串联机器人　　(b) 并联机器人

图 4.4　6 自由度串联机器人与 3 自由度并联机器人简图

其运动学模型呢？如果可以，那么对于如图4.4(b)所示的3自由度Delta并联机器人，还能采用三角几何的方法建立其运动学模型吗？答案基本上是不可能的。因此，机器人的运动学建模需要系统专用的方法。

需要说明的是，如图4.2和图4.3所示的机器人，在机构学分类上属于平面连杆机构，其几何运动关系比较简单，所以可以采用三角几何的方法建立其运动学模型，而如图4.4所示的是空间多杆机构，其连杆运动涉及三维空间的多个象限，几何关系非常复杂，难以采用平面三角几何的方法建立运动学模型。

4.2.2 D-H建模方法

1955年，Denavit和Hartenberg[1]提出了一种基于齐次变换矩阵的低副机构建模方法，该方法在每个连杆上都固连一个坐标系，用4×4的齐次变换矩阵来描述相邻两连杆的空间位姿关系，通过齐次变换建立机构的运动学模型，这种建模方法被称为Denavit-Hartenberg法，简称D-H法。D-H建模方法简单，具有通用性，因此被广泛用于机器人的运动学建模，至今仍被广泛采用，在机器人的发展历程中起到非常重要的作用。

目前，D-H建模方法主要有两种：标准D-H方法(Standard D-H method)和改进的D-H方法(Modified D-H method)。这两种方法的主要区别在于连杆坐标系$\{i\}$建立的位置不同，标准D-H方法将坐标系$\{i\}$建立在$i+1$关节的轴线上，而改进的D-H方法将坐标系$\{i\}$建立在i关节轴线上，当然这个变化也带来了D-H参数及D-H矩阵的不同。Denavit和Hartenberg提出的方法被称为标准D-H方法，主要是针对串联机构，在处理树形结构(例如连杆末端连接两个分支)和闭链结构的建模时会出现问题，而改进的D-H方法则没有这些问题，因此改进的D-H方法更具有通用性。

1. 改进的D-H建模方法

从机构学的角度讲，机器人主要由关节和连杆构成。如图4.5所示的工业机器人，它是由7根连杆(含基座)和6个关节组成的，关节的转动导致了连接的连杆的运动，而各个关节的组合运动则可实现预期的机器人末端的运动及位姿的变化。下面介绍如何采用改进的D-H建模方法建立机器人的运动学模型。

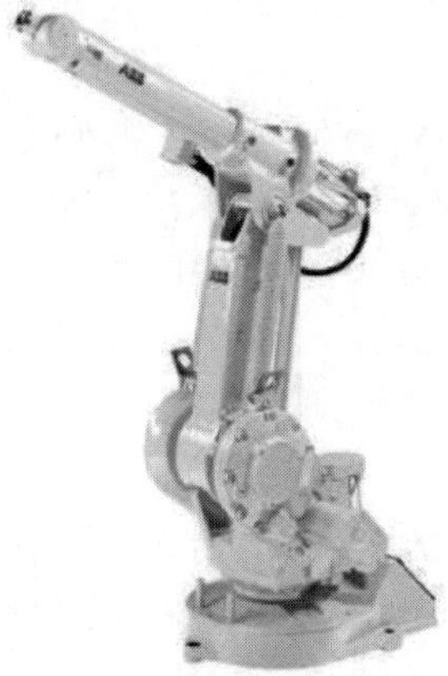

图4.5　6自由度工业机器人[2]

1）D-H 参数介绍

在改进的 D-H 建模方法中共要使用 4 个参数 a,α,d,θ，下面逐一介绍。

(1) 连杆 $i-1$ 的长度 a_{i-1}

如图 4.6 所示的是相邻的两个串联关节和连杆的示意图：关节 $i-1$ 和关节 i，连杆 $i-1$ 和连杆 i，$i\geqslant 1$，它们可以是如图 4.5 所示的机器人中的任意两个相邻的关节和连杆。关节 0 和连杆 0 指的是基座。

在实际的机器人中，连杆的长度一般不为零。长度不为零的连杆的机械功能是连接两个关节，它的运动学功能是保持与连杆两端固连的关节之间固定的几何位姿关系。这里连杆的长度并不是其几何意义上的长度，而是其运动学意义上的长度。

第 2 章介绍过，机器人中的关节主要是移动关节和转动关节。要确定连杆的长度首先需要确定两个关节的轴线。移动关节的轴线就是关节运动所在的直线，转动关节的轴线由右手定则来确定：四指弯曲方向与关节转动方向一致，拇指所在的直线就是旋转关节的关节轴线，如图 4.7 所示。

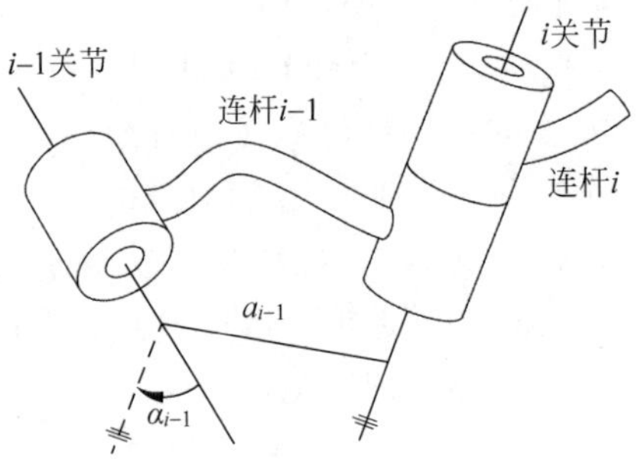

图 4.6　相邻关节与关节关系

图 4.7　右手定则

连杆 $i-1$ 的长度 a_{i-1} 定义为关节 $i-1$ 的轴线和关节 i 的轴线之间的公法线长度，它实际表示的是两关节轴线之间的空间最短距离。当两关节轴线相交时，连杆长度 $a_{i-1}=0$。

图 4.6 中将连杆画成弯曲的形状，目的就是为了说明 D-H 建模中连杆长度与连杆的几何形状是无关的。

(2) 连杆 $i-1$ 的扭角 α_{i-1}

连杆 $i-1$ 的扭角 α_{i-1} 定义为关节 $i-1$ 轴线和关节 i 轴线之间的夹角，指向为从轴线 $i-1$ 到轴线 i，如图 4.6 所示。具体的测量方法是：以关节 $i-1$ 轴线与公法线的交点为起点，作关节 i 轴线的平行线，则该平行线就与关节 $i-1$ 轴线位于同一个平面内(公法线的法平面)，这样就可以测量它们之间的夹角。扭角 α_{i-1} 实际表示的是关节 i 的轴线相对于关节 $i-1$ 的轴线的旋转角度(在法平面内测量)，指向从 $i-1$ 到 i。

当两关节轴线平行时，扭角 $\alpha_{i-1}=0$。

例 1：图 4.8 是两个关节和连接它们的连杆的示意图，每个关节都是旋转关节，关节旋转轴如图 4.8 中虚线所示。关节和连杆的连接关系有两种，分别如图 4.8(a)、4.8(b)所示，求两种情况下的连杆长度 a_{i-1} 和扭角 α_{i-1}。

解：

对于连接方式 1：$a_{i-1}=200$，$\alpha_{i-1}=0°$；

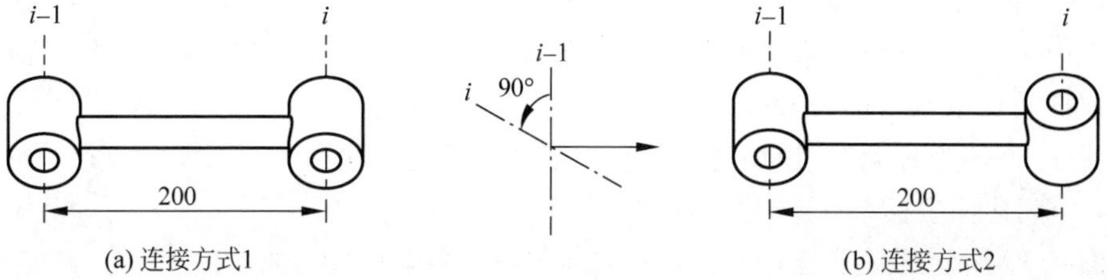

图 4.8　关节连杆示意图

对于连接方式 2：$a_{i-1}=200$，$\alpha_{i-1}=90°$。

通过该例题的练习，大家可深入体会连杆长度和扭角的含义及作用。连杆长度和扭角实际是表示了两个相邻关节之间的距离和角度关系。

(3) 连杆 i 相对于连杆 $i-1$ 的偏置 d_i

连杆 i 相对于连杆 $i-1$ 的偏置 d_i 定义为：关节 i 上的两条公法线 a_i 与 a_{i-1} 之间的距离，沿关节轴线 i 测量，指向从 a_{i-1} 到 a_i，如图 4.9 所示。如果关节是移动关节，则它是关节变量。

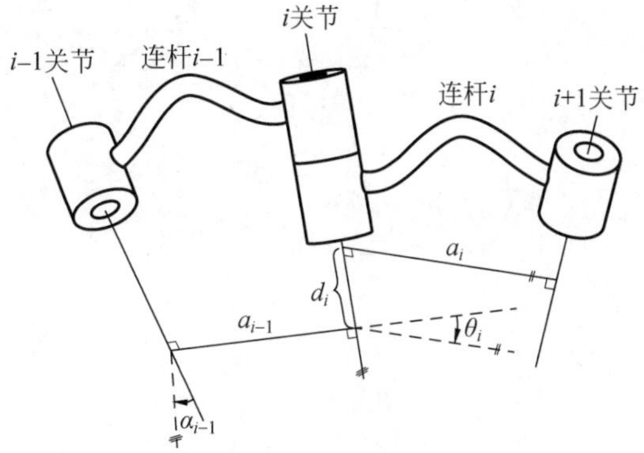

图 4.9　相邻连杆与连杆关系

(4) 关节角 θ_i

关节角 θ_i 定义为：连杆 i 相对于连杆 $i-1$ 绕轴线 i 的旋转角度，绕关节轴线 i 测量，指向从 a_{i-1} 到 a_i，如图 4.9 所示。如果关节 i 是转动关节，则 θ_i 是关节变量。

实际测量方法如下：过公法线 a_{i-1} 与关节 i 轴线的交点，作公法线 a_i 的平行线，则该平行线与公法线 a_{i-1} 的延长线构成关节 i 轴线的法平面，关节角 θ_i 在此平面内测量，指向从 a_{i-1} 的延长线到 a_i 的平行线。

前面介绍的 4 个 D-H 参数中，前 2 个参数描述连杆本身，后 2 个参数描述与相邻连杆的位姿关系。对于旋转关节，θ_i 是关节变量，其他 3 个参数固定不变，为结构参数；对于移动关节，d_i 是关节变量，其他 3 个参数为结构参数。结构参数是由机器人系统本身的结构确定的，其中不包含活动构件，当机械结构装配完成后，结构参数就确定了，不会在机器人运动的过程中发生改变。

2) D-H 坐标系的建立

D-H 建模方法需要在每个连杆上固连一个坐标系，从而利用连杆坐标系描述两相邻连杆之间的相对运动和位姿关系。对于一个机器人来讲，假设其有 n 个关节，则需要建立

$n+1$ 个连杆坐标系，包括基坐标系$\{0\}$，中间连杆坐标系$\{i\}$，末端连杆坐标系$\{n\}$。在 D-H 建模方法中，这些连杆坐标系的建立需要依据 D-H 建模方法的建系规则，不能随意建立，因此这些连杆坐标系也被称为 D-H 坐标系。

在建立 D-H 坐标系时，遵循的原则是先建立中间连杆坐标系，再建立两端连杆坐标系。

(1) 中间连杆坐标系$\{i\}$的建立规则

以图 4.10 所示的关节连杆为例，中间连杆坐标系的建立规则如下：

坐标系$\{i\}$的 Z 轴与关节 i 的轴线共线，其指向由右手定则确定(如图 4.7 所示)，拇指所指的方向为正向；坐标系$\{i\}$的 X 轴与关节 i 和关节 $i+1$ 的公垂线重合，指向从 i 到 $i+1$，当两关节轴线相交时，$X_i=\pm Z_{i+1}\times Z_i$；$Y$ 轴可以依据右手法则确定；坐标系$\{i\}$的原点 O_i 取为 X_i 和 Z_i 的交点；当 Z_i 和 Z_{i+1} 相交时，其交点为坐标系$\{i\}$的原点，如图 4.11(a)所示；当 Z_i 和 Z_{i+1} 平行时，坐标系$\{i\}$的原点取在使偏置 d_i 为零处，即使 X_i 和 X_{i+1} 共线，如图 4.11(b)所示。

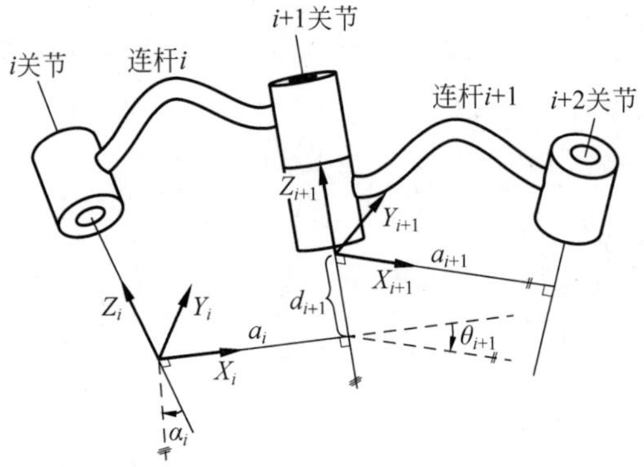

图 4.10 建立中间连杆坐标系

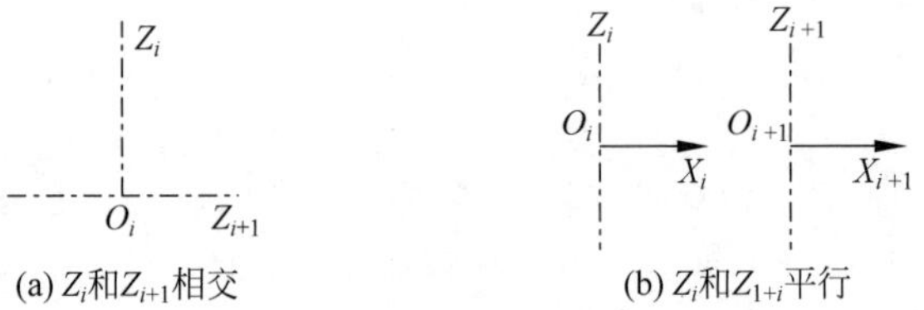

图 4.11 坐标原点的确定

依据该规则，可建立如图 4.10 所示的连杆坐标系$\{i\}$和$\{i+1\}$。

(2) 坐标系$\{0\}$和坐标系$\{n\}$的建立规则

坐标系$\{0\}$的建立规则：坐标系$\{0\}$的建立要参考坐标系$\{1\}$。选择坐标系$\{0\}$的 Z、X 轴与坐标系$\{1\}$的 Z、X 轴同向，如果可能，使坐标系$\{0\}$与坐标系$\{1\}$重合。其目的是使尽可能多的 D-H 参数为零，从而简化后续的矩阵计算。

坐标系$\{n\}$的建立规则：

坐标系$\{n\}$的 Z 轴要根据关节 n 的运动由右手定则确定，选择坐标系$\{n\}$的 X 轴与坐标系$\{n-1\}$的 X 轴同向。

坐标系$\{0\}$与坐标系$\{n\}$的原点需结合机器人的结构及运动学建模需求来确定。

(3) D-H 坐标系建立步骤总结

D-H 坐标系的建立原则是先建立中间坐标系$\{i\}$，再建立两端坐标系$\{0\}$和$\{n\}$。D-H 坐标系的建立步骤如下：

① 确定Z_i轴：根据关节i的轴线及关节转向采用右手定则确定Z_i轴。

② 确定原点O_i：如果两相邻关节轴线Z_i与Z_{i+1}不相交，则公垂线与Z_i轴(轴线i)的交点为原点；当Z_i与Z_{i+1}平行时，原点的选择应使偏置d_{i+1}为零；如果Z_i与Z_{i+1}相交则交点为原点；如果Z_i与Z_{i+1}重合则原点应使偏置d_{i+1}为零。

③ 确定X_i轴：两轴线不相交时，X_i轴与轴线Z_i与Z_{i+1}的公垂线重合，指向从i到$i+1$；若两轴线相交，则X_i轴是Z_i与Z_{i+1}两轴线所成平面的法线$X_i=\pm Z_{i+1}\times Z_i$；如果两轴线重合，则$X_i$轴与$Z_i$及$Z_{i+1}$两轴线垂直且使其他连杆参数尽可能为零。

④ 按右手定则确定Y_i轴。

⑤ 坐标系$\{0\}$可任意建立，一般选择坐标系$\{0\}$与坐标系$\{1\}$重合。

⑥ 坐标系$\{n\}$的Z轴由关节n的运动类型和右手定则确定，原点O_n与X_n轴可任意选择，但一般选择X_n轴与坐标系$\{n-1\}$的X轴同向，从而使尽可能多的 D-H 参数为零。

3）利用连杆坐标系确定 D-H 参数

在 D-H 建模方法中，建立了机器人的 D-H 连杆坐标系后，可直接从相邻的两个连杆坐标系确定 D-H 参数。对于图 4.12 所示的连杆坐标系$\{i-1\}$和$\{i\}$，其 D-H 参数的确定方法如下：

a_{i-1}：从Z_{i-1}到Z_i沿X_{i-1}测量的距离；

α_{i-1}：从Z_{i-1}到Z_i绕X_{i-1}旋转的角度；

d_i：从X_{i-1}到X_i沿Z_i测量的距离；

θ_i：从X_{i-1}到X_i绕Z_i旋转的角度。

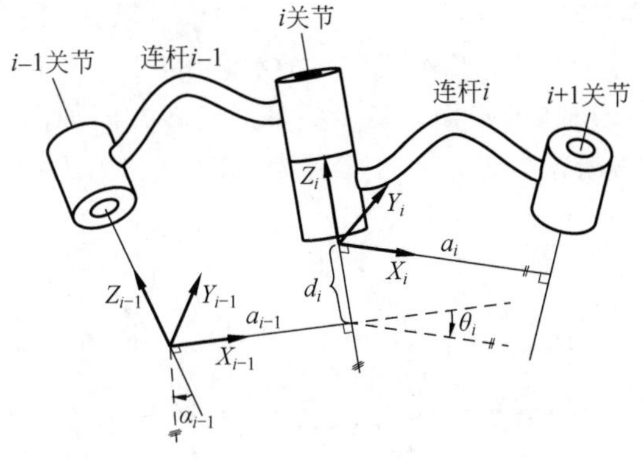

图 4.12　连杆坐标系与 D-H 参数

4）D-H 矩阵

建立了 D-H 坐标系，也确定了相邻连杆的 D-H 参数，那么，如何表示两相邻连杆之间的位姿关系呢？这就要用到第 3 章中介绍的坐标变换知识。

如图 4.12 所示，对于坐标系$\{i-1\}$和$\{i\}$，坐标系$\{i-1\}$经过下列四次运动变换到坐标系$\{i\}$：

① 坐标系$\{i-1\}$绕X_{i-1}转动α_{i-1}，使Z_{i-1}与Z_i同向；

② 坐标系$\{i-1\}$沿X_{i-1}移动a_{i-1}，使Z_{i-1}与Z_i共线；

③ 坐标系$\{i-1\}$绕Z_i转动θ_i，使X_{i-1}与X_i同向；

④ 坐标系$\{i-1\}$沿Z_i移动d_i，使X_{i-1}与X_i共线，坐标系$\{i-1\}$与$\{i\}$共原点。

上述坐标系变换中，坐标系$\{i-1\}$都是相对于自己的坐标轴做旋转或平移，因此所有的子变换都是相对于动系的，所以坐标系$\{i\}$相对于坐标系$\{i-1\}$的转换矩阵为：

$$
{}_{i-1}^{\ \ i}\boldsymbol{T}=\mathbf{Rot}(X,\alpha_{i-1})\mathbf{Trans}(X,a_{i-1})\mathbf{Rot}(Z,\theta_i)\mathbf{Trans}(Z,d_i)
$$

$$
=\begin{bmatrix}\cos\theta_i & -\sin\theta_i & 0 & a_{i-1}\\ \sin\theta_i\cos\alpha_{i-1} & \cos\theta_i\cos\alpha_{i-1} & -\sin\alpha_{i-1} & -\sin\alpha_{i-1}d_i\\ \sin\theta_i\sin\alpha_{i-1} & \cos\theta_i\sin\alpha_{i-1} & \cos\alpha_{i-1} & \cos\alpha_{i-1}d_i\\ 0 & 0 & 0 & 1\end{bmatrix} \tag{4-1}
$$

该矩阵通式被称作 D-H 矩阵，它是一个 4×4 的齐次变换矩阵，采用 4 个 D-H 参数表示相邻两连杆之间的位姿关系或转换关系。

5）机器人的运动学建模

对于具有n个自由度的机器人，在建立其 D-H 坐标系并确定相邻坐标系之间的 D-H 参数后，即可获得n个如式(4-1)所示的 D-H 矩阵，将所有矩阵按顺序连乘，即可得到该机器人的运动学模型，6 自由度机器人的运动学模型如下：

$$
{}_0^6\boldsymbol{T}={}_0^1\boldsymbol{T}\cdot{}_1^2\boldsymbol{T}\cdot{}_2^3\boldsymbol{T}\cdot{}_3^4\boldsymbol{T}\cdot{}_4^5\boldsymbol{T}\cdot{}_5^6\boldsymbol{T}
$$

$$
={}_0^1\boldsymbol{T}(q_1)\cdot{}_1^2\boldsymbol{T}(q_2)\cdot{}_2^3\boldsymbol{T}(q_3)\cdot{}_3^4\boldsymbol{T}(q_4)\cdot{}_4^5\boldsymbol{T}(q_5)\cdot{}_5^6\boldsymbol{T}(q_6)
$$

$$
=\begin{bmatrix}{}_0^6\boldsymbol{R} & {}_0^6\boldsymbol{P}\\ \boldsymbol{0} & 1\end{bmatrix}
$$

在机器人的运动学模型中，各个关节变量就是该运动学方程的变量。如果确定了各关节变量，则可唯一确定机器人末端连杆坐标系$\{n\}$在基坐标系$\{0\}$中的位姿。

6）D-H 运动学建模习题

例 2：图 4.13 所示是一个 3 自由度机器人的示意图，三个关节皆是旋转关节，第 3 关节轴线垂直于 1、2 关节轴线所在的平面。各个关节的旋转方向如图中所示。要求按改进的 D-H 方法建立各连杆坐标系，并建立 D-H 参数表，求出该机器人的 D-H 运动学模型。

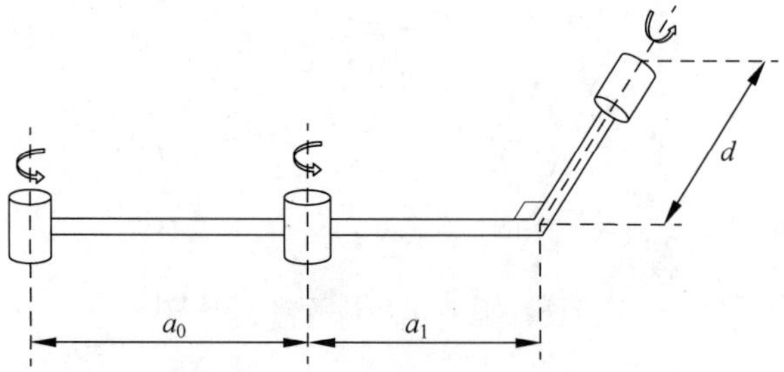

图 4.13　3 自由度机器人示意图

解 1：

(1) 首先，依据 D-H 坐标系的建立方法建立所有的连杆坐标系，如图 4.14 所示。坐标系$\{1\}$和$\{2\}$的Z、X轴很容易确定，所以坐标系的建立比较容易。在建立坐标系$\{3\}$时，由于只有Z_3的方向是确定的，所以将X_3选在使偏置d_3为零的位置。由于坐标系$\{4\}$只是用来表示末端的位姿，所以只有坐标原点是确定的，这里将其各坐标轴与坐标系$\{3\}$同向。

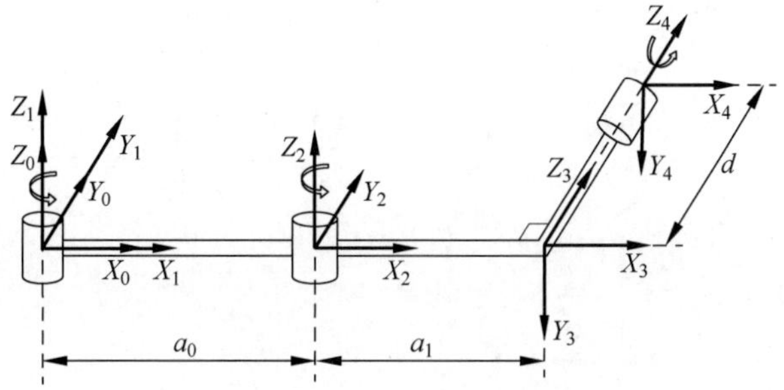

图 4.14 3 自由度机器人 D-H 坐标系的建立

(2) 根据图 4.14 建立的连杆坐标系，读取所有相邻连杆坐标系的 D-H 参数，并建立 D-H 参数表，如表 4.1 所示。注意，各关节变量的初值(即当前值)也需要表示出来。

表 4.1 D-H 参数表

i	$a_{(i-1)}$/m	$\alpha_{(i-1)}$/(°)	d_i/m	θ_i/(°)
1	0	0	0	$\theta_1(0)$
2	a_0	0	0	$\theta_2(0)$
3	a_1	−90	0	$\theta_3(0)$
4	0	0	d	0

(3) 将各行 D-H 参数代入 D-H 矩阵通式(4-1)，可得 4 个 D-H 矩阵：

$$
{}_0^1\boldsymbol{T}=\begin{bmatrix}\cos\theta_1 & -\sin\theta_1 & 0 & 0\\ \sin\theta_1 & \cos\theta_1 & 0 & 0\\ 0 & 0 & 1 & 0\\ 0 & 0 & 0 & 1\end{bmatrix}
$$

$$
{}_1^2\boldsymbol{T}=\begin{bmatrix}\cos\theta_2 & -\sin\theta_2 & 0 & a_0\\ \sin\theta_2 & \cos\theta_2 & 0 & 0\\ 0 & 0 & 1 & 0\\ 0 & 0 & 0 & 1\end{bmatrix}
$$

$$
{}_2^3\boldsymbol{T}=\begin{bmatrix}\cos\theta_3 & -\sin\theta_3 & 0 & a_1\\ 0 & 0 & 1 & 0\\ -\sin\theta_3 & -\cos\theta_3 & 0 & 0\\ 0 & 0 & 0 & 1\end{bmatrix}
$$

$$
{}_3^4\boldsymbol{T}=\begin{bmatrix}1 & 0 & 0 & 0\\ 0 & 1 & 0 & 0\\ 0 & 0 & 1 & d\\ 0 & 0 & 0 & 1\end{bmatrix}
$$

(4) 将 4 个 D-H 矩阵连乘起来，即可得到该机器人的运动学模型：

$$
{}_0^4\boldsymbol{T}={}_0^1\boldsymbol{T}\cdot{}_1^2\boldsymbol{T}\cdot{}_2^3\boldsymbol{T}\cdot{}_3^4\boldsymbol{T}={}_0^1\boldsymbol{T}(\theta_1)\cdot{}_1^2\boldsymbol{T}(\theta_2)\cdot{}_2^3\boldsymbol{T}(\theta_3)\cdot{}_3^4\boldsymbol{T}=\begin{bmatrix}{}_0^4\boldsymbol{R} & {}_0^4\boldsymbol{P}\\ 0\quad 0\quad 0 & 1\end{bmatrix}
$$

$$
{}_0^4\boldsymbol{R}=\begin{bmatrix}\cos(\theta_1+\theta_2)\cos\theta_3 & -\cos(\theta_1+\theta_2)\sin\theta_3 & -\sin(\theta_1+\theta_2)\\ \sin(\theta_1+\theta_2)\cos\theta_3 & -\sin(\theta_1+\theta_2)\sin\theta_3 & \cos(\theta_1+\theta_2)\\ -\sin\theta_3 & -\cos\theta_3 & 0\end{bmatrix}
$$

$$
{}_0^4\boldsymbol{P}=\begin{bmatrix}a_0\cos\theta_1+a_1\cos(\theta_1+\theta_2)-d\sin(\theta_1+\theta_2)\\ a_0\sin\theta_1+a_1\sin(\theta_1+\theta_2)+d\cos(\theta_1+\theta_2)\\ 0\end{bmatrix}
$$

（5）验证模型的正确性。

假设该机器人的结构常数为 $a_0=10$，$a_1=20$，$d=30$，从表 4.1 中可得到各关节变量的初值为 $\theta_1=\theta_2=\theta_3=0$，将结构常数及各关节变量的初值代入到机器人的运动学模型中，可得：

$$
{}_0^4\boldsymbol{T}={}_0^1\boldsymbol{T}\,{}_1^2\boldsymbol{T}\,{}_2^3\boldsymbol{T}\,{}_3^4\boldsymbol{T}=\begin{bmatrix}1 & 0 & 0 & 30\\ 0 & 0 & 1 & 30\\ 0 & -1 & 0 & 0\\ 0 & 0 & 0 & 1\end{bmatrix}
$$

上述得到的齐次矩阵就是末端坐标系{4}在基坐标系{0}中的位姿。将该矩阵表示的位姿与图 4.13 中坐标系{4}相对于坐标系{0}的位姿进行对照，如图 4.15 所示，很显然两者相等，因此可证明所建立的 D-H 运动学模型的正确性。

解 2：

对于图 4.13 所示 3 自由度机器人，解答 1 按照改进的 D-H 建模方法建立了 4 个坐标系，而第 4 个坐标系纯粹是为表示机器人末端的位姿而建立的，它与第 3 个坐标系之间是纯平移关系。在实际应用中，通常省略掉第 3 个坐标系，而直接在机器人的末端建立一个坐标系{3}，如图 4.16 所示。这样会省掉一个坐标系的建立，并在运动学建模时减少一组矩阵乘法运算。

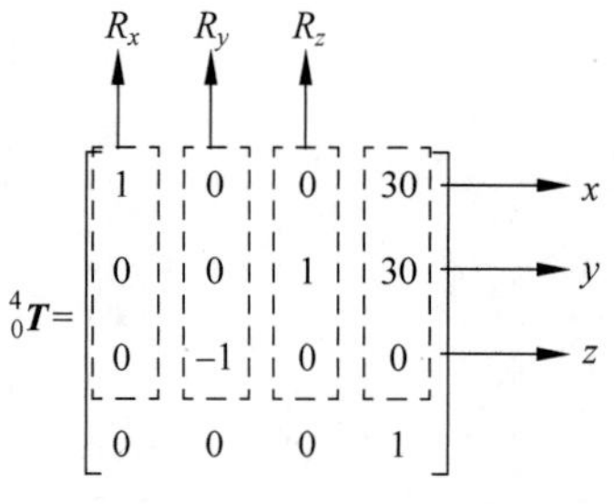

图 4.15 齐次矩阵与坐标系、位姿的对应关系

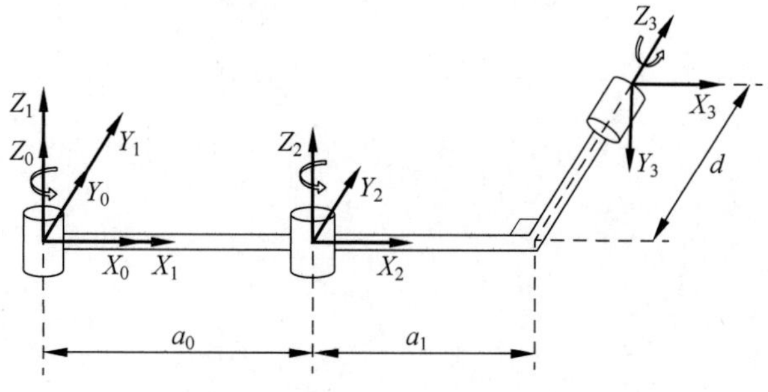

图 4.16 3 自由度机器人 D-H 坐标系建立

基于图 4.16 建立的各坐标系，可得如表 4.2 所示的 D-H 参数表。相对于表 4.1 的 D-H 参数表，该表减少了一行。

表 4.2 D-H 参数表 2

i	$a_{(i-1)}$/m	$\alpha_{(i-1)}$/(°)	d_i/m	θ_i/(°)
1	0	0	0	$\theta_1(0)$
2	a_0	0	0	$\theta_2(0)$
3	a_1	−90	d	$\theta_3(0)$

将表 4.2 中的 D-H 参数代入 D-H 矩阵通式(4-1),可得 3 个 D-H 矩阵:

$$ {}_{0}^{1}\boldsymbol{T}=\begin{bmatrix}\cos\theta_1 & -\sin\theta_1 & 0 & 0\\ \sin\theta_1 & \cos\theta_1 & 0 & 0\\ 0 & 0 & 1 & 0\\ 0 & 0 & 0 & 1\end{bmatrix} $$

$$ {}_{1}^{2}\boldsymbol{T}=\begin{bmatrix}\cos\theta_2 & -\sin\theta_2 & 0 & a_0\\ \sin\theta_2 & \cos\theta_2 & 0 & 0\\ 0 & 0 & 1 & 0\\ 0 & 0 & 0 & 1\end{bmatrix} $$

$$ {}_{2}^{3}\boldsymbol{T}=\begin{bmatrix}\cos\theta_3 & -\sin\theta_3 & 0 & a_1\\ 0 & 0 & 1 & d\\ -\sin\theta_3 & -\cos\theta_3 & 0 & 0\\ 0 & 0 & 0 & 1\end{bmatrix} $$

将上述 D-H 矩阵连乘,可得机器人的运动学模型:

$$ {}_{0}^{3}\boldsymbol{T}={}_{0}^{1}\boldsymbol{T}\cdot{}_{1}^{2}\boldsymbol{T}\cdot{}_{2}^{3}\boldsymbol{T}={}_{0}^{1}\boldsymbol{T}(\theta_1)\cdot{}_{1}^{2}\boldsymbol{T}(\theta_2)\cdot{}_{2}^{3}\boldsymbol{T}(\theta_3)=\begin{bmatrix} & {}_{0}^{3}\boldsymbol{R} & & {}_{0}^{3}\boldsymbol{P}\\ 0 & 0 & 0 & 1\end{bmatrix} $$

$$ {}_{0}^{3}\boldsymbol{R}=\begin{bmatrix}\cos(\theta_1+\theta_2)\cos\theta_3 & -\cos(\theta_1+\theta_2)\sin\theta_3 & -\sin(\theta_1+\theta_2)\\ \sin(\theta_1+\theta_2)\cos\theta_3 & -\sin(\theta_1+\theta_2)\sin\theta_3 & \cos(\theta_1+\theta_2)\\ -\sin\theta_3 & -\cos\theta_3 & 0\end{bmatrix} $$

$$ {}_{0}^{3}\boldsymbol{P}=\begin{bmatrix}a_0\cos\theta_1+a_1\cos(\theta_1+\theta_2)-d\sin(\theta_1+\theta_2)\\ a_0\sin\theta_1+a_1\sin(\theta_1+\theta_2)+d\cos(\theta_1+\theta_2)\\ 0\end{bmatrix} $$

将机器人的结构常数及关节变量初值 $a_0=10,a_1=20,d_2=30,\theta_1=\theta_2=\theta_3=0$ 代入到机器人的运动学模型,可得:

$$ {}_{0}^{3}\boldsymbol{T}={}_{0}^{1}\boldsymbol{T}{}_{1}^{2}\boldsymbol{T}{}_{2}^{3}\boldsymbol{T}=\begin{bmatrix}1 & 0 & 0 & 30\\ 0 & 0 & 1 & 30\\ 0 & -1 & 0 & 0\\ 0 & 0 & 0 & 1\end{bmatrix} $$

对照该矩阵与图 4.16 所示的坐标系{3}相对于坐标系{0}的位姿关系,可知该机器人的运动学模型是正确的。由于图 4.16 中的坐标系{3}与图 4.14 中的坐标系{4}位姿一致,因此两种方法求得的末端位姿矩阵一样,即${}_{0}^{3}\boldsymbol{T}={}_{0}^{4}\boldsymbol{T}$,上述计算结果也证明了这一点。

例 3:图 4.17 是一个 3 自由度机器人的示意图,3 个关节皆是旋转关节,第 2 关节轴线垂直于 1、3 关节轴线。各个关节的旋转方向如图 4.17 所示。要求按改进的 D-H 方法建立各连杆坐标系,建立 D-H 参数表,并求出该机器人的 D-H 运动学模型。

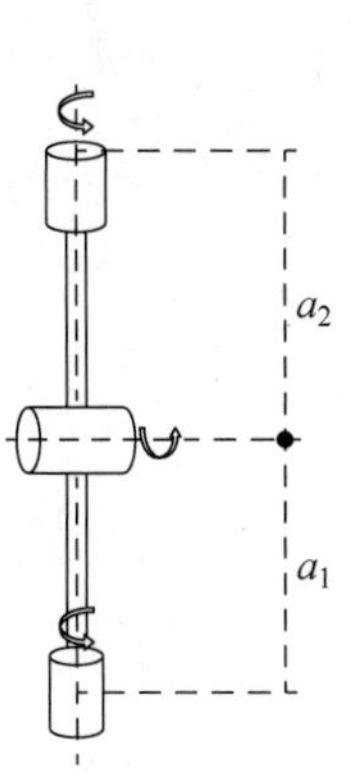

图 4.17 3 自由度机器人示意图

解 1：

(1) 首先，依据 D-H 坐标系的建立方法建立所有的连杆坐标系，如图 4.18 所示。由于 Z_1 与 Z_2 的交点位于关节 2 上，所以坐标系{1}需要建在关节 2 上，且 X_1 要垂直于 Z_1 与 Z_2 构成的平面，X_1 有两个方向可选，这里选择朝外的方向。而{0}坐标系要建立在基座上，所以在这个例子中，{0}坐标系与{1}坐标系必须是分开的，这里将{0}坐标系的姿态与{1}坐标系的一致。坐标系{2}的情况与坐标系{1}类似，为了 D-H 参数中零值尽可能多，选择 X_2 与 X_1 同向。坐标系{3}建立在机器人的末端，选择 X_3 与 X_2 同向。

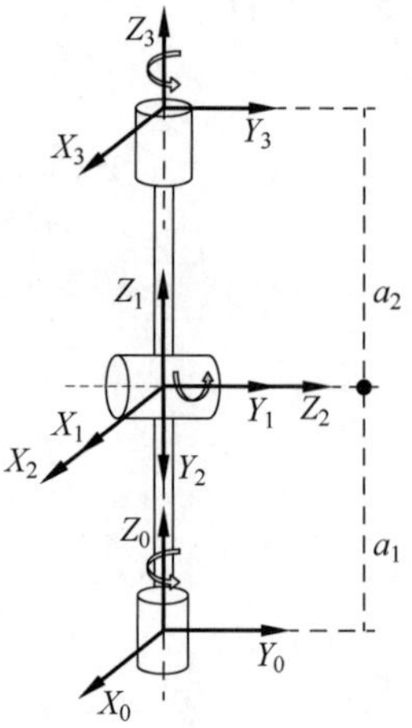

图 4.18 3 自由度机器人的 D-H 坐标系

(2) 根据建立的连杆坐标系，读取所有相邻连杆坐标系的 D-H 参数，并建立 D-H 参数表，如表 4.3 所示。

表 4.3 D-H 参数表 3

i	$a_{(i-1)}$/m	$\alpha_{(i-1)}$/(°)	d_i/m	θ_i/(°)
1	0	0	a_1	$\theta_1(0)$
2	0	−90	0	$\theta_2(0)$
3	0	90	a_2	$\theta_3(0)$

(3) 将各行 D-H 参数代入 D-H 矩阵通式(4-1)，可得三个 D-H 矩阵：

$$
{}_0^1\boldsymbol{T}=\begin{bmatrix}\cos\theta_1 & -\sin\theta_1 & 0 & 0\\ \sin\theta_1 & \cos\theta_1 & 0 & 0\\ 0 & 0 & 1 & a_1\\ 0 & 0 & 0 & 1\end{bmatrix}
$$

$$
{}_1^2\boldsymbol{T}=\begin{bmatrix}\cos\theta_2 & -\sin\theta_2 & 0 & 0\\ 0 & 0 & 1 & 0\\ -\sin\theta_2 & -\cos\theta_2 & 0 & 0\\ 0 & 0 & 0 & 1\end{bmatrix}
$$

$$
{}_2^3\boldsymbol{T}=\begin{bmatrix}\cos\theta_3 & -\sin\theta_3 & 0 & 0\\ 0 & 0 & -1 & -a_2\\ \sin\theta_3 & \cos\theta_3 & 0 & 0\\ 0 & 0 & 0 & 1\end{bmatrix}
$$

(4) 将三个 D-H 矩阵连乘起来，即可得到该机器人的运动学模型：

$$
{}_0^3\boldsymbol{T}={}_0^1\boldsymbol{T}\cdot{}_1^2\boldsymbol{T}\cdot{}_2^3\boldsymbol{T}={}_0^1\boldsymbol{T}(\theta_1)\cdot{}_1^2\boldsymbol{T}(\theta_2)\cdot{}_2^3\boldsymbol{T}(\theta_3)=\begin{bmatrix} & {}_0^3\boldsymbol{R} & & {}_0^3\boldsymbol{P}\\ 0 & 0 & 0 & 1\end{bmatrix}
$$

(5) 验证。

将机器人的结构常数及关节变量初值 $a_1=10,a_2=20,\theta_1=\theta_2=\theta_3=0$ 代入到机器人的运动学模型,可得:

$$ {}_0^3\boldsymbol{T}={}_0^1\boldsymbol{T}{}_1^2\boldsymbol{T}{}_2^3\boldsymbol{T}=\begin{bmatrix}1&0&0&0\\0&1&0&0\\0&0&1&30\\0&0&0&1\end{bmatrix} $$

对照该矩阵与图 4.18 所示的坐标系{3}相对于坐标系{0}的位姿关系,可知该机器人的运动学模型是正确的。

解 2:

在解 1 中,坐标系{0}的建立是选择与坐标系{1}的姿态相同。这里有个问题:坐标系{0}的姿态是否可以任意选定?

为了回答这个问题,建立{0}坐标系,如图 4.19 所示。依据建立的坐标系可得该机器人的 D-H 参数表如表 4.4 所示,该参数表与表 4.3 最大的不同是 θ_1 的初值变了。

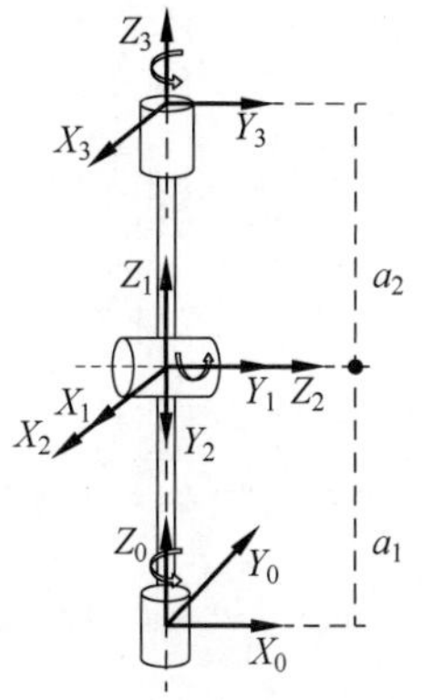

图 4.19 3 自由度机器人的 D-H 坐标系

表 4.4 D-H 参数表 4

i	$a_{(i-1)}$/m	$\alpha_{(i-1)}$/(°)	d_i/m	θ_i/(°)
1	0	0	a_1	$\theta_1(-90)$
2	0	−90	0	$\theta_2(0)$
3	0	90	a_2	$\theta_3(0)$

将各 D-H 矩阵连乘得到机器人的运动学模型,并将结构常量和关节变量初值 $a_1=10$,$a_2=20,\theta_1=-90°,\theta_2=\theta_3=0°$代入到机器人的运动学模型中,得:

$$ {}_0^3\boldsymbol{T}={}_0^1\boldsymbol{T}{}_1^2\boldsymbol{T}{}_2^3\boldsymbol{T}=\begin{bmatrix}0&1&0&0\\-1&0&0&0\\0&0&1&30\\0&0&0&1\end{bmatrix} $$

将该矩阵与图 4.19 表示的坐标系{3}相对于坐标系{0}的位姿关系进行对照,可知该机器人的运动学模型是正确的。

结论:对于基坐标系{0},在没有其他约束条件时,可按照需要建立笛卡儿坐标系,而不必让坐标系{0}与坐标系{1}的姿态相同。

需要说明的是,坐标系{0}的原点是由基座的位置决定的。另外,例 3 中所讨论的机器人的结构通常是 6 自由度工业机械臂的后 3 个关节的构型。

例 4:图 4.20 是一个 3 自由度机器人的示意图,3 个关节皆是旋转关节,第 2 关节相对于第 1 关节有偏置。各个关节的旋转方向如图 4.20 所示。要求按改进的 D-H 法建立各连杆坐标系,建立 D-H 参数表,并建立该机器人的 D-H 运动学模型。

解：

同样，依据 D-H 坐标系的建立方法建立所有的连杆坐标系，如图 4.21 所示。由于 Z_1 与 Z_2 的交点位于水平连杆上，所以坐标系{1}需要建在 Z_1 与 Z_2 的交点处，且 X_1 要垂直于 Z_1 与 Z_2 构成的平面，X_1 选择朝外的方向。坐标系{0}要建立在基座上，选择坐标系{0}的姿态与坐标系{1}的一致。坐标系{2}的情况与坐标系{1}类似，选择 X_2 与 X_1 同向。坐标系{3}建立在机器人的末端，选择 X_3 与 X_2 同向。

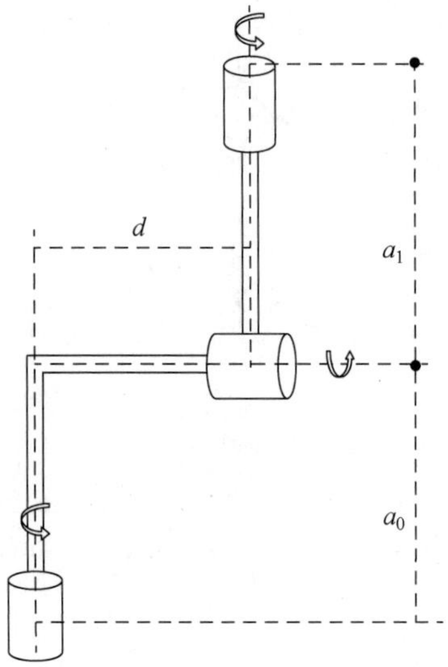

图 4.20　3 自由度机器人示意图

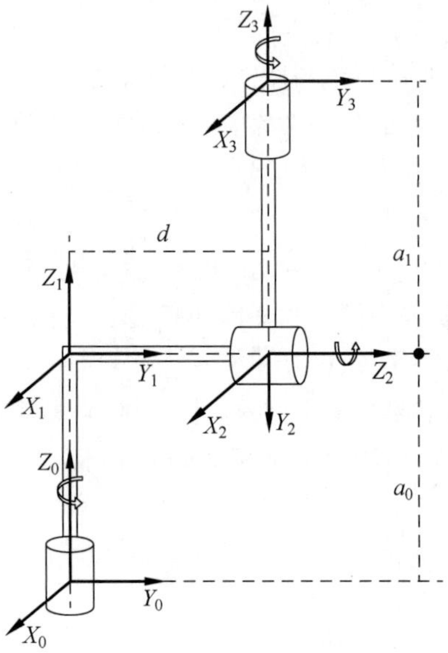

图 4.21　3 自由度机器人的 D-H 坐标系

根据建立的 D-H 坐标系，读取 D-H 参数，建立 D-H 参数表，如表 4.5 所示。在读取 D-H 参数时，要用右手定则确定扭角的正负号。

表 4.5　D-H 参数表 5

i	$a_{(i-1)}$/m	$\alpha_{(i-1)}$/(°)	d_i/m	θ_i/(°)
1	0	0	a_0	$\theta_1(0)$
2	0	−90	d	$\theta_2(0)$
3	0	90	a_1	$\theta_3(0)$

由各行 D-H 参数，可得 D-H 矩阵如下：

$$
{}_0^1\boldsymbol{T} = \begin{bmatrix} \cos\theta_1 & -\sin\theta_1 & 0 & 0 \\ \sin\theta_1 & \cos\theta_1 & 0 & 0 \\ 0 & 0 & 1 & a_0 \\ 0 & 0 & 0 & 1 \end{bmatrix}
$$

$$
{}_1^2\boldsymbol{T} = \begin{bmatrix} \cos\theta_2 & -\sin\theta_2 & 0 & 0 \\ 0 & 0 & 1 & d \\ -\sin\theta_2 & -\cos\theta_2 & 0 & 0 \\ 0 & 0 & 0 & 1 \end{bmatrix}
$$

$$
{}^{3}_{2}\boldsymbol{T}=\begin{bmatrix}\cos\theta_3 & -\sin\theta_3 & 0 & 0\\ 0 & 0 & -1 & -a_1\\ \sin\theta_3 & \cos\theta_3 & 0 & 0\\ 0 & 0 & 0 & 1\end{bmatrix}
$$

将各 D-H 矩阵连乘可得机器人的运动学模型：

$$
{}^{3}_{0}\boldsymbol{T}={}^{1}_{0}\boldsymbol{T}\cdot{}^{2}_{1}\boldsymbol{T}\cdot{}^{3}_{2}\boldsymbol{T}={}^{1}_{0}\boldsymbol{T}(\theta_1)\cdot{}^{2}_{1}\boldsymbol{T}(\theta_2)\cdot{}^{3}_{2}\boldsymbol{T}(\theta_3)=\begin{bmatrix}{}^{3}_{0}\boldsymbol{R} & {}^{3}_{0}\boldsymbol{P}\\ 0\quad 0\quad 0 & 1\end{bmatrix}
$$

将结构常数和关节变量初值 $a_0=10$，$a_1=20$，$d=30$，$\theta_1=\theta_2=\theta_3=0°$代入机器人的运动学模型，可得：

$$
{}^{3}_{0}\boldsymbol{T}={}^{1}_{0}\boldsymbol{T}{}^{2}_{1}\boldsymbol{T}{}^{3}_{2}\boldsymbol{T}=\begin{bmatrix}1 & 0 & 0 & 0\\ 0 & 1 & 0 & 30\\ 0 & 0 & 1 & 30\\ 0 & 0 & 0 & 1\end{bmatrix}
$$

经验证，该矩阵表达的坐标系{3}相对于坐标系{0}的位姿关系与图 4.21 中两坐标系的位姿关系一致，因此该运动学模型正确。

2. 标准 D-H 建模方法

标准 D-H 建模方法与改进 D-H 建模方法的最大区别是坐标系{i}的位置不同，随之带来的是 D-H 参数的不同。下面以图 4.22 为例对标准 D-H 建模方法做简要介绍。

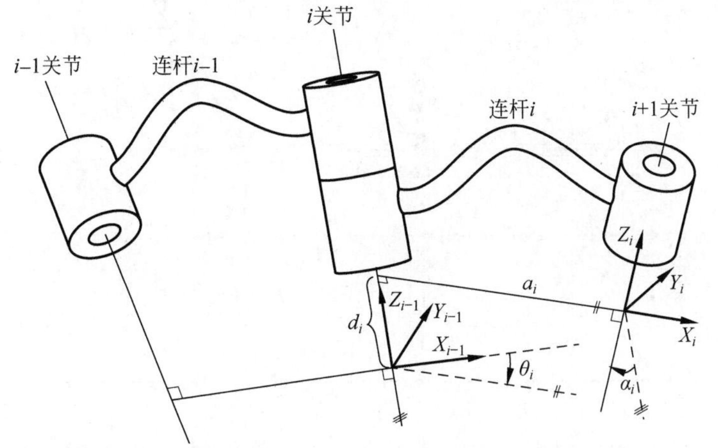

图 4.22　标准 D-H 建模方法

标准 D-H 建模方法的坐标系建立原则如下：

① 坐标系{i}的 Z 轴与关节 $i+1$ 的轴线重合；

② 坐标系{i}的坐标原点设在关节 i 和关节 $i+1$ 的轴线公垂线与关节 $i+1$ 的轴线交点处；

③ 坐标轴 X_i 与关节 i 和关节 $i+1$ 的轴线公垂线重合，从关节 i 指向关节 $i+1$。

标准 D-H 建模方法的 D-H 参数值规定如下：

① d_i 为沿 Z_{i-1} 从 X_{i-1} 到 X_i 的距离，与 Z_{i-1} 方向相同为正；

② θ_i 为绕 Z_{i-1} 从 X_{i-1} 到 X_i 的转角，逆时针方向为正；

③ a_i 为沿 X_i 从 Z_{i-1} 到 Z_i 的距离，与 X_i 方向相同为正；

④ α_i 为绕 X_i 从 Z_{i-1} 到 Z_i 的转角，逆时针方向为正。

如图 4.22 所示，坐标系$\{i-1\}$变换到坐标系$\{i\}$可分为下列 4 个子变换：

① 坐标系$\{i-1\}$绕 Z_{i-1} 转动 θ_i，使 X_{i-1} 与 X_i 同向；

② 坐标系$\{i-1\}$沿 Z_{i-1} 移动 d_i，使 X_{i-1} 与 X_i 共线；

③ 坐标系$\{i-1\}$沿 X_i 移动 a_i，使坐标系$\{i-1\}$与坐标系$\{i\}$共原点；

④ 坐标系$\{i-1\}$绕 X_i 转动 α_i，使 Z_{i-1} 与 Z_i 共线。

所有的变换过程都是相对于运动坐标系的坐标轴，所以可得坐标系$\{i\}$相对于坐标系$\{i-1\}$的位姿矩阵为：

$$
{}_{i-1}^{\ \ i}\boldsymbol{T}=\mathbf{Rot}(Z,\theta_i)\mathbf{Trans}(0,0,d_i)\mathbf{Trans}(a_i,0,0)\mathbf{Rot}(X,\alpha_i)
$$

$$
=\begin{bmatrix} c\theta_i & -s\theta_i c\alpha_i & s\theta_i s\alpha_i & a_i c\theta_i \\ s\theta_i & c\theta_i c\alpha_i & -c\theta_i s\alpha_i & a_i s\theta_i \\ 0 & s\alpha_i & c\alpha_i & d_i \\ 0 & 0 & 0 & 1 \end{bmatrix} \tag{4-2}
$$

例 5：对于图 4.13 所示的 3 自由度机器人，采用标准 D-H 建模方法建立 D-H 坐标系和 D-H 参数表，求其运动学模型。

解：

建立的 D-H 坐标系如图 4.23 所示，建立的 D-H 参数表如表 4.6 所示。

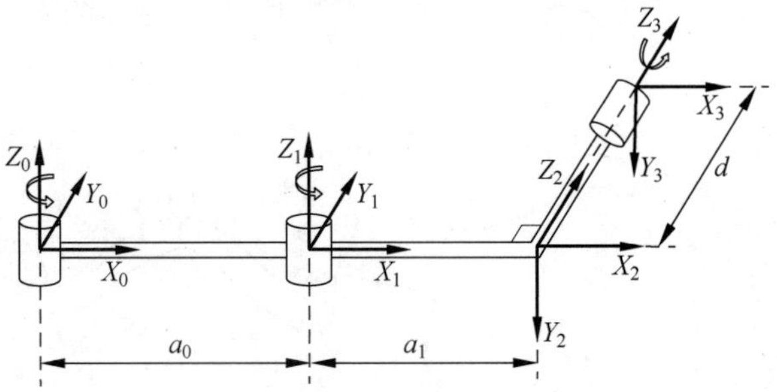

图 4.23 标准 D-H 建模方法建立坐标系

表 4.6 D-H 参数表 6

i	a_i/m	α_i/(°)	d_i/m	θ_i/(°)
1	a_0	0	0	$-\theta_1$
2	a_1	90	0	$-\theta_2$
3	0	0	d	$-\theta_3$

将上述 D-H 参数表的各行代入到 D-H 矩阵通式(4-2)中，可得各 D-H 矩阵如下：

$$
{}_0^1\boldsymbol{T}=\begin{bmatrix} \cos\theta_1 & -\sin\theta_1 & 0 & a_0 \\ \sin\theta_1 & \cos\theta_1 & 0 & 0 \\ 0 & 0 & 1 & 0 \\ 0 & 0 & 0 & 1 \end{bmatrix}
$$

$$
{}_1^2\boldsymbol{T}=\begin{bmatrix} \cos\theta_2 & -\sin\theta_2 & 0 & a_1 \\ 0 & 0 & 1 & 0 \\ -\sin\theta_2 & -\cos\theta_2 & 0 & 0 \\ 0 & 0 & 0 & 1 \end{bmatrix}
$$

$$
{}_{2}^{3}\boldsymbol{T}=\begin{bmatrix}\cos\theta_3 & -\sin\theta_3 & 0 & 0\\ \sin\theta_3 & \cos\theta_3 & 0 & 0\\ 0 & 0 & 1 & d\\ 0 & 0 & 0 & 1\end{bmatrix}
$$

将各 D-H 矩阵顺序连乘，可得机器人的运动学模型为：

$$
{}_{0}^{3}\boldsymbol{T}={}_{0}^{1}\boldsymbol{T}\cdot{}_{1}^{2}\boldsymbol{T}\cdot{}_{2}^{3}\boldsymbol{T}={}_{0}^{1}\boldsymbol{T}(\theta_1)\cdot{}_{1}^{2}\boldsymbol{T}(\theta_2)\cdot{}_{2}^{3}\boldsymbol{T}(\theta_3)=\begin{bmatrix} & {}_{0}^{3}R & & {}_{0}^{3}P\\ 0 & 0 & 0 & 1\end{bmatrix}
$$

$$
{}_{0}^{3}\boldsymbol{R}=\begin{bmatrix}\cos\theta_1\cos(\theta_2+\theta_3) & -\cos\theta_1\sin(\theta_2+\theta_3) & -\sin\theta_1\\ \sin\theta_1\cos(\theta_2+\theta_3) & -\sin\theta_1\sin(\theta_2+\theta_3) & \cos\theta_1\\ -\sin(\theta_2+\theta_3) & -\cos(\theta_2+\theta_3) & 0\end{bmatrix}
$$

$$
{}_{0}^{3}\boldsymbol{P}=\begin{bmatrix}a_0+a_1\cos\theta_1-d\sin\theta_1\\ a_1\sin\theta_1+d\cos\theta_1\\ 0\end{bmatrix}
$$

将结构常量和关节变量初值 $a_0=10, a_1=20, d=30, \theta_1=\theta_2=\theta_3=0°$ 代入到机器人的运动学模型，可得：

$$
{}_{0}^{3}\boldsymbol{T}={}_{0}^{1}\boldsymbol{T}{}_{1}^{2}\boldsymbol{T}{}_{2}^{3}\boldsymbol{T}=\begin{bmatrix}1 & 0 & 0 & 30\\ 0 & 0 & 1 & 30\\ 0 & 1 & 0 & 0\\ 0 & 0 & 0 & 1\end{bmatrix}
$$

将该矩阵与图 4.23 中坐标系{3}相对于坐标系{0}的位姿进行对比，两者一致，从而证明了上述 D-H 建模过程的正确性。

从前面介绍的标准 D-H 建模方法与改进的 D-H 建模方法来看，两者都可以建立机器人的运动学模型，只不过是坐标系的建立规则和参数定义不同。由于改进的 D-H 建模方法将坐标系$\{i\}$建立在 i 关节上，理解起来更容易些。而标准 D-H 建模方法中，坐标系$\{i\}$建立在 $i+1$ 关节上，因此在初学时会有些困扰。

4.3 运动学逆解方法

已知机器人的关节角，利用机器人的运动学模型可以计算出机器人的末端坐标系相对于基坐标系的位姿，但在机器人的实际应用中，通常机器人的运动轨迹是确定的、已知的，为了控制机器人实现预定的轨迹，需要从机器人的运动轨迹反解出对应的关节变量，这被称作运动学求逆或求运动逆解。如图 4.24 所示，工件上的焊缝位置是确定的，为了控制机器人完成焊接任务，就需要采用运动学逆解求出对应的关节运动变量，然后将该关节运动变量输入机器人的控制器，机器人就能够带着焊炬走出期望轨迹，完成焊接任务。

图 4.24 焊接机器人[3]

对于串联机器人，正运动学的解是唯一的，而逆运动学的解则不唯一，对于并联机器人则正相反。运动学求逆是机器人运动规划与轨迹控制的基础，是机器人学中重要的研究内容。

机器人的逆运动学是已知机器人末端的位姿，求对应的关节变量，如式(4-3)所示，其中等号右边齐次矩阵已知，等号左边关节变量未知。

$$
{}_{0}^{n}\boldsymbol{T}(q_1,q_2,\cdots,q_n)={}_{0}^{1}\boldsymbol{T}(q_1)\cdots{}_{n-1}^{\ \ n}\boldsymbol{T}(q_n)=\begin{bmatrix} n_x & o_x & a_x & p_x \\ n_y & o_y & a_y & p_y \\ n_z & o_z & a_z & p_z \\ 0 & 0 & 0 & 1 \end{bmatrix} \tag{4-3}
$$

式(4-3)写成标量形式如下：

$$
\begin{aligned}
n_{3\times1} &= n(q) = n(q_1,q_2,q_3,\cdots,q_n) \\
o_{3\times1} &= o(q) = o(q_1,q_2,q_3,\cdots,q_n) \\
a_{3\times1} &= a(q) = a(q_1,q_2,q_3,\cdots,q_n) \\
p_{3\times1} &= p(q) = p(q_1,q_2,q_3,\cdots,q_n)
\end{aligned}
$$

简写为 $P_{12\times1}=f(q)$，$q\subset R^n$。

假设 $n=6$，则上述逆运动学方程有 6 个未知数，但有 12 个方程，而且 n、o、a 所关联的 9 个方程中只有 3 个是独立的，位置 p_x、p_y、p_z 关联的 3 个方程是独立的，因此只有 6 个独立方程和 6 个未知数，这种方程组被称为非线性的超越方程组，求解非常复杂。这就是机器人运动学求逆困难的原因。

以机器人操作臂为例，其逆运动学解法主要有两类：数值解(Numerical Solution)和解析解(Analytical Solution)。

4.3.1 逆运动学的数值解方法

所谓的数值解就是采用某种计算方法得到式(4-3)的一组近似解，能在满足给定精度的情况下使式(4-3)成立。数值解法只能求出方程的特解，不能求出所有的解。数值解法主要有数值逼近法、差值法、有限元法等。例如，可用迭代的方法最小化机器人末端执行器与目标点之间的距离，求出机器人的运动学逆解。数值解法的优点是计算简单，不需要做矩阵转换；缺点是迭代次数多，实时性差，不适合用于实时性要求高的场合，且机器人运动过程中的位形不可预测，不适合用于障碍空间中机器人的运动解算。

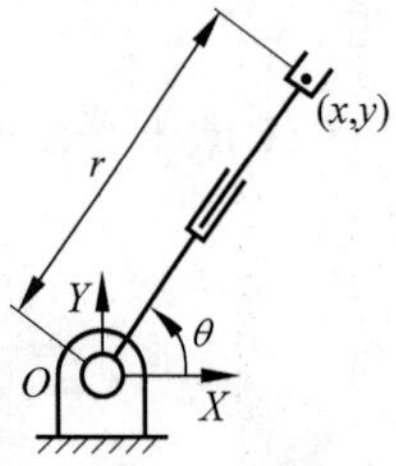

图 4.25　两自由度机器人简图

下面举例说明如何采用数值解法求机器人的逆解。

图 4.25 所示是一个两自由度机器人的机构简图，它有一个旋转关节和一个移动关节。

采用几何法可求得机器人的正向运动学模型：

$$
\begin{cases} x = r\cos\theta \\ y = r\sin\theta \end{cases} \quad r,\theta \neq C
$$

将机器人目标位置与当前位置的差定义为向量函数 $\boldsymbol{f}(\boldsymbol{X})$：

$$
\boldsymbol{f}(\boldsymbol{X}) = \begin{bmatrix} x_{\text{target}} - r\cos\theta \\ y_{\text{target}} - r\sin\theta \end{bmatrix},\quad \boldsymbol{X} = \begin{bmatrix} \theta \\ r \end{bmatrix}
$$

机器人运动到目标位置意味着 $\boldsymbol{f}(\boldsymbol{X})$ 的模最小，因此利用 $\boldsymbol{f}(\boldsymbol{X})$ 建立目标函数：

$$F(\boldsymbol{X})=\frac{1}{2}\boldsymbol{f}^{\mathrm{T}}(\boldsymbol{X})\cdot\boldsymbol{f}(\boldsymbol{X})=\frac{1}{2}\begin{bmatrix}x_{\text{target}}-r\cos\theta\\y_{\text{target}}-r\sin\theta\end{bmatrix}^{\mathrm{T}}\cdot\begin{bmatrix}x_{\text{target}}-r\cos\theta\\y_{\text{target}}-r\sin\theta\end{bmatrix}\tag{4-4}$$

这样就将机器人运动学求逆问题转化为求 min $F(\boldsymbol{X})$问题。

$F(\boldsymbol{X})$ 的一阶泰勒展开式为：

$$F(\boldsymbol{X}+k\boldsymbol{h})=F(\boldsymbol{X})+F'(\boldsymbol{X})\cdot(k\boldsymbol{h})+o(k\boldsymbol{h})$$

其中，$\boldsymbol{h}$ 为二维向量，表示 $\boldsymbol{X}$ 偏移的方向，k 为 h 的系数。

于是有：

$$\lim_{k=0}\frac{F(\boldsymbol{X}+k\boldsymbol{h})-F(\boldsymbol{X})}{k\|\boldsymbol{h}\|}=\frac{F'(\boldsymbol{X})\boldsymbol{h}}{\|\boldsymbol{h}\|}=\|F'(\boldsymbol{X})\|\cos\alpha$$

其中，α 是 $\boldsymbol{h}$ 和 $F'(\boldsymbol{X})$的夹角。由此可见，当 $\alpha=\pi$ 时，$F(\boldsymbol{X})$下降最快，即 $-F'(\boldsymbol{X})$是 $F(\boldsymbol{X})$最快下降方向。

由式(4-4)得：

$$F'(\boldsymbol{X})=\frac{\partial F}{\partial\boldsymbol{X}}=\begin{bmatrix}r\sin\theta&-r\cos\theta\\-\cos\theta&-\sin\theta\end{bmatrix}\cdot\begin{bmatrix}x_{\text{target}}-r\cos\theta\\y_{\text{target}}-r\sin\theta\end{bmatrix}$$

使用最快下降法可得到关节的位移量$[\Delta\theta\quad\Delta r]^{\mathrm{T}}$：

$$\begin{bmatrix}\Delta\theta\\\Delta r\end{bmatrix}=-kF'(\boldsymbol{X})=k\begin{bmatrix}-r\sin\theta&r\cos\theta\\\cos\theta&\sin\theta\end{bmatrix}\begin{bmatrix}x_{\text{target}}-r\cos\theta\\y_{\text{target}}-r\sin\theta\end{bmatrix}$$

因此可得该机器人的逆运动学反解的数值迭代式为：

$$\begin{bmatrix}\theta_{i+1}\\r_{i+1}\end{bmatrix}=\begin{bmatrix}\theta_i\\r_i\end{bmatrix}+\begin{bmatrix}\Delta\theta\\\Delta r\end{bmatrix}=\begin{bmatrix}\theta_i\\r_i\end{bmatrix}+k\cdot\begin{bmatrix}-r\sin\theta_i&r\cos\theta_i\\\cos\theta_i&\sin\theta_i\end{bmatrix}\cdot\begin{bmatrix}x_{\text{target}}-r_i\cos\theta_i\\y_{\text{target}}-r_i\sin\theta_i\end{bmatrix}\tag{4-5}$$

假设该机器人末端从位置(1,1)移动到(2,3)，k 取值为 0.01，精度设定为 0.01，则利用迭代式(4-5)经过 538 次迭代，求得了对应的机器人两关节运动的解，两关节的运动曲线如图 4.26(a)所示。将求得的两关节运动解代入机器人的正向运动学模型，可求得机器人末端的运动轨迹如图 4.26(b)所示。从图中可以看出，求得的机器人两关节的运动轨迹及机器人末端的运动轨迹都是光滑的，可以满足机器人的运动控制的需求。

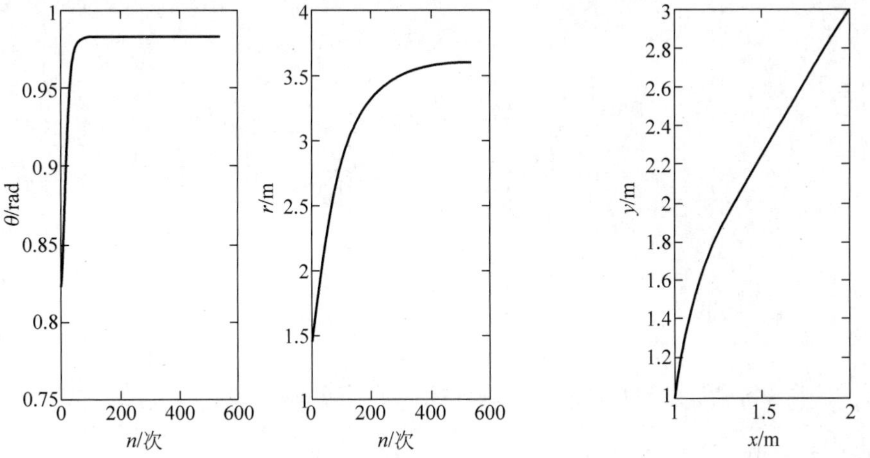

(a) 两关节的解　　(b) 机器人末端运动轨迹

图 4.26　逆运动学反解及机器人末端运动轨迹

4.3.2 逆运动学的解析解方法

机器人逆运动学的解析解通常被称为封闭解(Closed Form Solution),就是可以将求解的关节变量表示成解析表达式的形式,是式(4-3)的精确解,能在任意精度下使式(4-3)等式成立,具有计算速度快,便于实时控制等优点。

Donald Lee Pieper[4]经研究发现:如果串联机器人操作臂在结构上满足下面两个充分条件中的一个,就会有解析解。这两个充分条件也被称为 Pieper 准则,即:

(1) 三个相邻关节轴线交于一点;

(2) 三个相邻关节轴线互相平行。

现在绝大多数的工业机器人都满足 Pieper 准则的第一个充分条件:机器人末端的三个关节的轴线相交于一点,该点通常被称为腕点,如图 4.27 所示。所以这种构型的工业机器人是有解析解的。

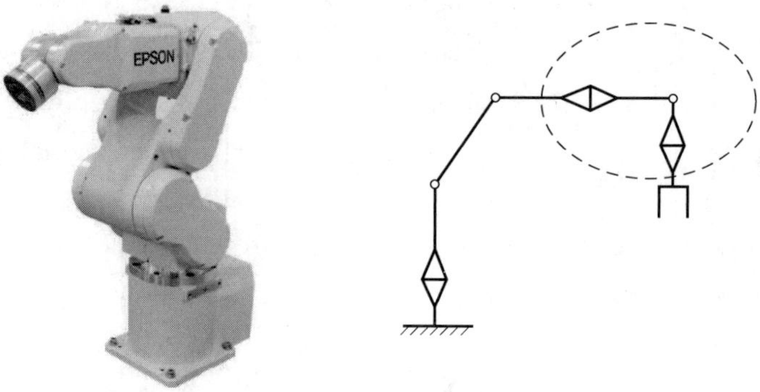

图 4.27 某工业机器人[5]及其机构简图

目前,满足 Pieper 准则的第二个充分条件的机器人较少,最典型的例子是 SCARA 机器人,如图 4.28 所示,它的前三个旋转关节的轴线互相平行。从此例可以看出,SCARA 机器人三关节平行的设计不仅能满足机器人在平面内的快速移动,而且可以让机器人有解析解。

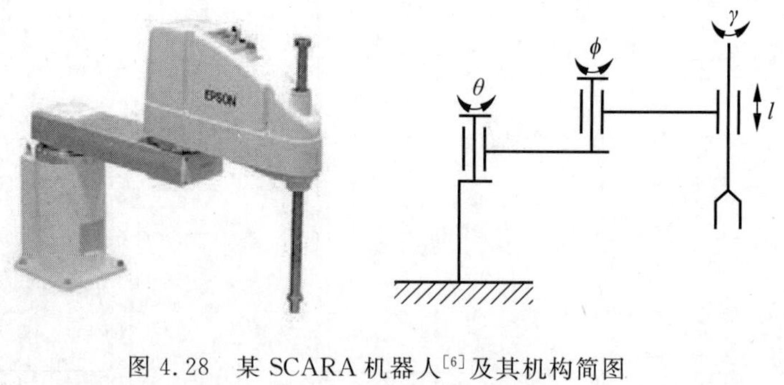

图 4.28 某 SCARA 机器人[6]及其机构简图

经研究发现,Pieper 准则也适用于带有移动关节的机器人。

目前,机器人逆运动学的解析解方法主要有几何法和代数法。下面分别对其进行介绍。

1. 几何法

下面举例说明。

例 6：图 4.29(a)是一个 3 自由度的平面 3R 机器人简图，其末端位姿为(x,y,ϕ)，用几何法求该机器人的运动学逆解。

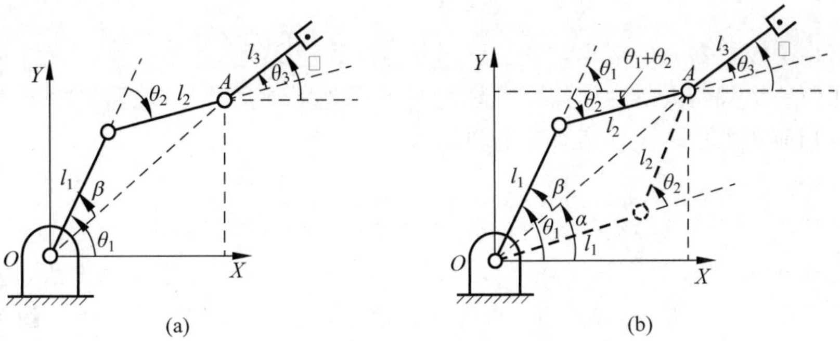

图 4.29 3 自由度的平面 3R 机器人简图

解：

定义各旋转关节角顺时针转动时为负，逆时针转动时为正。

(1) 设 A 点的坐标为(x_1,y_1)，如图 4.29(a)所示，则可得：

$$x_1 = x - l_3\cos\phi$$

$$y_1 = y - l_3\sin\phi$$

线段 OA 长度的平方为：

$$|OA|^2 = x_1^2 + y_1^2$$

在 l_1,l_2,OA 组成的三角形内，应用余弦定理可解出线段 OA 长度，因此可建立等式：

$$|OA|^2 = x_1^2 + y_1^2 = l_1^2 + l_2^2 - 2l_1l_2\cos(180+\theta_2)$$

则：

$$\cos\theta_2 = \frac{x_1^2 + y_1^2 - l_1^2 - l_2^2}{2l_1l_2}$$

$$\theta_2 = a\cos\left(\frac{x_1^2 + y_1^2 - l_1^2 - l_2^2}{2l_2l_1}\right)$$

x_1,y_1 需要满足三角形的边长条件：$\sqrt{x_1^2+y_1^2}\leqslant l_1+l_2$。

θ_2 可能存在两个解，第二个解如图 4.29(b)中虚线所示，$\theta_2'=-\theta_2$。

(2) 参见图 4.29(a)、4.29(b)，求 θ_1。

因为：

$$\alpha = \arctan2(y_1,x_1)$$

$$\cos\beta = \frac{x_1^2 + y_1^2 + l_1^2 - l_2^2}{2l_1\sqrt{x_1^2 + y_1^2}}$$

所以：

$$\theta_1 = \begin{cases} \alpha+\beta, & \theta_2 < 0 \\ \alpha-\beta, & \theta_2 \geqslant 0 \end{cases}$$

(3) 参见图 4.29(b),求 θ_3。

由对顶角相等可得:

$$\phi-\theta_3=\theta_1+\theta_2$$

所以:

$$\theta_3=\phi-\theta_1-\theta_2$$

由此求得了该机器人的运动学逆解。

采用几何法求机器人的逆解需要特别注意不同象限下的符号问题,其次要注意存在的多解问题。几何法求逆解比较适合平面机器人。

2. 代数法

采用代数法求机器人运动学逆解的方法比较多,比如 Pieper 方法[4,7]、Paul 方法[8]等。Paul 方法也被称为 Paul 反变换法,是比较常用的机器人运动学逆解计算方法。该方法要建立机器人的运动学矩阵方程,如式(4-6),等式右边矩阵已知,等式左边矩阵中的关节变量未知。首先用矩阵${}_0^1\boldsymbol{T}^{-1}$左乘式(4-6)矩阵方程,然后从等式两边矩阵元素中寻找并建立含有单关节变量的等式,解出该变量,再寻找并建立其他的单变量等式,如果没能解出所有的关节变量,则再在等式两侧左乘矩阵${}_1^2\boldsymbol{T}^{-1}$,然后再寻找并建立可求解的单变量等式……直到所有的变量都解出。

$$ {}_0^1\boldsymbol{T}(q_1)\cdot{}_1^2\boldsymbol{T}(q_2)\cdots{}_{n-1}^{\ n}\boldsymbol{T}(q_n)={}_0^n\boldsymbol{T} \tag{4-6}$$

$$\text{左乘}{}_0^1\boldsymbol{T}^{-1}:{}_1^2\boldsymbol{T}(q_2)\cdots{}_{n-1}^{\ n}\boldsymbol{T}(q_n)={}_0^1\boldsymbol{T}^{-1}(q_1){}_0^n\boldsymbol{T}$$

$$\text{左乘}{}_1^2\boldsymbol{T}^{-1}:{}_2^3\boldsymbol{T}(q_3)\cdots{}_{n-1}^{\ n}\boldsymbol{T}(q_n)={}_1^2\boldsymbol{T}^{-1}(q_2){}_0^1\boldsymbol{T}^{-1}(q_1){}_0^n\boldsymbol{T}$$

……

例 7:图 4.30 是一个 3 自由度机器人的简图及其 D-H 参数表,采用 Paul 反变换法求该机器人的运动学逆解。

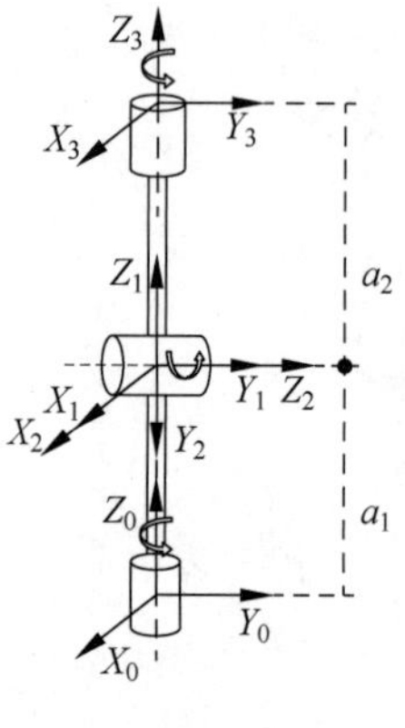

D-H参数表				
i	$a_{(i-1)}$/m	$\alpha_{(i-1)}$/(°)	d_i/m	θ_i/(°)
1	0	0	a_1	$\theta_1(0)$
2	0	−90	0	$\theta_2(0)$
3	0	90	a_2	$\theta_3(0)$

图 4.30　3 自由度机器人简图及其 D-H 参数表

解:

很显然,该机器人在结构上满足 Pieper 准则(1),所以它存在解析解。在本章例 3 中,已建立了该机器人的运动学模型。

由该机器人的 D-H 参数可得各连杆的齐次位姿矩阵为:

$$
{}_0^1\boldsymbol{T}=\begin{bmatrix}\cos\theta_1 & -\sin\theta_1 & 0 & 0\\ \sin\theta_1 & \cos\theta_1 & 0 & 0\\ 0 & 0 & 1 & a_1\\ 0 & 0 & 0 & 1\end{bmatrix}
$$

$$
{}_1^2\boldsymbol{T}=\begin{bmatrix}\cos\theta_2 & -\sin\theta_2 & 0 & 0\\ 0 & 0 & 1 & 0\\ -\sin\theta_2 & -\cos\theta_2 & 0 & 0\\ 0 & 0 & 0 & 1\end{bmatrix}
$$

$$
{}_2^3\boldsymbol{T}=\begin{bmatrix}\cos\theta_3 & -\sin\theta_3 & 0 & 0\\ 0 & 0 & -1 & -a_2\\ \sin\theta_3 & \cos\theta_3 & 0 & 0\\ 0 & 0 & 0 & 1\end{bmatrix}
$$

假设机器人末端坐标系相对于基坐标系的位姿矩阵为：

$$
{}_0^3\boldsymbol{T}=\begin{bmatrix}n_x & o_x & a_x & P_x\\ n_y & o_y & a_y & P_y\\ n_z & o_z & a_z & P_z\\ 0 & 0 & 0 & 1\end{bmatrix}
$$

则：

$$
{}_0^1\boldsymbol{T}{}_1^2\boldsymbol{T}{}_2^3\boldsymbol{T}={}_0^3\boldsymbol{T}
$$

即：

$$
\begin{bmatrix}\cos\theta_1\cos\theta_2\cos\theta_3-\sin\theta_1\sin\theta_3 & -\cos\theta_1\cos\theta_2\sin\theta_3-\sin\theta_1\cos\theta_3 & \cos\theta_1\sin\theta_2 & a_2\cos\theta_1\sin\theta_2\\ \sin\theta_1\cos\theta_2\cos\theta_3+\cos\theta_1\sin\theta_3 & -\sin\theta_1\cos\theta_2\sin\theta_3+\cos\theta_1\cos\theta_3 & \sin\theta_1\sin\theta_2 & a_2\sin\theta_1\sin\theta_2\\ -\sin\theta_2\cos\theta_3 & \sin\theta_2\sin\theta_3 & \cos\theta_2 & a_1+a_2\cos\theta_2\\ 0 & 0 & 0 & 1\end{bmatrix}
$$

$$
=\begin{bmatrix}n_x & o_x & a_x & P_x\\ n_y & o_y & a_y & P_y\\ n_z & o_z & a_z & P_z\\ 0 & 0 & 0 & 1\end{bmatrix} \tag{4-7}
$$

采用 Paul 反变换法，式(4-7)两侧左乘${}_0^1\boldsymbol{T}^{-1}$，得：

$$
{}_1^2\boldsymbol{T}{}_2^3\boldsymbol{T}={}_0^1\boldsymbol{T}^{-1}\cdot{}_0^3\boldsymbol{T}
$$

即：

$$
\begin{bmatrix}\cos\theta_2\cos\theta_3 & -\cos\theta_2\sin\theta_3 & \sin\theta_2 & a_2\sin\theta_2\\ \sin\theta_3 & \cos\theta_3 & 0 & 0\\ -\cos\theta_3\sin\theta_2 & \sin\theta_2\sin\theta_3 & \cos\theta_2 & a_2\cos\theta_2\\ 0 & 0 & 0 & 1\end{bmatrix}
$$

$$
=\begin{bmatrix}n_x\cos\theta_1+n_y\sin\theta_1 & o_x\cos\theta_1+o_y\sin\theta_1 & a_x\cos\theta_1+a_y\sin\theta_1 & P_x\cos\theta_1+P_y\sin\theta_1\\ -n_x\sin\theta_1+n_y\cos\theta_1 & -o_x\sin\theta_1+o_y\cos\theta_1 & -a_x\sin\theta_1+a_y\cos\theta_1 & -P_x\sin\theta_1+P_y\cos\theta_1\\ n_z & o_z & a_z & -a_1+P_z\\ 0 & 0 & 0 & 1\end{bmatrix} \tag{4-8}
$$

由式(4-8)等号两侧矩阵(2,3)元素相等，得：

$$-a_x\sin\theta_1+a_y\cos\theta_1=0$$

(1) 若 $a_x=a_y=0$，则由式(4-8)中两矩阵(1,3)和(3,4)元素相等，得：

$$\sin\theta_2=a_x\cos\theta_1+a_y\sin\theta_1=0$$

$$P_z-a_1=a_2\cos\theta_2$$

所以，$\theta_2=\begin{cases}0, & P_z=a_1+a_2\\ \pi, & P_z=a_1-a_2\end{cases}$。

当 $\theta_2=0$ 时，根据式(4-7)中的(1,1)和(1,2)元素相等，可得：

$$n_x=\cos\theta_1\cos\theta_3-\sin\theta_1\sin\theta_3=\cos(\theta_1+\theta_3)$$

$$o_x=-\cos\theta_1\sin\theta_3-\sin\theta_1\cos\theta_3=-\sin(\theta_1+\theta_3)$$

所以得：

$$\theta_1+\theta_3=\arctan2(-o_x,n_x)$$

即有：

$$\theta_1=C_1,\quad \theta_3=\arctan2(-o_x,n_x)-C_1$$

其中，C_1 为任意角度。

当 $\theta_2=\pi$ 时，根据式(4-7)中的(1,1)和(1,2)元素相等，可得：

$$n_x=-\cos\theta_1\cos\theta_3-\sin\theta_1\sin\theta_3=-\cos(\theta_3-\theta_1)$$

$$o_x=\cos\theta_1\sin\theta_3-\sin\theta_1\cos\theta_3=\sin(\theta_3-\theta_1)$$

所以得：

$$\theta_3-\theta_1=\arctan2(o_x,-n_x)$$

即有：

$$\theta_1=C_2,\quad \theta_3=\arctan2(o_x,-n_x)+C_2$$

其中，C_2 为任意角度。

在 $a_x=a_y=0$ 这种情况下，θ_1 和 θ_3 有无穷多组解，只需满足上述条件即可。

(2) 若 $a_x\neq0$ 或者 $a_y\neq0$，则有：

$$\theta_1=\arctan2(a_y,a_x)\quad \text{或者}\quad \theta_1=\arctan2(-a_y,-a_x)$$

由式(4-8)中等号两侧矩阵(3,3)元素相等，得：

$$\cos\theta_2=a_z$$

由式(4-7)中等号两侧矩阵(1,3)和(2,3)元素相等，可得：

$$\cos\theta_1\sin\theta_2=a_x$$

$$\sin\theta_1\sin\theta_2=a_y$$

若 $\theta_1=\arctan2(a_y,a_x)$，则 $\sin\theta_2>0$，即 $\sin\theta_2=\sqrt{1-a_z^2}$，则：

$$\theta_2=\arctan2(\sqrt{1-a_z^2},a_z)$$

若 $\theta_1=\arctan2(-a_y,-a_x)$，则 $\sin\theta_2<0$，$\sin\theta_2=-\sqrt{1-a_z^2}$，则：

$$\theta_2=\arctan2(-\sqrt{1-a_z^2},a_z)$$

根据所得 θ_2 及式(4-8)中等号两侧矩阵(3,1)和(3,2)元素相等，得：

$$-\cos\theta_3\sin\theta_2 = n_z$$
$$\sin\theta_3\sin\theta_2 = o_z$$

所以得：

$$\theta_3 = \arctan2(o_z\csc\theta_2, -n_z\csc\theta_2)$$

所以，该机器人的逆解为：

当 $a_x=a_y=0, P_z=a_1+a_2$ 时，$\theta_1=C_1, \theta_2=0, \theta_3=\arctan2(-o_x, n_x)-C_1$，其中 C_1 为任意角度。

当 $a_x=a_y=0, P_z=a_1-a_2$ 时，$\theta_1=C_2, \theta_2=\pi, \theta_3=\arctan2(o_x, -n_x)+C_2$，其中 C_2 为任意角度。

当 $a_x\neq 0$ 或者 $a_y\neq 0$ 时，则有两组解：

$$\begin{cases}\theta_1 = \arctan2(-a_y, -a_x), \theta_2 = \arctan2(-\sqrt{1-a_z^2}, a_z), \theta_3 = \arctan2(o_z\csc\theta_2, -n_z\csc\theta_2) \\ \theta_1 = \arctan2(a_y, a_x), \theta_2 = \arctan2(\sqrt{1-a_z^2}, a_z), \theta_3 = \arctan2(o_z\csc\theta_2, -n_z\csc\theta_2)\end{cases}$$

为了验证上述机器人运动学逆解的正确性，笔者编写了 MATLAB 程序，见本章附录，它包括运动学正解函数、逆解函数和验证程序三部分。

下面分三种情况来验证逆解的正确性。

(1) 设三个关节角度为：

$$\theta_1 = 30°, \quad \theta_2 = 0°, \quad \theta_3 = -20°$$

用正解函数求得机器人的位姿矩阵为：

$$ {}_0^3\boldsymbol{T} = \begin{bmatrix} 0.9848 & -0.1736 & 0 & 0 \\ 0.1736 & 0.9848 & 0 & 0 \\ 0 & 0 & 1.0000 & 32.0000 \\ 0 & 0 & 0 & 1.0000 \end{bmatrix} \tag{4-9}$$

对于上述位姿矩阵，因为 $a_x=a_y=0$ 且 $P_z=a_1+a_2$，此时 θ_1 和 θ_3 有无穷多组解。令 $\theta_1=45°$得一组逆解为(45,0,−35)，令 $\theta_1=0°$得第二组逆解(0,0,10)。将它们代入正解函数得机器人的两个位姿矩阵为：

$$ {}_0^3\boldsymbol{T}_1 = \begin{bmatrix} 0.9848 & -0.1736 & 0 & 0 \\ 0.1736 & 0.9848 & 0 & 0 \\ 0 & 0 & 1.0000 & 32.0000 \\ 0 & 0 & 0 & 1.0000 \end{bmatrix}$$

$$ {}_0^3\boldsymbol{T}_2 = \begin{bmatrix} 0.9848 & -0.1736 & 0 & 0 \\ 0.1736 & 0.9848 & 0 & 0 \\ 0 & 0 & 1.0000 & 32.0000 \\ 0 & 0 & 0 & 1.0000 \end{bmatrix}$$

经对比可知，采用逆解求得的两个位姿矩阵与预期的位姿矩阵[见式(4-9)]完全一致，因此可证明所求逆解的正确性。

(2) 设三个关节角度为：

$$\theta_1 = 30°, \quad \theta_2 = 180°, \quad \theta_3 = -20°$$

用正解函数求得机器人的位姿矩阵为：

$$
{}_0^3\boldsymbol{T}=\begin{bmatrix}-0.6428 & -0.7660 & 0 & 0\\ -0.7660 & 0.6428 & 0 & 0\\ 0 & 0 & 1.0000 & -8.0000\\ 0 & 0 & 0 & 1.0000\end{bmatrix} \tag{4-10}
$$

对于上述位姿矩阵，因为 $a_x=a_y=0$ 且 $P_z=a_1-a_2$，此时 θ_1 和 θ_3 有无穷多组解。令 $\theta_1=45°$时，得一组解为(45,180,−5)，令 $\theta_1=0°$，得第二组逆解(0,180,−50)。将它们代入正解函数得机器人的两个位姿矩阵为：

$$
{}_0^3\boldsymbol{T}_1=\begin{bmatrix}-0.6428 & -0.7660 & 0 & 0\\ -0.7660 & 0.6428 & 0 & 0\\ 0 & 0 & 1.0000 & -8.0000\\ 0 & 0 & 0 & 1.0000\end{bmatrix}
$$

$$
{}_0^3\boldsymbol{T}_2=\begin{bmatrix}-0.6428 & -0.7660 & 0 & 0\\ -0.7660 & 0.6428 & 0 & 0\\ 0 & 0 & 1.0000 & -8.0000\\ 0 & 0 & 0 & 1.0000\end{bmatrix}
$$

经对比可知，采用逆解求得的两个位姿矩阵与预期的位姿矩阵[见式(4-10)]完全一致，因此可证明所求逆解的正确性。

(3) 设三个关节角度为：

$$
\theta_1=30°,\quad \theta_2=-45°,\quad \theta_3=-20°
$$

用正解函数求得机器人的位姿矩阵为：

$$
{}_0^3\boldsymbol{T}=\begin{bmatrix}0.7465 & -0.2604 & -0.6124 & -12.2474\\ 0.0360 & 0.9374 & -0.3536 & -7.0711\\ 0.6645 & 0.2418 & 0.7071 & 26.1421\\ 0 & 0 & 0 & 1.0000\end{bmatrix} \tag{4-11}
$$

对上述位姿矩阵，用反解函数求得两组逆解(210,45,160)和(30,−45,−20)，将它们分别代入正解函数，得两个机器人的位姿矩阵为：

$$
{}_0^3\boldsymbol{T}^1=\begin{bmatrix}0.7465 & -0.2604 & -0.6124 & -12.2474\\ 0.0360 & 0.9374 & -0.3536 & -7.0711\\ 0.6645 & 0.2418 & 0.7071 & 26.1421\\ 0 & 0 & 0 & 1.0000\end{bmatrix}
$$

$$
{}_0^3\boldsymbol{T}^2=\begin{bmatrix}0.7465 & -0.2604 & -0.6124 & -12.2474\\ 0.0360 & 0.9374 & -0.3536 & -7.0711\\ 0.6645 & 0.2418 & 0.7071 & 26.1421\\ 0 & 0 & 0 & 1.0000\end{bmatrix}
$$

经对比可知，采用逆解求得的两个位姿矩阵与预期的位姿矩阵[见式(4-11)]完全一致，因此可证明所求逆解的正确性。

上述采用 Paul 反变换法求逆解的例子表明机器人的运动学解析逆解是多解的，其求解过程是比较复杂的。

4.3.3 机器人运动学逆解的特性分析

机器人运动学逆解的特性分析主要是判断机器人运动学逆解是否存在，如果存在，如何确定逆解的数量以及最优逆解。

1. 机器人运动学逆解的存在性

图 4.31 是一个具有两个旋转关节的平面 2R 机器人简图。

对于该机器人，采用几何法可建立其运动学模型如下：

$$\begin{cases} x = l_1\cos\theta_1 + l_2\cos(\theta_1+\theta_2) \\ y = l_1\sin\theta_1 + l_2\sin(\theta_1+\theta_2) \end{cases}$$

若已知机器人末端的坐标(x,y)，根据(x,y)求解的θ_1与θ_2为机器人的反解。下面先看三个机器人工作空间的定义。

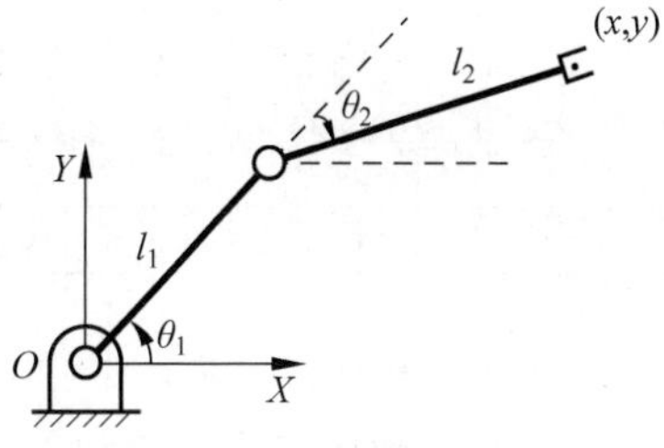

图 4.31 平面 2R 机器人简图

机器人工作空间是指机器人末端抓手能够到达的空间点的集合，是在笛卡儿坐标系下描述的。机器人的工作空间包括两类：可达工作空间和灵活工作空间。可达工作空间是指机器人末端抓手至少能以一种姿态达到的点的集合。灵活工作空间是指机器人末端抓手能够以任意位姿到达的点的集合。很显然，灵活工作空间是可达工作空间的子集。

假设图 4.31 所示 2R 机器人每个关节的运动范围都是 360°，机器人的工作空间如图 4.32 所示。如果$l_1=l_2$，则机器人的可达工作空间是半径为l_1+l_2的圆，灵活工作空间是圆心点；如果$l_1\neq l_2$，则可达工作空间是内外半径分别是$|l_1-l_2|$和l_1+l_2的圆环，灵活工作空间是空集。2R 机器人在可达空间边界上的任意点只有一个对应位姿，而在可达空间内部任意点则有两个对应位姿。

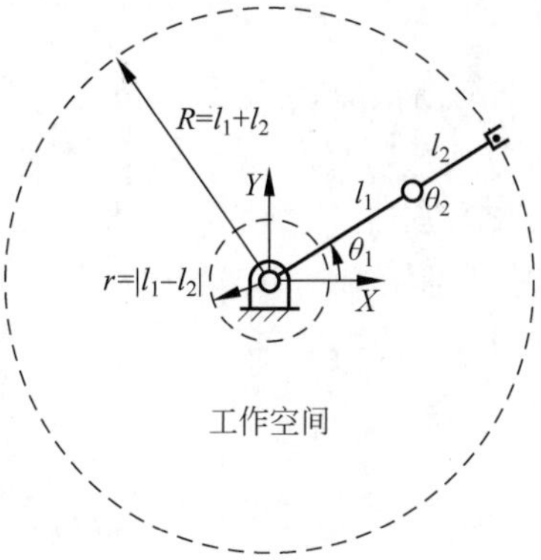

图 4.32 2R 机器人工作空间

机器人的工作空间与运动学逆解的关系是：如果机器人末端位姿在其可达工作空间中，其运动学逆解是存在的，如果不在其可达空间中，则其逆解不存在。因此，对于图 4.31 所示的 2R 机器人，如果它的末端位姿在其可达工作空间内，则它至少有一个逆解存在。

上述 2R 机器人的灵活工作空间或者为空集或者为一个点，很显然它在平面内的运动灵活性不是很强。如果想要该平面机器人具有更大的灵活工作空间，则可增加 1 个自由度变为平面 3R 机器人，该机器人的可达工作空间等于灵活工作空间。

2. 机器人运动学逆解的数量与最优解

如上面的介绍，2R 机器人在工作空间中(边界除外)的任意位姿都有两组解。那么机器人运动学逆解的数量与什么因素相关呢？

Roth[9]和 Tsai[10]等人经研究发现，机器人运动学逆解的数目与其关节数目、连杆参数、关节变量范围三个因素相关。一般来讲，非零的连杆参数越多则到达某一位姿的方式也越多，即运动学反解数量也越多。如表 4.7 所示是某 6 自由度机器人(全旋转关节)的运动学逆解数目与非零连杆长度的关系。从表中可看出，当有三个连杆长度为零时，逆解数目最多为 4，随着非零连杆长度数目的增多，逆解数目逐渐增多，当连杆长度都不为零时，逆解的数目竟可达到 16 个。

表 4.7 某 6 自由度机器人逆解数目与非零连杆长度的关系

a_i	逆解数目
$a_1=a_3=a_5=0$	$n\leqslant 4$
$a_3=a_5=0$	$n\leqslant 8$
$a_3=0$	$n\leqslant 16$
都不为 0	$n\leqslant 16$

对应的问题来了：逆解的数目越多越好吗？

从运动学逆解的复杂度和计算的实时性来讲，逆解的数目并不是越多越好。因为，这些解当中有伪解。所谓的伪解只是在数学意义上成立的，但受机器人关节转动范围等因素的限制，机器人无法实现相应的运动。伪解的判定很麻烦。即使所有的解都是可行解，也还需要从中选择一个最优解。例如，θ 和 $n\times 360^\circ+\theta$ 都是某个关节的解，肯定需要的逆解是 θ，这样才能保证机器人的运动效率，而且可以避免机器人在运动过程中发生不必要的碰撞。

当然，如果机器人工作在多障碍的复杂环境中，则需要机器人具有的逆解越多越好，这样能方便地找到满足机器人无碰撞的逆解。

从上面的介绍可以看出，在求机器人运动学逆解的过程中，求得逆解只是第一步，还有更重要的工作是找到最优解。

一般来讲，确定机器人的最优逆解需要采用选优准则，如距离最短、力矩最小等，可结合具体的应用情况选择和确定。确定机器人最优逆解的通用准则是"最短行程"原则，即使每个关节的移动量都为最小的解，这样可以保证机器人的快速响应。由于典型工业机器人的前三个关节大而后三个关节小，因此在采用最短行程原则时又可根据"多移动小关节，少移动大关节"的原则设定每个关节的"加权系数"，在寻优时找到最合适的逆解。

4.3.4 逆运动学的雅可比方法

几何法与代数法都属于位置级的逆运动学解法，即最终所求得的是机器人关节位置变量的解析表达式，这些方法针对不同机器人的具体解算过程是不一样的，而且机器人必须满足一个必要条件，即机器人的逆解存在解析解。前面已经介绍过，并不是所有机器人的逆解都存在解析解，因此，需要其他的方法求解该类机器人的逆解。下面介绍另外一种机器人的逆运动学解法：速度级的雅可比方法(Jacobian 方法)。

1. 雅可比矩阵的定义及特点

速度级的雅可比方法对于不同机器人的逆解解算过程是一样的，而且不需要机器人的逆解存在解析解，是一种通用的逆运动学求解方法。与位置级的逆运动学求解方法相比，该方法的缺点是计算量大(求雅可比矩阵)、速度慢，优点是通用性强。

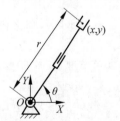

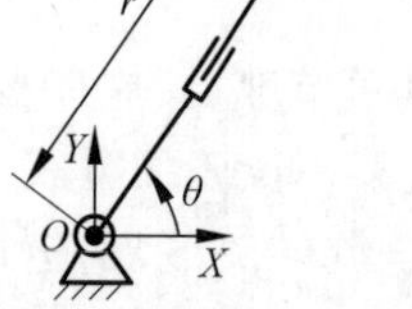

图 4.33 RP 机器人简图

图 4.33 所示是一个两自由度的 RP 机器人的简图，

对于该 RP 机器人，可以采用几何法建立其运动学模型，即：

$$\begin{cases} x = r\cos\theta \\ y = r\sin\theta \end{cases} \quad r,\theta \neq C$$

对于上列方程两边分别相对于时间 t 求导，可得：

$$\begin{cases} \dot{x} = \dot{r}\cos\theta - r\dot{\theta}\sin\theta \\ \dot{y} = \dot{r}\sin\theta + r\dot{\theta}\cos\theta \end{cases} \quad r,\theta \neq C$$

将上式整理成矩阵形式为：

$$\begin{bmatrix} \dot{x} \\ \dot{y} \end{bmatrix} = \begin{bmatrix} -r\sin\theta & \cos\theta \\ r\cos\theta & \sin\theta \end{bmatrix} \begin{bmatrix} \dot{\theta} \\ \dot{r} \end{bmatrix}$$

上式中，等号左边是机器人的末端运动速度，等号右边是机器人的关节速度与一个矩阵的乘积，该矩阵就是机器人的雅可比矩阵(虚线框中)。上式可简写为：

$$\dot{p} = J\dot{q}$$

雅可比矩阵的数学意义是，表示从机器人关节速度到机器人操作速度的广义传动比或映射关系。需要注意的是，该广义传动比非定值。

对于任意机器人的雅可比矩阵可写成如下通式：

$$\boldsymbol{J}_{m\times n} = \begin{bmatrix} J_{L1} & J_{L2} & \cdots & J_{Ln} \\ J_{A1} & J_{A2} & \cdots & J_{An} \end{bmatrix}$$

这里，m 等于机器人工作空间的维数，n 等于机器人关节空间的维数，J_{Li} 表示线速度的传动比，J_{Ai} 表示角速度的传动比。

根据 m 和 n 的数值关系，可将机器人分成以下三种类型。

① $n>m$：冗余度机器人，如 7 自由度机器人；

② $n=m$：常规机器人，如 6 自由度机器人；

③ $n<m$：欠驱动机器人，如特殊结构的空间 5 自由度机器人。

对于常规机器人，雅可比矩阵 J 是方阵，如果 J 满秩，可以直接利用公式 $\dot{q}=J^{-1}\dot{p}$ 进行逆解计算。但不是对于所有的关节角值，J 的逆都存在，在某些位形时，如果 $|J|=0$，则机器人处于奇异位形或奇异状态，J 的逆不存在，不能直接进行逆解计算，需要采用特殊的解法。

对于冗余度机器人和欠驱动机器人，由于雅可比矩阵非方阵，因此需要采用特殊的矩阵求逆方法(如广义逆法)求得雅可比矩阵的逆，由公式 $\dot{q}=J^{+}\dot{p}$ 求得机器人逆解的特解。

机器人的雅可比矩阵有下列特点：

① 平面操作臂的雅可比矩阵最多有 3 行；

② 空间操作臂的雅可比矩阵最多有 6 行；

③ 具有 n 个关节的空间机器人的雅可比矩阵是 $6\times n$ 阶；

④ 雅可比矩阵的前 3 行代表线速度 v 的传递，后 3 行代表角速度 ω 的传递；

⑤ 雅可比矩阵的每一列代表对应的关节速度对机器人末端线速度和角速度的影响。

将雅可比矩阵写成分块的形式，则机器人末端的线速度和角速度可以表示成各个关节速度的线性函数。

$$\begin{bmatrix} v \\ \omega \end{bmatrix} = \begin{bmatrix} J_{L1} & J_{L2} & \cdots & J_{Ln} \\ J_{A1} & J_{A2} & \cdots & J_{An} \end{bmatrix} \begin{bmatrix} \dot{q}_1 \\ \dot{q}_2 \\ \vdots \\ \dot{q}_n \end{bmatrix}$$

$$v = J_{L1}\,\dot{q}_1 + J_{L1}\,\dot{q}_2 + \cdots + J_{Ln}\,\dot{q}_n$$

$$\omega = J_{A1}\,\dot{q}_1 + J_{A2}\,\dot{q}_2 + \cdots + J_{An}\,\dot{q}_n$$

从上式可以看出，机器人末端的线速度和角速度分别是各关节速度的加权求和，即机器人末端的运动速度是各关节运动速度加权后的组合，而且这种组合是非线性的、时变的。

机器人末端的线速度和角速度也可以写成微分移动和微分转动的形式，即：

$$d = J_{L1}\,\dot{q}_1 + J_{L2}\,\dot{q}_2 + \cdots + J_{Ln}\,\dot{q}_n$$

$$\xi = J_{A1}\,\dot{q}_1 + J_{A2}\,\dot{q}_2 + \cdots + J_{An}\,\dot{q}_n$$

机器人的雅可比矩阵有不同的计算方法，如矢量积方法、微分变换方法等，下面对这两种方法分别做介绍。

2. 雅可比矩阵的矢量积求法

1972 年 Whitney[11] 基于运动坐标系的概念提出了雅可比矩阵的矢量积求法。下面介绍这种方法。

假设机器人末端的线速度和角速度分别用 v 和 ω 表示。按关节是移动关节和转动关节两种情况来介绍雅可比矩阵对应列的求法。

(1) 如图 4.34 所示，如果关节 i 是移动关节，则它只使机器人末端产生与坐标系$\{i\}$的 Z 轴相同方向的移动，产生的机器人末端的线速度为：

$$\begin{bmatrix} v \\ \omega \end{bmatrix} = \begin{bmatrix} \boldsymbol{Z}_i \\ 0 \end{bmatrix} \dot{q}_i$$

这里，$\boldsymbol{Z}_i$ 是机器人基坐标系下描述的方向向量(单位向量)，$\boldsymbol{Z}_i$ 可由${}^{i}_{0}\boldsymbol{T}$ 得到。

则雅可比矩阵的第 i 列为：

$$\boldsymbol{J}_i = \begin{bmatrix} \boldsymbol{Z}_i \\ 0 \end{bmatrix} \tag{4-12}$$

(2) 如图 4.35 所示，如果关节 i 是转动关节，则该关节转动时，使机器人末端既产生移动也产生转动，使机器人末端产生的角速度为：

$$\omega = \boldsymbol{Z}_i\,\dot{q}_i$$

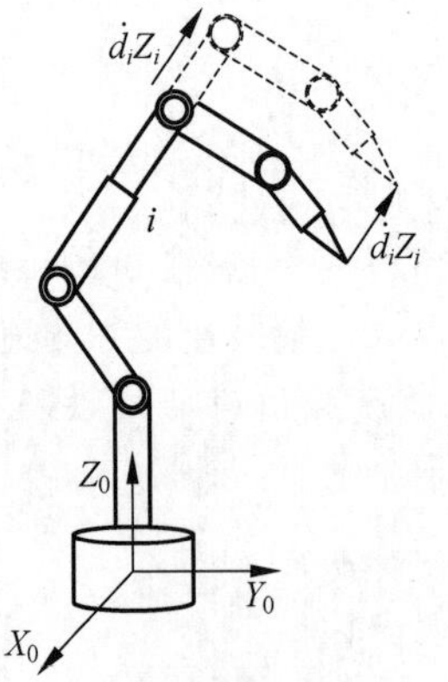

图 4.34 移动关节与机器人末端运动关系

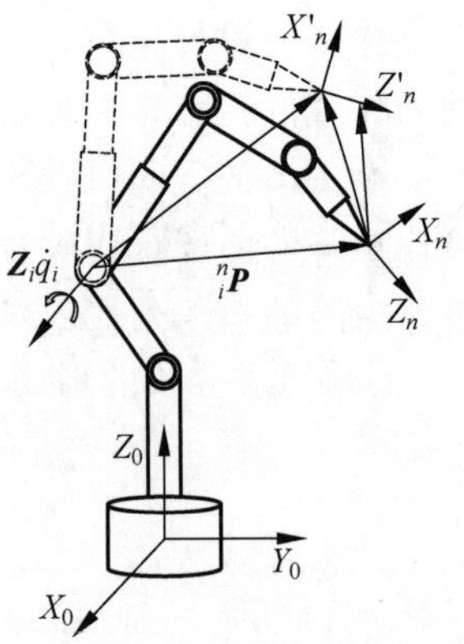

图 4.35 转动关节与机器人末端运动关系

使机器人末端产生的线速度为：

$$v=(\boldsymbol{Z}_i \times {}_i^n\boldsymbol{P}_0)\,\dot{q}_i$$

${}_i^n\boldsymbol{P}_0$ 表示从坐标系$\{i\}$原点到机器人末端坐标系$\{n\}$原点的矢量在基坐标系$\{0\}$中的表达：

$${}_i^n\boldsymbol{P}_0={}_0^i\boldsymbol{R}\cdot{}_i^n\boldsymbol{P}$$

所以，雅可比矩阵的第 i 列为：

$$\boldsymbol{J}_i=\begin{bmatrix}\boldsymbol{Z}_i \times {}_i^n\boldsymbol{P}_0\\ \boldsymbol{Z}_i\end{bmatrix}=\begin{bmatrix}\boldsymbol{Z}_i \times ({}_0^i\boldsymbol{R}\,{}_i^n\boldsymbol{P})\\ \boldsymbol{Z}_i\end{bmatrix} \tag{4-13}$$

需要注意的是，矢量积方法求得的雅可比矩阵是在机器人的基坐标系下描述的，机器人末端的线速度和角速度也都是在基坐标系下描述的。

3. 雅可比矩阵的微分变换求法

为应用微分变换法求雅克比矩阵，应首先学习微分运动的等价坐标变换，然后再以此为基础，推导雅可比矩阵的微分变换求解方法。

1）微分运动的等价坐标变换

（1）微移动和微转动的变换矩阵

假设机器人的微运动为 $D=[d\quad \delta]^{\mathrm{T}}$，$d=[d_x\quad d_y\quad d_z]^{\mathrm{T}}$ 是机器人沿着 X、Y、Z 三个坐标轴的微移动，$\delta=[\delta_x\quad \delta_y\quad \delta_z]^{\mathrm{T}}$ 是机器人绕 X、Y、Z 三个坐标轴的微转动。

由第 3 章学过的纯平移的齐次变换矩阵通式，可得机器人微移动的齐次变换通式为：

$$\mathbf{Trans}(d_x,d_y,d_z)=\begin{bmatrix}1&0&0&d_x\\0&1&0&d_y\\0&0&1&d_z\\0&0&0&1\end{bmatrix} \tag{4-14}$$

当角度 δ 无限趋近于零时，正余弦函数具有下列特点：

$$\sin\delta\approx\delta$$
$$\cos\delta\approx 1$$

由第 3 章介绍过的绕 X 轴旋转 θ 角的变换矩阵通式，可得绕 X 轴旋转 δ_x 角的变换矩阵为：

$$\boldsymbol{R}(X,\delta_x)\approx\begin{bmatrix}1&0&0\\0&1&-\delta_x\\0&\delta_x&1\end{bmatrix}$$

称之为绕 X 轴旋转的微分转动矩阵。

同理，绕 Y 轴旋转 δ_y 角和绕 Z 轴旋转 δ_z 角的微分转动矩阵分别为：

$$\boldsymbol{R}(Y,\delta_y)=\begin{bmatrix}1&0&\delta_y\\0&1&0\\-\delta_y&0&1\end{bmatrix}$$

$$\boldsymbol{R}(Z,\delta_z)=\begin{bmatrix}1&-\delta_z&0\\\delta_z&1&0\\0&0&1\end{bmatrix}$$

(2) 绕过原点轴线的复合微分转动与绕过原点矢量微转动的等效变换

在第 3 章介绍过一个定理：任何一组绕过原点轴线的复合转动总等效于绕过原点的某一矢量的转动，如图 4.36 所示。对于微分运动，该定理应该依然成立，即：

$$\boldsymbol{R}(K,\delta\theta)=\boldsymbol{R}(X,\delta_x)\boldsymbol{R}(Y,\delta_y)\boldsymbol{R}(Z,\delta_z)$$

由绕单坐标轴的微分转动矩阵可得：

$$\boldsymbol{R}(X,\delta_x)\boldsymbol{R}(Y,\delta_y)\boldsymbol{R}(Z,\delta_z)$$

$$=\begin{bmatrix}1&0&0\\0&1&-\delta_x\\0&\delta_x&1\end{bmatrix}\begin{bmatrix}1&0&\delta_y\\0&1&0\\-\delta_y&0&1\end{bmatrix}\begin{bmatrix}1&-\delta_z&0\\\delta_z&1&0\\0&0&1\end{bmatrix}$$

$$=\begin{bmatrix}1&-\delta_z&\delta_y\\\delta_z&1&-\delta_x\\-\delta_y&\delta_x&1\end{bmatrix}\tag{4-15}$$

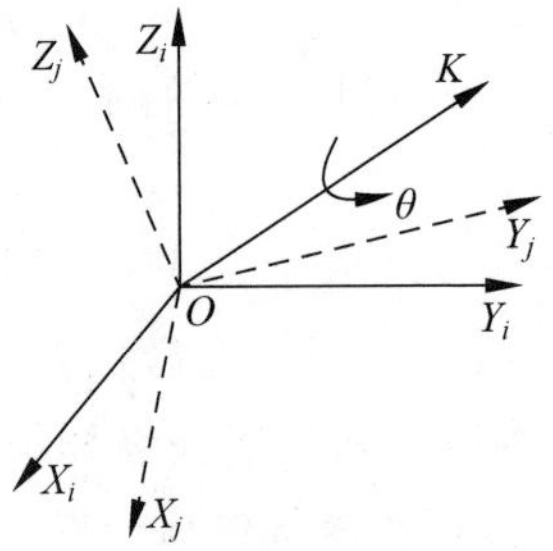

图 4.36 坐标系绕过原点矢量转动示意图

因为 $\delta_x,\delta_y,\delta_z$ 无限趋近于零，因此上述计算结果省略掉了它们的二、三阶项。从上式可以看出改变各个微分转动矩阵的相乘顺序并不会影响最终的计算结果，因此微分转动矩阵相乘满足乘法交换律，即 $\boldsymbol{R}(X,\delta_x)\boldsymbol{R}(Y,\delta_y)=\boldsymbol{R}(Y,\delta_y)\boldsymbol{R}(X,\delta_x)$。

由式(4-15)可得，绕坐标系三个坐标轴的微转动的齐次变换通式为：

$$\mathbf{Rot}(\delta_x,\delta_y,\delta_z)=\begin{bmatrix}1&-\delta_z&\delta_y&0\\\delta_z&1&-\delta_x&0\\-\delta_y&\delta_x&1&0\\0&0&0&1\end{bmatrix}\tag{4-16}$$

绕过原点的矢量 $\boldsymbol{K}=k_xi+k_yj+k_zk$ 旋转 θ 角的转换矩阵通式为：

$$\boldsymbol{R}(K,\theta)=\begin{bmatrix}k_xk_x vers\theta+c\theta & k_yk_x vers\theta-k_zs\theta & k_zk_x vers\theta+k_ys\theta\\ k_xk_y vers\theta+k_zs\theta & k_yk_y vers\theta+c\theta & k_zk_y vers\theta-k_xs\theta\\ k_xk_z vers\theta-k_ys\theta & k_yk_z vers\theta+k_xs\theta & k_zk_z vers\theta+c\theta\end{bmatrix}$$

当 $\delta\theta\Rightarrow 0$ 时，$\sin\delta\theta\cong\delta\theta$，$\cos\delta\theta\cong 1$，所以绕矢量 $\boldsymbol{K}$ 旋转 $\delta\theta$ 角的转换矩阵通式为：

$$\boldsymbol{R}(K,\delta\theta)=\begin{bmatrix}1&-k_z\delta\theta&k_y\delta\theta\\k_z\delta\theta&1&-k_x\delta\theta\\-k_y\delta\theta&k_x\delta\theta&1\end{bmatrix}$$

如果绕 X、Y、Z 轴的组合转动等价于绕过原点的矢量 $\boldsymbol{K}$ 旋转 $\delta\theta$ 角，则下列等式成立：

$$\boldsymbol{R}(K,\delta\theta)=\begin{bmatrix}1&-k_z\delta\theta&k_y\delta\theta\\k_z\delta\theta&1&-k_x\delta\theta\\-k_y\delta\theta&k_x\delta\theta&1\end{bmatrix}=\begin{bmatrix}1&-\delta_z&\delta_y\\\delta_z&1&-\delta_x\\-\delta_y&\delta_x&1\end{bmatrix}$$

$$=\boldsymbol{R}(X,\delta_x)\boldsymbol{R}(Y,\delta_y)\boldsymbol{R}(Z,\delta_z)$$

由上式可求得等价转轴 K、等价微分转角 $\delta\theta$ 与 δ_x、δ_y、δ_z 的关系为：

$$\delta_x=k_x\delta\theta,\quad \delta_y=k_y\delta\theta,\quad \delta_z=k_z\delta\theta,\quad \delta\theta=\sqrt{\delta_x^2+\delta_y^2+\delta_z^2}$$

由上述公式即可实现绕坐标轴的复合微分转动与绕过原点矢量的微转动之间的等效

变换。

(3) 齐次矩阵 $\boldsymbol{T}$ 的微分和导数

齐次矩阵 $\boldsymbol{T}$ 可以表示与之固连的刚体的位姿，那么 $\boldsymbol{T}$ 的微分和导数就可以表示与之固连的刚体的广义速度或位姿的微分变化，可表示为：

$$\dot{\boldsymbol{T}} = \lim_{\Delta t \to 0} \frac{\boldsymbol{T}(t+\Delta t) - \boldsymbol{T}(t)}{\Delta t} = \lim_{\Delta t \to 0} \frac{\mathrm{d}\boldsymbol{T}(t)}{\Delta t}$$

假设 $\boldsymbol{T}(t+\Delta t)$ 是 $\boldsymbol{T}(t)$ 经过 Δt 时间微运动 $\boldsymbol{D}=[d_x \quad d_y \quad d_z \quad \delta_x \quad \delta_y \quad \delta_z]^{\mathrm{T}}$ 后的结果，微运动包括沿着三个坐标轴的微移动 $d=[d_x, d_y, d_z]^{\mathrm{T}}$ 和绕三个坐标轴的微转动 $\delta=[\delta_x, \delta_y, \delta_z]^{\mathrm{T}}$，假设上述微运动发生在基坐标系{0}中，则

$$\boldsymbol{T}(t+\Delta t) = \mathbf{Trans}(d_x, d_y, d_z)\mathbf{Rot}(\delta_x, \delta_y, \delta_z) \cdot \boldsymbol{T}(t)$$

$$\mathrm{d}\boldsymbol{T}(t) = \boldsymbol{T}(t+\Delta t) - \boldsymbol{T}(t) = [\mathbf{Trans}(d_x, d_y, d_z)\mathbf{Rot}(\delta_x, \delta_y, \delta_z) - \boldsymbol{I}] \cdot \boldsymbol{T}(t) \tag{4-17}$$

定义相对于基坐标系的微分算子 $\boldsymbol{\Delta}$：

$$\boldsymbol{\Delta} = \mathbf{Trans}(d_x, d_y, d_z)\mathbf{Rot}(\delta_x, \delta_y, \delta_z) - \boldsymbol{I} \tag{4-18}$$

则式(4-17)可简化为：

$$\mathrm{d}\boldsymbol{T}(t) = \boldsymbol{\Delta} \cdot \boldsymbol{T}(t) \tag{4-19}$$

将微分移动的变换通式(4-14)和微分转动的变换通式(4-16)代入式(4-18)，得微分算子

$$\boldsymbol{\Delta} = \begin{bmatrix} 1 & 0 & 0 & d_x \\ 0 & 1 & 0 & d_y \\ 0 & 0 & 1 & d_z \\ 0 & 0 & 0 & 1 \end{bmatrix} \begin{bmatrix} 1 & -\delta_z & \delta_y & 0 \\ \delta_z & 1 & -\delta_x & 0 \\ -\delta_y & \delta_x & 1 & 0 \\ 0 & 0 & 0 & 1 \end{bmatrix} - \begin{bmatrix} 1 & 0 & 0 & 0 \\ 0 & 1 & 0 & 0 \\ 0 & 0 & 1 & 0 \\ 0 & 0 & 0 & 1 \end{bmatrix} = \begin{bmatrix} 0 & -\delta_z & \delta_y & d_x \\ \delta_z & 0 & -\delta_x & d_y \\ -\delta_y & \delta_x & 0 & d_z \\ 0 & 0 & 0 & 0 \end{bmatrix} \tag{4-20}$$

利用式(4-19)和式(4-20)，可以在已知基坐标系下机器人的位姿矩阵 $\boldsymbol{T}$ 和机器人的微运动 $\boldsymbol{D}$ 的情况下，求出机器人位姿的微分变化 $\mathrm{d}\boldsymbol{T}(t)$。

例 8：假设机器人末端的位姿矩阵为 $\boldsymbol{T}=\begin{bmatrix} 0 & 1 & 0 & 5 \\ 0 & 0 & 1 & 10 \\ 1 & 0 & 0 & 0 \\ 0 & 0 & 0 & 1 \end{bmatrix}$，基坐标系下机器人末端的微运动为 $\boldsymbol{D}=[d_x \quad d_y \quad d_z \quad \delta_x \quad \delta_y \quad \delta_z]^{\mathrm{T}}=[0.01 \quad 0 \quad 0.02 \quad 0 \quad 0.01 \quad 0]^{\mathrm{T}}$，求机器人末端位姿的微分变化。

解：

由微运动 $\boldsymbol{D}$ 和微分算子 $\boldsymbol{\Delta}$ 通式(4-20)，可得微分算子：

$$\boldsymbol{\Delta} = \begin{bmatrix} 0 & 0 & 0.01 & 0.01 \\ 0 & 0 & 0 & 0 \\ -0.01 & 0 & 0 & 0.02 \\ 0 & 0 & 0 & 0 \end{bmatrix}$$

利用微分算子 $\boldsymbol{\Delta}$、位姿矩阵 $\boldsymbol{T}$ 和式(4-19)，可求得机器人末端位姿的微分变化为：

$$dT = \Delta \cdot T = \begin{bmatrix} 0 & 0 & 0.01 & 0.01 \\ 0 & 0 & 0 & 0 \\ -0.01 & 0 & 0 & 0.02 \\ 0 & 0 & 0 & 0 \end{bmatrix} \begin{bmatrix} 0 & 1 & 0 & 5 \\ 0 & 0 & 1 & 10 \\ 1 & 0 & 0 & 0 \\ 0 & 0 & 0 & 1 \end{bmatrix} = \begin{bmatrix} 0.01 & 0 & 0 & 0.01 \\ 0 & 0 & 0 & 0 \\ 0 & -0.01 & 0 & -0.03 \\ 0 & 0 & 0 & 0 \end{bmatrix}$$

(4) 微分运动的坐标变换

假设 $\boldsymbol{D}^n = [d_x^n \quad d_y^n \quad d_z^n \quad \delta_x^n \quad \delta_y^n \quad \delta_z^n]^{\mathrm{T}}$ 是动坐标系$\{n\}$中的微运动，则 $\boldsymbol{T}(t+\Delta t)$也可以表示成该动坐标系中 $\boldsymbol{T}(t)$微运动后的结果：

$$\boldsymbol{T}(t+\Delta t) = \boldsymbol{T}(t) \cdot \mathbf{Trans}(d_x^n, d_y^n, d_z^n)\mathbf{Rot}(\delta_x^n, \delta_y^n, \delta_z^n)$$

则：

$$d\boldsymbol{T}(t) = \boldsymbol{T}(t+\Delta t) - \boldsymbol{T}(t) = \boldsymbol{T}(t) \cdot [\mathbf{Trans}(d_x^n, d_y^n, d_z^n)\mathbf{Rot}(\delta_x^n, \delta_y^n, \delta_z^n) - \boldsymbol{I}]$$

定义相对于动坐标系$\{n\}$的微分算子$\boldsymbol{\Delta}^n = \mathbf{Trans}(d_x^n, d_y^n, d_z^n)\mathbf{Rot}(\delta_x^n, \delta_y^n, \delta_z^n) - \boldsymbol{I}$，则得：

$$d\boldsymbol{T}(t) = \boldsymbol{T}(t) \cdot \boldsymbol{\Delta}^n$$

$$\boldsymbol{\Delta}^n = \begin{bmatrix} 1 & 0 & 0 & d_x^n \\ 0 & 1 & 0 & d_y^n \\ 0 & 0 & 1 & d_z^n \\ 0 & 0 & 0 & 1 \end{bmatrix} \begin{bmatrix} 1 & -\delta_z^n & \delta_y^n & 0 \\ \delta_z^n & 1 & -\delta_x^n & 0 \\ -\delta_y^n & \delta_x^n & 1 & 0 \\ 0 & 0 & 0 & 1 \end{bmatrix} - \begin{bmatrix} 1 & 0 & 0 & 0 \\ 0 & 1 & 0 & 0 \\ 0 & 0 & 1 & 0 \\ 0 & 0 & 0 & 1 \end{bmatrix} = \begin{bmatrix} 0 & -\delta_z^n & \delta_y^n & d_x^n \\ \delta_z^n & 0 & -\delta_x^n & d_y^n \\ -\delta_y^n & \delta_x^n & 0 & d_z^n \\ 0 & 0 & 0 & 0 \end{bmatrix} \tag{4-21}$$

$\boldsymbol{T}(t)$的微分变化 $d\boldsymbol{T}(t)$可以有两种表达：

$$d\boldsymbol{T}(t) = \Delta \cdot \boldsymbol{T}(t)$$

$$d\boldsymbol{T}(t) = \boldsymbol{T}(t) \cdot \boldsymbol{\Delta}^n$$

一种是基于基坐标系$\{0\}$中的微分运动描述的，另一种是基于动坐标系$\{n\}$中的微分运动描述的。由于两种表达式描述相同的微分变化 $d\boldsymbol{T}(t)$，则：

$$\boldsymbol{\Delta} \cdot \boldsymbol{T}(t) = \boldsymbol{T}(t) \cdot \boldsymbol{\Delta}^n$$

因此

$$\boldsymbol{\Delta}^n = \boldsymbol{T}(t)^{-1} \cdot \boldsymbol{\Delta} \cdot \boldsymbol{T}(t) \tag{4-22}$$

假设：

$$\boldsymbol{T}(t) = \begin{bmatrix} n_x & o_x & a_x & p_x \\ n_y & o_y & a_y & p_y \\ n_z & o_z & a_z & p_z \\ 0 & 0 & 0 & 1 \end{bmatrix}$$

将微分算子$\boldsymbol{\Delta}$通式(4-20)及 $T(t)$通式代入式(4-22)中，可得：

$$\boldsymbol{\Delta}^n = \boldsymbol{T}(t)^{-1} \cdot \boldsymbol{\Delta} \cdot \boldsymbol{T}(t) = \begin{bmatrix} n \cdot (\boldsymbol{\delta} \times n) & n \cdot (\boldsymbol{\delta} \times o) & n \cdot (\boldsymbol{\delta} \times a) & n \cdot ((\boldsymbol{\delta} \times \boldsymbol{P}) + \boldsymbol{d}) \\ o \cdot (\boldsymbol{\delta} \times n) & o \cdot (\boldsymbol{\delta} \times o) & o \cdot (\boldsymbol{\delta} \times a) & o \cdot ((\boldsymbol{\delta} \times \boldsymbol{P}) + \boldsymbol{d}) \\ a \cdot (\boldsymbol{\delta} \times n) & a \cdot (\boldsymbol{\delta} \times o) & a \cdot (\boldsymbol{\delta} \times a) & a \cdot ((\boldsymbol{\delta} \times \boldsymbol{P}) + \boldsymbol{d}) \\ 0 & 0 & 0 & 0 \end{bmatrix} \tag{4-23}$$

式中，$\boldsymbol{d} = [d_x \quad d_y \quad d_z]^{\mathrm{T}}$，$\boldsymbol{\delta} = [\delta_x \quad \delta_y \quad \delta_z]^{\mathrm{T}}$，$\boldsymbol{P} = [p_x \quad p_y \quad p_z]^{\mathrm{T}}$。

根据如下的矢量乘积性质：

① $a\cdot(b\times c)=-b\cdot(a\times c)=b\cdot(c\times a)$

② $a\cdot(a\times c)=0$

③ $n\times o=a, o\times a=n, a\times n=o$

简化式(4-23)，得：

$$\boldsymbol{\Delta}^n=\begin{bmatrix}0 & -\boldsymbol{\delta}\cdot a & \boldsymbol{\delta}\cdot o & \boldsymbol{\delta}\cdot(\boldsymbol{P}\times n)+\boldsymbol{d}\cdot n\\ \boldsymbol{\delta}\cdot a & 0 & -\boldsymbol{\delta}\cdot n & \boldsymbol{\delta}\cdot(\boldsymbol{P}\times o)+\boldsymbol{d}\cdot o\\ -\boldsymbol{\delta}\cdot o & \boldsymbol{\delta}\cdot n & 0 & \boldsymbol{\delta}\cdot(\boldsymbol{P}\times a)+\boldsymbol{d}\cdot a\\ 0 & 0 & 0 & 0\end{bmatrix} \tag{4-24}$$

虽然由不同的方法求得，但式(4-21)和式(4-24)都表示的是$\boldsymbol{\Delta}^n$，所以两矩阵应相等。利用相等两矩阵的对应元素相等，可得动坐标系$\{n\}$和基坐标系$\{0\}$中的微分运动之间的转换关系为：

$$\begin{bmatrix}d_x^n\\ d_y^n\\ d_z^n\\ \delta_x^n\\ \delta_y^n\\ \delta_z^n\end{bmatrix}=\begin{bmatrix}n_x & n_y & n_z & (\boldsymbol{P}\times n)_x & (\boldsymbol{P}\times n)_y & (\boldsymbol{P}\times n)_z\\ o_x & o_y & o_z & (\boldsymbol{P}\times o)_x & (\boldsymbol{P}\times o)_y & (\boldsymbol{P}\times o)_z\\ a_x & a_y & a_z & (\boldsymbol{P}\times a)_x & (\boldsymbol{P}\times a)_y & (\boldsymbol{P}\times a)_z\\ 0 & 0 & 0 & n_x & n_y & n_z\\ 0 & 0 & 0 & o_x & o_y & o_z\\ 0 & 0 & 0 & a_x & a_y & a_z\end{bmatrix}\begin{bmatrix}d_x\\ d_y\\ d_z\\ \delta_x\\ \delta_y\\ \delta_z\end{bmatrix} \tag{4-25}$$

上式中，$(\boldsymbol{P}\times n)_z=p_x n_y-p_y n_x$，据此类推其他类似元素的标量表达式。

如果已知基坐标系$\{0\}$中的微分运动$\boldsymbol{D}=[d_x\ \ d_y\ \ d_z\ \ \delta_x\ \ \delta_y\ \ \delta_z]^{\mathrm{T}}$，则动坐标系$\{n\}$中的微分运动$\boldsymbol{D}^n=[d_x^n\ \ d_y^n\ \ d_z^n\ \ \delta_x^n\ \ \delta_y^n\ \ \delta_z^n]^{\mathrm{T}}$可用式(4-25)求出，从而实现不同坐标系下的微分运动的坐标变换。

由通式$\boldsymbol{T}=\begin{bmatrix}n_x & o_x & a_x & p_x\\ n_y & o_y & a_y & p_y\\ n_z & o_z & a_z & p_z\\ 0 & 0 & 0 & 1\end{bmatrix}$可得$\boldsymbol{R}=\begin{bmatrix}n_x & o_x & a_x\\ n_y & o_y & a_y\\ n_z & o_z & a_z\end{bmatrix}$，$\boldsymbol{P}=\begin{bmatrix}p_x\\ p_y\\ p_z\end{bmatrix}$，则式(4-25)可简写为：

$$\begin{bmatrix}d^n\\ \delta^n\end{bmatrix}=\begin{bmatrix}\boldsymbol{R}^{\mathrm{T}} & -\boldsymbol{R}^{\mathrm{T}}\cdot S(\boldsymbol{P})\\ 0_{3\times 3} & \boldsymbol{R}^{\mathrm{T}}\end{bmatrix}\begin{bmatrix}\boldsymbol{d}\\ \boldsymbol{\delta}\end{bmatrix} \tag{4-26}$$

这里，$\boldsymbol{S}(\boldsymbol{P})$为反对称矩阵，$\boldsymbol{S}(\boldsymbol{P})=\begin{bmatrix}0 & -p_z & p_y\\ p_z & 0 & -p_x\\ -p_y & p_x & 0\end{bmatrix}$，该矩阵具有下列特点：

$$\boldsymbol{\delta}^{\mathrm{T}}\cdot\boldsymbol{S}(\boldsymbol{P})=-\boldsymbol{P}\times\boldsymbol{\delta}$$

$$\boldsymbol{S}(\boldsymbol{P})\cdot\boldsymbol{\delta}=\boldsymbol{P}\times\boldsymbol{\delta}$$

如果已知坐标系$\{n\}$中的微分运动，则基坐标系$\{0\}$中的微分运动为：

$$\begin{bmatrix}\boldsymbol{d}\\ \boldsymbol{\delta}\end{bmatrix}=\begin{bmatrix}\boldsymbol{R} & \boldsymbol{S}(\boldsymbol{P})\cdot\boldsymbol{R}\\ \boldsymbol{0}_{3\times 3} & \boldsymbol{R}\end{bmatrix}\begin{bmatrix}\boldsymbol{d}^n\\ \boldsymbol{\delta}^n\end{bmatrix}$$

例9：假设机器人末端的位姿矩阵为$\boldsymbol{T}=\begin{bmatrix}0 & 1 & 0 & 5\\ 0 & 0 & 1 & 10\\ 1 & 0 & 0 & 0\\ 0 & 0 & 0 & 1\end{bmatrix}$，基坐标系中的微分运动为

$\boldsymbol{D}=[d_x \quad d_y \quad d_z \quad \delta_x \quad \delta_y \quad \delta_z]^{\mathrm{T}}=[0.01 \quad 0 \quad 0.02 \quad 0 \quad 0.01 \quad 0]^{\mathrm{T}}$，求机器人末端在坐标系$\{n\}$中的等价微分运动。

解：

由 $\boldsymbol{T}=\begin{bmatrix}0&1&0&5\\0&0&1&10\\1&0&0&0\\0&0&0&1\end{bmatrix}$ 得 $\boldsymbol{S}(\boldsymbol{P})=\begin{bmatrix}0&0&10\\0&0&-5\\-10&5&0\end{bmatrix}$，$\boldsymbol{R}=\begin{bmatrix}0&1&0\\0&0&1\\1&0&0\end{bmatrix}$，将 $\boldsymbol{S},\boldsymbol{R},\boldsymbol{D}$ 代入式(4-26)可得：

$$\begin{bmatrix}\boldsymbol{d}^n\\\boldsymbol{\delta}^n\end{bmatrix}=\begin{bmatrix}\boldsymbol{R}^{\mathrm{T}} & -\boldsymbol{R}^{\mathrm{T}}\cdot\boldsymbol{S}(\boldsymbol{P})\\\boldsymbol{0}_{3\times3} & \boldsymbol{R}^{\mathrm{T}}\end{bmatrix}\begin{bmatrix}\boldsymbol{d}\\\boldsymbol{\delta}\end{bmatrix}=[-0.03 \quad 0.01 \quad 0 \quad 0 \quad 0 \quad 0.01]^{\mathrm{T}}$$

对上述计算结果做个验证。由式(4-21)可得：

$$\boldsymbol{\Delta}^n=\begin{bmatrix}0&-\delta_z^n&\delta_y^n&d_x^n\\\delta_z^n&0&-\delta_x^n&d_y^n\\-\delta_y^n&\delta_x^n&0&d_z^n\\0&0&0&0\end{bmatrix}=\begin{bmatrix}0&-0.01&0&-0.03\\0.01&0&0&0.01\\0&0&0&0\\0&0&0&0\end{bmatrix}$$

则机器人末端位姿的微分变化为：

$$\mathrm{d}\boldsymbol{T}=\boldsymbol{T}\cdot\boldsymbol{\Delta}^n=\begin{bmatrix}0&1&0&5\\0&0&1&10\\1&0&0&0\\0&0&0&1\end{bmatrix}\begin{bmatrix}0&-0.01&0&-0.03\\0.01&0&0&0.01\\0&0&0&0\\0&0&0&0\end{bmatrix}$$

$$=\begin{bmatrix}0.01&0&0&0.01\\0&0&0&0\\0&-0.01&0&-0.03\\0&0&0&0\end{bmatrix}$$

上述计算结果与例 8 的计算结果相同，所以$\{n\}$坐标系下的等价微分运动的计算结果是正确的。

2）雅可比矩阵的微分变换求法

如果将机器人各个关节看成参考系，将机器人末端看成动坐标系，则可根据式(4-25)或式(4-26)计算出雅可比矩阵的各列。下面按关节是旋转关节或移动关节分别介绍雅可比矩阵的微分变换求法。

(1) 关节 i 是旋转关节

如图 4.37 所示，关节 i 是旋转关节，在坐标系$\{i\}$中，关节 i 绕 Z_i 轴的微分转动为 $\mathrm{d}\theta_i$，则坐标系$\{i\}$中关节 i 的微分运动矢量为：

$$\boldsymbol{D}=\begin{bmatrix}d\\\delta\end{bmatrix},\quad \boldsymbol{d}=\begin{bmatrix}0\\0\\0\end{bmatrix},\quad \boldsymbol{\delta}=\begin{bmatrix}0\\0\\\mathrm{d}\theta_i\end{bmatrix}$$

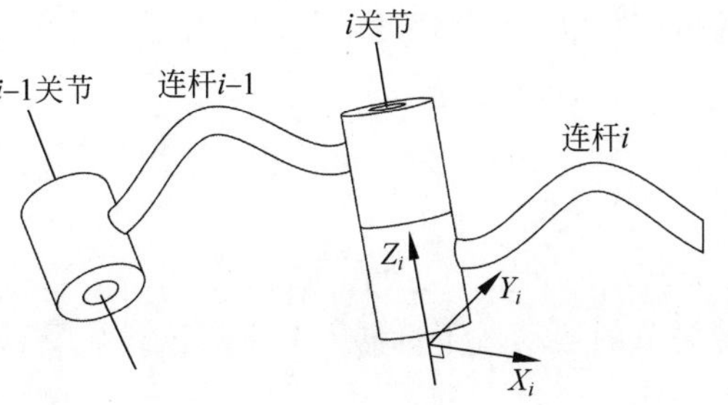

图 4.37 旋转关节示意图

参考式(4-25),把坐标系$\{i\}$看作基坐标系,则机器人末端坐标系$\{n\}$中对应的微分运动矢量为:

$$\begin{bmatrix} d_x^n \\ d_y^n \\ d_z^n \\ \delta_x^n \\ \delta_y^n \\ \delta_z^n \end{bmatrix} = \begin{bmatrix} n_x & n_y & n_z & (\boldsymbol{P}\times\boldsymbol{n})_x & (\boldsymbol{P}\times\boldsymbol{n})_y & (\boldsymbol{P}\times\boldsymbol{n})_z \\ o_x & o_y & o_z & (\boldsymbol{P}\times\boldsymbol{o})_x & (\boldsymbol{P}\times\boldsymbol{o})_y & (\boldsymbol{P}\times\boldsymbol{o})_z \\ a_x & a_y & a_z & (\boldsymbol{P}\times\boldsymbol{a})_x & (\boldsymbol{P}\times\boldsymbol{a})_y & (\boldsymbol{P}\times\boldsymbol{a})_z \\ 0 & 0 & 0 & n_x & n_y & n_z \\ 0 & 0 & 0 & o_x & o_y & o_z \\ 0 & 0 & 0 & a_x & a_y & a_z \end{bmatrix} \begin{bmatrix} d_x \\ d_y \\ d_z \\ \delta_x \\ \delta_y \\ \delta_z \end{bmatrix}$$

$$= \begin{bmatrix} n_x & n_y & n_z & (\boldsymbol{P}\times\boldsymbol{n})_x & (\boldsymbol{P}\times\boldsymbol{n})_y & (\boldsymbol{P}\times\boldsymbol{n})_z \\ o_x & o_y & o_z & (\boldsymbol{P}\times\boldsymbol{o})_x & (\boldsymbol{P}\times\boldsymbol{o})_y & (\boldsymbol{P}\times\boldsymbol{o})_z \\ a_x & a_y & a_z & (\boldsymbol{P}\times\boldsymbol{a})_x & (\boldsymbol{P}\times\boldsymbol{a})_y & (\boldsymbol{P}\times\boldsymbol{a})_z \\ 0 & 0 & 0 & n_x & n_y & n_z \\ 0 & 0 & 0 & o_x & o_y & o_z \\ 0 & 0 & 0 & a_x & a_y & a_z \end{bmatrix} \begin{bmatrix} 0 \\ 0 \\ 0 \\ 0 \\ 0 \\ \mathrm{d}\theta_i \end{bmatrix}$$

这里 $\boldsymbol{T}={}_i^n\boldsymbol{T}$。

上式中,由于微分运动矢量 $\boldsymbol{D}$ 中只有 $\delta_Z=\mathrm{d}\theta_i$ 不为零,所以机器人末端坐标系$\{n\}$中的微分运动矢量为:

$$\begin{bmatrix} d_x^n \\ d_y^n \\ d_z^n \\ \delta_x^n \\ \delta_y^n \\ \delta_z^n \end{bmatrix} = \begin{bmatrix} (\boldsymbol{P}\times\boldsymbol{n})_z \\ (\boldsymbol{P}\times\boldsymbol{o})_z \\ (\boldsymbol{P}\times\boldsymbol{a})_z \\ n_z \\ o_z \\ a_z \end{bmatrix} \mathrm{d}\theta_i$$

所以雅可比矩阵的第 i 列为:

$${}^n\boldsymbol{J}_i = \begin{bmatrix} p_x n_y - n_x p_y \\ p_x o_y - o_x p_y \\ p_x a_y - a_x p_y \\ n_z \\ o_z \\ a_z \end{bmatrix} \tag{4-27}$$

则该列向量中线速度的传动比${}^n\boldsymbol{J}_{Li}$和角速度的传动比${}^n\boldsymbol{J}_{Ai}$分别为：

$$
{}^n\boldsymbol{J}_{Li}=\begin{bmatrix}-n_xp_y+n_yp_x\\-o_xp_y+o_yp_x\\-a_xp_y+a_yp_x\end{bmatrix},\quad {}^n\boldsymbol{J}_{Ai}=\begin{bmatrix}n_z\\o_z\\a_z\end{bmatrix}
$$

推论：机器人的旋转关节转动时，它不仅会在机器人的末端产生移动分量，同时也会产生转动分量。即机器人旋转关节的运动对于机器人末端的位置和姿态变化都有作用。

(2) 关节 i 是移动关节

如图 4.38 所示，关节 i 是移动关节，在坐标系$\{i\}$中，关节 i 沿 Z_i 轴的微分移动为 $\mathrm{d}d_i$，则坐标系$\{i\}$中关节 i 的微分运动矢量为：

$$
\boldsymbol{D}=\begin{bmatrix}\boldsymbol{d}\\\boldsymbol{\delta}\end{bmatrix},\quad \boldsymbol{d}=\begin{bmatrix}0\\0\\\mathrm{d}d_i\end{bmatrix},\quad \boldsymbol{\delta}=\begin{bmatrix}0\\0\\0\end{bmatrix}
$$

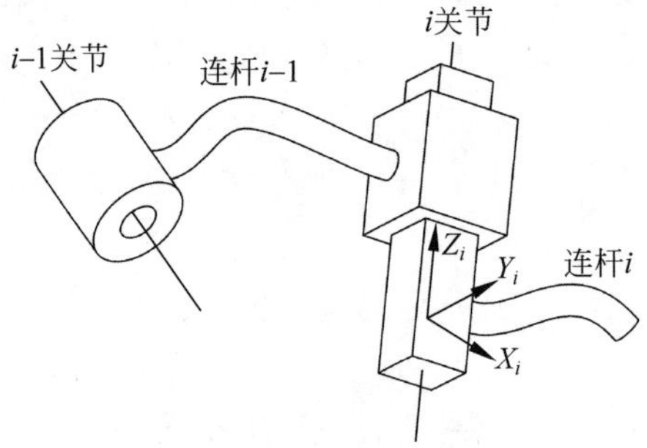

图 4.38　移动关节示意图

参考式(4-25)，把坐标系$\{i\}$看作基坐标系，则机器人末端坐标系$\{n\}$中对应的微分运动矢量为：

$$
\begin{bmatrix}{}^nd_x\\{}^nd_y\\{}^nd_z\\{}^n\delta_x\\{}^n\delta_y\\{}^n\delta_z\end{bmatrix}=\begin{bmatrix}n_x & n_y & n_z & (\boldsymbol{P}\times\boldsymbol{n})_x & (\boldsymbol{P}\times\boldsymbol{n})_y & (\boldsymbol{P}\times\boldsymbol{n})_z\\o_x & o_y & o_z & (\boldsymbol{P}\times\boldsymbol{o})_x & (\boldsymbol{P}\times\boldsymbol{o})_y & (\boldsymbol{P}\times\boldsymbol{o})_z\\a_x & a_y & a_z & (\boldsymbol{P}\times\boldsymbol{a})_x & (\boldsymbol{P}\times\boldsymbol{a})_y & (\boldsymbol{P}\times\boldsymbol{a})_z\\0&0&0&n_x&n_y&n_z\\0&0&0&o_x&o_y&o_z\\0&0&0&a_x&a_y&a_z\end{bmatrix}\begin{bmatrix}d_x\\d_y\\d_z\\\delta_x\\\delta_y\\\delta_z\end{bmatrix}
$$

$$
=\begin{bmatrix}n_x & n_y & n_z & (\boldsymbol{P}\times\boldsymbol{n})_x & (\boldsymbol{P}\times\boldsymbol{n})_y & (\boldsymbol{P}\times\boldsymbol{n})_z\\o_x & o_y & o_z & (\boldsymbol{P}\times\boldsymbol{o})_x & (\boldsymbol{P}\times\boldsymbol{o})_y & (\boldsymbol{P}\times\boldsymbol{o})_z\\a_x & a_y & a_z & (\boldsymbol{P}\times\boldsymbol{a})_x & (\boldsymbol{P}\times\boldsymbol{a})_y & (\boldsymbol{P}\times\boldsymbol{a})_z\\0&0&0&n_x&n_y&n_z\\0&0&0&o_x&o_y&o_z\\0&0&0&a_x&a_y&a_z\end{bmatrix}\begin{bmatrix}0\\0\\\mathrm{d}d_i\\0\\0\\0\end{bmatrix}
$$

这里 $\boldsymbol{T}={}_i^n\boldsymbol{T}$。所以机器人末端坐标系$\{n\}$中的微分运动矢量为：

$$\begin{bmatrix} {}^n d_x \\ {}^n d_y \\ {}^n d_z \\ {}^n \delta_x \\ {}^n \delta_y \\ {}^n \delta_z \end{bmatrix} = \begin{bmatrix} n_z \\ o_z \\ a_z \\ 0 \\ 0 \\ 0 \end{bmatrix} \mathrm{d}d_i$$

雅可比矩阵的第 i 列为：

$$ {}^n\boldsymbol{J}_i = \begin{bmatrix} n_z \\ o_z \\ a_z \\ 0 \\ 0 \\ 0 \end{bmatrix} \tag{4-28}$$

则该列向量中线速度的传动比 ${}^n\boldsymbol{J}_{Li}$ 和角速度的传动比 ${}^n\boldsymbol{J}_{Ai}$ 分别为：

$$ {}^n\boldsymbol{J}_{Li} = \begin{bmatrix} n_z \\ o_z \\ a_z \end{bmatrix}, \quad {}^n\boldsymbol{J}_{Ai} = \begin{bmatrix} 0 \\ 0 \\ 0 \end{bmatrix}$$

推论：机器人移动关节的运动，在机器人的末端只会产生移动分量，即机器人移动关节的运动只对于机器人末端的位置改变有作用。

(3) 微分变化法求雅可比(Jacobian)矩阵的基本步骤

基本步骤如下：

① 计算各连杆变换矩阵 ${}^1_0\boldsymbol{T}, {}^2_1\boldsymbol{T}, \cdots, {}^{\ n}_{n-1}\boldsymbol{T}$；

② 计算末端连杆 n 到各连杆 i 的变换矩阵 ${}^n_i\boldsymbol{T}$：

$$\begin{aligned}
{}^{\ n}_{n-1}\boldsymbol{T} &= {}^{\ n}_{n-1}\boldsymbol{T} \\
{}^{\ n}_{n-2}\boldsymbol{T} &= {}^{n-1}_{n-2}\boldsymbol{T}\,{}^{\ n}_{n-1}\boldsymbol{T} \\
&\cdots \\
{}^{\ n}_{i-1}\boldsymbol{T} &= {}^{\ i}_{i-1}\boldsymbol{T}\,{}^n_i\boldsymbol{T} \\
&\cdots \\
{}^n_0\boldsymbol{T} &= {}^1_0\boldsymbol{T}\,{}^n_1\boldsymbol{T}
\end{aligned}$$

③ 根据关节是转动关节或移动关节，分别利用式(4-27)和式(4-28)写出雅可比矩阵的各列。

注意：微分变换法计算的雅可比矩阵是在机器人末端坐标系下的，表示为 ${}^n\boldsymbol{J}$；而矢量积方法计算的雅可比矩阵是在参考系或基坐标系下的，表示为 $\boldsymbol{J}$。它们之间的转换关系是：

$$ {}^n\boldsymbol{J} = \begin{bmatrix} {}^o_n\boldsymbol{R} & \boldsymbol{0} \\ \boldsymbol{0} & {}^o_n\boldsymbol{R} \end{bmatrix} \boldsymbol{J}$$

4.4 小结

本章主要介绍了机器人的运动学建模方法及逆运动学的求解方法。运动学建模方法中主要介绍了改进的 D-H 方法，给出多个例题。在运动学求逆方法中主要介绍了机器人的位置级逆运动学求解方法及速度级的逆运动学求解方法。位置级的逆运动学方法主要介绍了数值解方法和解析解方法，重点介绍了 Paul 反变换法；速度级的逆运动学求解方法重点介绍了雅可比矩阵方法。

参考文献

[1] Jacques Denavit, Richard Scheunemann Hartenberg. A kinematic notation for lower-pair mechanisms based on matrices[J]. Trans on ASME Journal of Applied Mechanics, 1955, 22: 215-221.

[2] https://www.expo21xx.com/automation21xx/13869_st3_robotics/default.htm.

[3] https://college.imrobotic.com/news/detail/6224.

[4] Pieper D L. The kinematics of manipulators under computer control[D]. Calif Stanford University, 1969.

[5] https://www.epson.com.sg/For-Work/Industrial-Robots/6-Axis/Epson-Robot-C4/p/C4.

[6] http://www.esunrobot.com/epson.html.

[7] Pieper D L, Roth B. The kinematics of manipulators under computer control[C]. Proceedings of the Second International Congress on Theory of Machines and Mechanism. Poland: Zakopane, 1969, 159-169.

[8] Paul R P, Shimano B, Mayer G. Kinematic Control Equations for Simple Manipulators[J]. IEEE Transactions on Systems, Man and Cybernetics, 1981, smc-11(6).

[9] Roth B, Rastegar J, Scheinman V. On the design of computer controlled manipulators[J]. First CISM-IFToMM Symposium on the Theory and Practice of Robots and Manipulators, 1973, 1: 93-113.

[10] Tsai L and Morgan A. Solving the kinematics of the most general six and five degree-of-freedom manipulators by continuation methods[C]. Boston: ASME Mechanisms Conference, 1984.

[11] Whitney D E. The mathematics of coordinated control of prosthetic arms and manipulators[J]. Trans. ASME J. Dynamic Systems Measurement and Control. 1972, 94: 303-309.

附录 Paul 反变换法 MATLAB 程序

```
Forward 函数(正解):
function T03 = forward(theta1 , theta2 , theta3, a1, a2)
% Forward 函数根据 theta 值计算末端姿态矩阵,其中 theta1,theta2 和 theta3 分别为三个关节角,
本程序均以角度进行计算
T01 = [cosd(theta1), - sind(theta1),0,0; sind(theta1),cosd(theta1),0,0; 0,0,1,a1; 0,0,0,1];
T12 = [cosd(theta2), - sind(theta2),0,0; 0,0,1,0; - sind(theta2), - cosd(theta2),0,0; 0,0,0,1];
T23 = [cosd(theta3), - sind(theta3),0,0; 0,0, - 1, - a2; sind(theta3),cosd(theta3),0,0; 0,0,0,1];
T03 = T01 * T12 * T23 ; % 求末端姿态矩阵

Inverse 函数(逆解)
function theta = inverse(T03,a1,a2)
% Inverse 函数用于求解逆解中各 theta 值,参数 T03 为确定的姿态矩阵
T = T03 ;
const = 45; % theta1 的角度值,用户可赋值为任意值,只有当 ax = ay = 0 成立时使用
tol = 1e - 4;
if (T(1,3) = = 0&&T(2,3) = = 0) % 当 ax = ay = 0 成立时
```

```
    theta = zeros(1,3);
    if abs(T(3,4) - (a1 + a2))< tol
        inver_theta2_1 = 0;
        inver_theta1_1 = const;
        inver_theta3_1 = atan2d( - T(1,2),T(1,1)) - inver_theta1_1;
        theta(1,:) = [inver_theta1_1 , inver_theta2_1 , inver_theta3_1] ;
    elseif abs(T(3,4) - (a1 - a2))< tol
        inver_theta2_2 = 180;
        inver_theta1_2 = const;
        inver_theta3_2 = atan2d(T(1,2), - T(1,1)) + inver_theta1_2;
        theta(1,:) = [inver_theta1_2 , inver_theta2_2 , inver_theta3_2] ;
    end

else
    s2 = (1 - T(3,3)^2)^(0.5) ;
    inver_theta2_1 = atan2d(s2,T(3,3)) ; % theta2 的第一组解
    inver_theta2_2 = atan2d( - s2,T(3,3)) ; % theta2 的第二组解
    inver_theta1_1 = atan2d(T(2,3),T(1,3)) ; % theta1 的第一组解
    inver_theta1_2 = atan2d( - T(2,3), - T(1,3)) ; % theta1 的第二组解
    inver_theta3_1 = atan2d(T(3,2) * cscd(inver_theta2_1), - T(3,1) * cscd(inver_theta2_1) ) ;
    inver_theta3_2 = atan2d(T(3,2) * cscd(inver_theta2_2), - T(3,1) * cscd(inver_theta2_2) ) ;
    theta = zeros(2,3);
    theta(1,:) = [inver_theta1_1 , inver_theta2_1 , inver_theta3_1] ;
    theta(2,:) = [inver_theta1_2 , inver_theta2_2 , inver_theta3_2] ;
end
end
```

验证程序

```
clc;clear all;close all;
a1_0 = 12 ; % 取关节长度为 12,可任意取值
a2_0 = 20 ; %  取关节长度为 20,可任意取值
T03_0 = forward(45,180, - 20,a1_0,a2_0); % 调用 Forward 函数,求末端姿态矩阵
disp(T03_0);
theta = inverse(T03_0,a1_0,a2_0); % 调用 Inverse 并输出求得 theta 解矩阵
disp(theta);
% % 根据逆解求得的关节角求末端姿态矩阵
[R C] = size(theta);
if R == 1 % 逆解为无数组解情况时,本例中取 inver_theta1_1 = 45°时的特解
    T03_verify = zeros(4,4);
    T03_verify = forward( theta(1,1), theta(1,2), theta(1,3),a1_0,a2_0 );
    disp(T03_verify);
elseif R == 2 % 逆解为两组解情况
    T03_verify = zeros(4,4,2);
    for i = 1:2
        T03_verify(:,:,i) = forward( theta(i,1), theta(i,2), theta(i,3),a1_0,a2_0 );
        disp(T03_verify(:,:,i));
    end
end
```

第 5 章 机器人静力学

CHAPTER 5

机器人静力学主要是研究机器人处于静平衡态时的力系简化和受力分析问题。所谓平衡态一般是以地球为参照系确定的，是指物体相对于惯性参照系处于静止或匀速直线运动的状态，即加速度为零的状态。本章主要介绍机械臂在静止状态下的受力计算分析以及广义力在不同坐标系中的转换问题。

5.1 引言

静力学(Statics)一词是法国数学家、力学家皮埃尔·伐里农(Pierre Varignon,1654—1722)提出的。静力学在工程技术领域有着广泛的应用，比如建筑物的受力分析、桥梁的受力分析等。

按研究对象的不同，静力学主要分为质点静力学、刚体静力学、流体静力学三大类。机器人静力学属于刚体静力学的范畴。

按研究方法的不同，静力学问题主要有图解法和解析法。

图解法是用几何作图的方法来研究静力学问题。图解法获得的结果精确度不高，但计算速度快，所以在工程技术领域中应用较多。皮埃尔·伐里农在静力学问题的图解法方面做了大量开创性的工作。

解析法是基于平衡条件式或虚功原理用代数的方法求解未知约束的反作用力，计算精度高，是一种更具有通用性和普遍性的方法，但与图解法相比，计算速度慢。法国著名数学家、力学家拉格朗日(Joseph-Louis Lagrange,1736—1813)是静力学解析法的奠基人。

机器人静力学研究什么问题呢？举例说明。图 5.1 所示的三指灵巧手采用指尖捏住鸡蛋静止时，一般会关注各关节的驱动力与指尖作用力之间的关系。因为指尖力量过大会捏碎鸡蛋，力量过小则捏不住鸡蛋，鸡蛋会脱落，因此这种力的传递关系对于灵巧手的设计和可靠操作非常重要。此外，会关注各手指指杆的受力情况，用以校核各指杆的刚度及计算各指杆的变形情况。

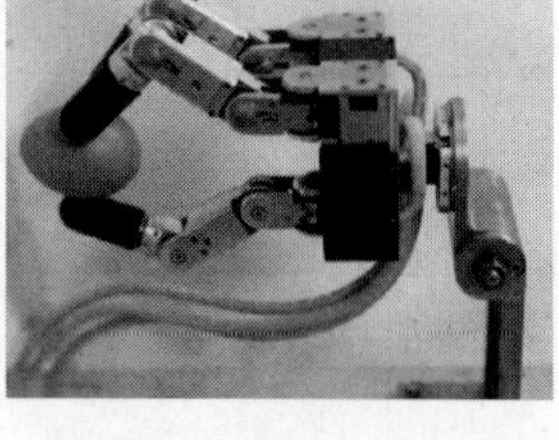

图 5.1 灵巧手捏鸡蛋

在机器人静力学研究中主要采用解析法，本章也主要介绍机器人静力学的解析方法。

5.2　机械臂连杆受力与关节平衡驱动力

机械臂通常由连杆和关节依序串联而成，通过末端与外界发生力的相互作用，例如托举重物、打磨工件等，如图 5.2 所示。

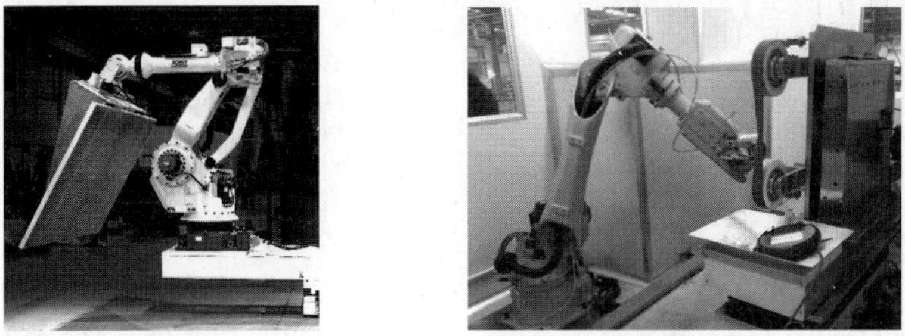

(a) 托举重物[1]　　(b) 打磨工件[2]

图 5.2　机械臂与外界力作用举例

静力学分析所关注的是机械臂在静止状态时的受力平衡问题，如机械臂末端与外界有力的作用时，力是如何从末端向各连杆传递的？各关节需要施加多大的驱动力才能保持机械臂的静力平衡状态？

5.2.1　机械臂连杆受力计算

这里将串联机械臂的连杆当成刚体，以其中一个连杆 i 为对象对其进行静力分析，连杆 i 及其相邻连杆之间的作用力和作用力矩关系如图 5.3 所示。

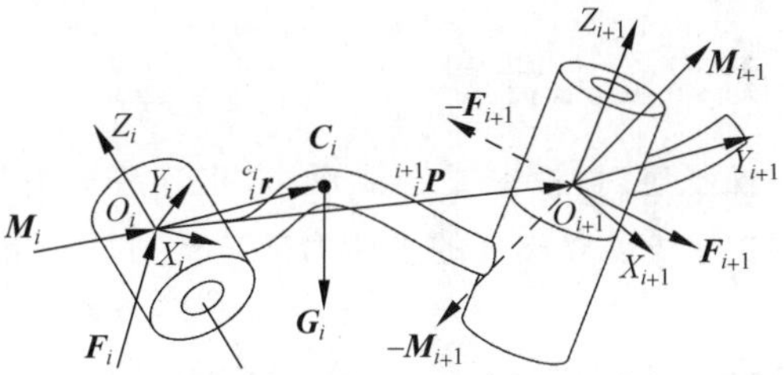

图 5.3　连杆 i 受力情况

图 5.3 中，在连杆 i 上建立了坐标系$\{i\}$，在连杆 $i+1$ 上建立了坐标系$\{i+1\}$。通常，坐标系$\{i\}$和坐标系$\{i+1\}$分别与连杆 i 和连杆 $i+1$ 上的 D-H 坐标系相同。

$\boldsymbol{F}_i$ 是连杆 $i-1$ 作用在连杆 i 上的力，$\boldsymbol{M}_i$ 是连杆 $i-1$ 作用在连杆 i 上的力矩，作用点都是坐标系$\{i\}$的原点 O_i。

$\boldsymbol{F}_{i+1}$是连杆 i 作用在连杆 $i+1$ 上的力，$\boldsymbol{M}_{i+1}$是连杆 i 作用在连杆 $i+1$ 上的力矩，作用点都是坐标系$\{i+1\}$的原点 O_{i+1}。

根据牛顿第三定律：两个物体之间的作用力和反作用力在同一条直线上，大小相等，方向相反，则连杆 $i+1$ 作用在连杆 i 上的反作用力是 $-\boldsymbol{F}_{i+1}$，连杆 $i+1$ 作用在连杆 i 上的反

力矩是 $-\boldsymbol{M}_{i+1}$。

$\boldsymbol{G}_i$ 是连杆 i 的重力，作用在连杆质心 ci 上；${}^{ci}_{i}\boldsymbol{r}$ 是连杆 i 的质心在坐标系$\{i\}$中的位置矢量；${}^{i+1}_{i}\boldsymbol{P}$ 是表示坐标系$\{i+1\}$的原点 O_{i+1} 在坐标系$\{i\}$中的位置矢量。

在坐标系$\{i\}$中，以原点 O_i 为支点，连杆 i 处于静平衡状态，合力为零，则可得两个平衡方程：

力平衡方程：${}^{i}\boldsymbol{F}_i-{}^{i}\boldsymbol{F}_{i+1}+{}^{i}\boldsymbol{G}_i=0$

力矩平衡方程：${}^{i}\boldsymbol{M}_i-{}^{i}\boldsymbol{M}_{i+1}-{}^{i+1}_{i}\boldsymbol{P}\times{}^{i}\boldsymbol{F}_{i+1}+{}^{ci}_{i}\boldsymbol{r}\times{}^{i}\boldsymbol{G}_i=0$

上述两方程中，变量 ${}^{i}\boldsymbol{F}_i$，${}^{i}\boldsymbol{F}_{i+1}$，${}^{i}\boldsymbol{G}_i$，${}^{i}\boldsymbol{M}_i$，${}^{i}\boldsymbol{M}_{i+1}$ 的左上标 i 表示变量在坐标系$\{i\}$中的值。由这两个方程可得连杆 i 关节处受到的力和力矩的递推计算公式为：

$$\begin{cases}{}^{i}\boldsymbol{F}_i={}^{i}\boldsymbol{F}_{i+1}-{}^{i}\boldsymbol{G}_i\\ {}^{i}\boldsymbol{M}_i={}^{i}\boldsymbol{M}_{i+1}+{}^{i+1}_{i}\boldsymbol{P}\times{}^{i}\boldsymbol{F}_{i+1}-{}^{ci}_{i}\boldsymbol{r}\times{}^{i}\boldsymbol{G}_i\end{cases}\tag{5-1}$$

当机械臂的末端连杆与外界有作用力和力矩时，可以采用式(5-1)依次递推计算出从末端连杆到基座的运动链中，每个连杆关节处受到的作用力和力矩。

如果忽略掉连杆本身的重量，式(5-1)可以写成如下形式：

$$\begin{cases}{}^{i}\boldsymbol{F}_i={}^{i}\boldsymbol{F}_{i+1}\\ {}^{i}\boldsymbol{M}_i={}^{i}\boldsymbol{M}_{i+1}+{}^{i+1}_{i}\boldsymbol{P}\times{}^{i}\boldsymbol{F}_{i+1}\end{cases}$$

采用旋转矩阵，将 ${}^{i}\boldsymbol{F}_{i+1}$ 和 ${}^{i}\boldsymbol{M}_{i+1}$ 表示成从坐标系$\{i+1\}$中的量向坐标系$\{i\}$转换的形式，则上式可改写为：

$$\begin{cases}{}^{i}\boldsymbol{F}_i={}^{i+1}_{i}R\cdot{}^{i+1}\boldsymbol{F}_{i+1}\\ {}^{i}\boldsymbol{M}_i={}^{i+1}_{i}R\cdot{}^{i+1}\boldsymbol{M}_{i+1}+{}^{i+1}_{i}\boldsymbol{P}\times{}^{i}\boldsymbol{F}_i\end{cases}\tag{5-2}$$

式(5-2)就是在忽略连杆重力时，机械臂各连杆关节处受力的递推计算公式。

5.2.2 关节平衡驱动力计算

当机械臂处于静力平衡状态时，根据式(5-2)可求出连杆 i 关节处所受的力和力矩(忽略连杆重量)，由此可求出关节 i 需要施加的平衡力或平衡力矩。下面针对旋转关节和移动关节分别做介绍。

1）旋转关节平衡驱动力矩计算

如果不考虑关节中的摩擦力，旋转关节只需提供绕关节轴旋转的扭矩，其余各个方向的力和力矩都由关节的机械结构承受了。因此，为保持连杆 i 的静力平衡，旋转关节 i 的驱动力矩为：

$$\tau_i={}^{i}\boldsymbol{M}_i^{\mathrm{T}}\cdot{}^{i}\boldsymbol{Z}_i\tag{5-3}$$

式中，${}^{i}\boldsymbol{M}_i\in R^{3\times1}$，是连杆 i 关节处受到的力矩，${}^{i}\boldsymbol{Z}_i\in R^{3\times1}$，是坐标系$\{i\}$的 Z 轴在$\{i\}$系中的矢量表达，${}^{i}\boldsymbol{M}_i^{\mathrm{T}}$ 的右上标 T 是转置。

下面举例说明如何计算旋转关节的平衡驱动力矩。

例 1：假设连杆 i 处于静平衡状态，关节处所受的力矩为 ${}^{i}\boldsymbol{M}_i=\begin{bmatrix}m_{xi}\\m_{yi}\\m_{zi}\end{bmatrix}=\begin{bmatrix}10\\20\\30\end{bmatrix}$，求旋转关

节 i 需施加的平衡驱动力矩。

解：

依据式(5-3)，旋转关节 i 需施加的平衡驱动力矩为：

$$\tau_i = {}^i\boldsymbol{M}_i^{\mathrm{T}} \cdot {}^i\boldsymbol{Z}_i = \begin{bmatrix}10\\20\\30\end{bmatrix}^{\mathrm{T}} \cdot \begin{bmatrix}0\\0\\1\end{bmatrix} = [10 \quad 20 \quad 30] \cdot \begin{bmatrix}0\\0\\1\end{bmatrix} = 30$$

虽然式(5-3)看着很复杂，但由于 ${}^i\boldsymbol{Z}_i=[0 \quad 0 \quad 1]^{\mathrm{T}}$，所以只要知道了 ${}^i\boldsymbol{M}_i$ 在 ${}^i\boldsymbol{Z}_i$ 轴的分量，就很容易求出旋转关节 i 的平衡驱动力矩。

2）移动关节平衡驱动力计算

如果不考虑关节中的摩擦力，移动关节只需要提供沿 Z 轴方向的驱动力，其余方向的力和力矩都由关节的机械结构承受了，所以移动关节的平衡驱动力为：

$$\boldsymbol{\tau}_i = {}^i\boldsymbol{F}_i^{\mathrm{T}} \cdot {}^i\boldsymbol{Z}_i \tag{5-4}$$

式中，${}^i\boldsymbol{F}_i \in R^{3\times1}$，是连杆 i 在关节处受到的力，${}^i\boldsymbol{Z}_i \in R^{3\times1}$，是坐标系$\{i\}$的 Z 轴在$\{i\}$系中的矢量表达，${}^i\boldsymbol{F}_i^{\mathrm{T}}$ 的右上标 T 是转置。

下面举例说明如何计算移动关节的平衡驱动力。

例 2：假设连杆 i 处于静平衡状态，关节处所受的力 ${}^i\boldsymbol{F}_i=\begin{bmatrix}f_{xi}\\f_{yi}\\f_{zi}\end{bmatrix}=\begin{bmatrix}10\\20\\30\end{bmatrix}$，求移动关节 i 需施加的平衡驱动力。

解：

依据式(5-4)，移动关节 i 需施加的平衡驱动力为：

$$\tau_i = {}^i\boldsymbol{F}_i^{\mathrm{T}} \cdot {}^i\boldsymbol{Z}_i = \begin{bmatrix}10\\20\\30\end{bmatrix}^{\mathrm{T}} \cdot \begin{bmatrix}0\\0\\1\end{bmatrix} = [10 \quad 20 \quad 30] \cdot \begin{bmatrix}0\\0\\1\end{bmatrix} = 30$$

从上述算例可以看出，移动关节的平衡驱动力就是连杆 i 关节处所受力 ${}^i\boldsymbol{F}_i$ 在 ${}^i\boldsymbol{Z}_i$ 轴的分量。

注意：在关节平衡驱动力/力矩的计算中，对于旋转关节计算得到的是力矩，单位是 N·m(牛顿米)，对于移动关节计算得到的是力，单位是 N(牛顿)。

例 3：如图 5.4(a)所示，平面 2R 机械臂末端受到外界施加的作用力为 F，F 是在机器人末端坐标系中描述的，机械臂处于静平衡状态，求各连杆关节处受到的力和力矩以及各关节需施加的平衡驱动力矩。

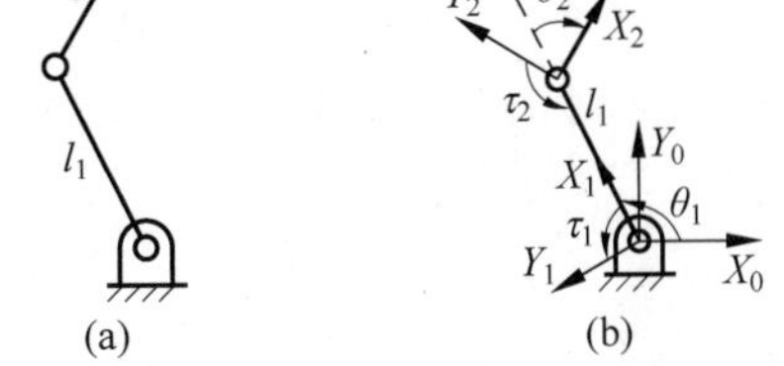

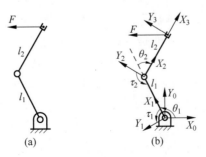

图 5.4　两自由度机械臂受力平衡

解：

如图 5.4(b)所示，首先在两个关节上建立连杆坐标系{1}和{2}，X_1 和 X_2 分别在连杆 1 和连杆 2 上，坐标系原点分别位于两个转轴中心，Y_1 和 Y_2 分别垂直于连杆 1 和连杆 2，Z_1 和 Z_2 分别过原点垂直于纸面；参照坐标系{2}，在机器人的末端建立坐标系{3}，坐标系{3}和{2}具有相同的姿态，最后在基座上建立参考坐标系{0}。图中所有坐标系的 Z 轴都垂直于纸面，为了视图清晰，Z 轴都未标注。

在坐标系{3}中，F 可被表示为 $\boldsymbol{F}={}^3f_3=[f_x \quad f_y \quad 0]^{\mathrm{T}}$，则利用式(5-2)可得连杆 2 关节处所受的力和力矩为：

$$
{}^2\boldsymbol{f}_2={}_2^3\boldsymbol{R}\cdot\boldsymbol{F}={}_2^3\boldsymbol{R}\cdot{}^3\boldsymbol{f}_3=\begin{bmatrix}1&0&0\\0&1&0\\0&0&1\end{bmatrix}\cdot\begin{bmatrix}f_x\\f_y\\0\end{bmatrix}=\begin{bmatrix}f_x\\f_y\\0\end{bmatrix}
$$

$$
{}^2\boldsymbol{M}_2={}_2^3\boldsymbol{P}\times{}^2\boldsymbol{f}_2=\begin{bmatrix}l_2\\0\\0\end{bmatrix}\times\begin{bmatrix}f_x\\f_y\\0\end{bmatrix}=\begin{bmatrix}0\\0\\l_2f_y\end{bmatrix}
$$

再由式(5-2)递推出连杆 1 关节处所受的力和力矩为：

$$
{}^1\boldsymbol{f}_1={}_1^2\boldsymbol{R}\cdot{}^2\boldsymbol{f}_2=\begin{bmatrix}c_2&-s_2&0\\s_2&c_2&0\\0&0&1\end{bmatrix}\begin{bmatrix}f_x\\f_y\\0\end{bmatrix}=\begin{bmatrix}c_2f_x-s_2f_y\\s_2f_x+c_2f_y\\0\end{bmatrix}
$$

$$
\begin{aligned}
{}^1\boldsymbol{M}_1&={}_1^2\boldsymbol{R}\cdot{}^2\boldsymbol{M}_2+{}_1^2\boldsymbol{P}\times{}^1\boldsymbol{f}_1=\begin{bmatrix}c_2&-s_2&0\\s_2&c_2&0\\0&0&1\end{bmatrix}\begin{bmatrix}0\\0\\l_2f_y\end{bmatrix}+\begin{bmatrix}l_1\\0\\0\end{bmatrix}\times\begin{bmatrix}c_2f_x-s_2f_y\\s_2f_x+c_2f_y\\0\end{bmatrix}\\
&=\begin{bmatrix}0\\0\\l_2f_y\end{bmatrix}+\begin{bmatrix}0\\0\\l_1s_2f_x+l_1c_2f_y\end{bmatrix}=\begin{bmatrix}0\\0\\l_2f_y+l_1s_2f_x+l_1c_2f_y\end{bmatrix}
\end{aligned}
$$

由于机械臂的两个关节都是旋转关节，因此采用式(5-3)求得各关节的平衡转矩为：

$$
\tau_1=l_1s_2f_x+l_1c_2f_y+l_2f_y
$$

$$
\tau_2=l_2f_y
$$

写成矩阵形式，即：

$$
\begin{bmatrix}\tau_1\\\tau_2\end{bmatrix}=\begin{bmatrix}l_1s_2&l_1c_2+l_2\\0&l_2\end{bmatrix}\begin{bmatrix}f_x\\f_y\end{bmatrix}\tag{5-5}
$$

这样就求得了在机械臂末端施加作用力 F 时，各连杆关节处受到的力和力矩及各关节需提供的平衡驱动力矩。需要注意的是，本例中，作用力 F 是在局部坐标系{3}中描述的。

例 4：对于图 5.4(a)中所示的平面 2R 机械臂，如果外界作用力 F 是表示在机械臂的基坐标系中的，求机械臂处于静平衡态时两个关节的平衡驱动力矩。

解：

假设基坐标系中外界作用力 $\boldsymbol{F}={}^0\boldsymbol{f}_3=[{}^0f_x \quad {}^0f_y \quad 0]^{\mathrm{T}}$，该力在机械臂末端坐标系中为 ${}^3\boldsymbol{f}_3=[f_x \quad f_y \quad 0]^{\mathrm{T}}$，则它们之间的转换关系为：

$$
{}^3\boldsymbol{f}_3={}_3^0\boldsymbol{R}\cdot{}^0\boldsymbol{f}_3={}_0^3\boldsymbol{R}^{-1}\cdot{}^0\boldsymbol{f}_3
$$

坐标系{0}与坐标系{3}之间的姿态转换关系可描述为：坐标系{0}绕 Z_0 轴旋转 θ_1 角，变为坐标系{1}，坐标系{1}再绕 Z_1 轴旋转 θ_2 角，则与坐标系{2}姿态相同。因为坐标系{3}与坐标系{2}姿态相同，所以坐标系{3}到坐标系{0}的转换矩阵为：

$$^3_0\boldsymbol{R} = {}^2_0\boldsymbol{R} = R(Z,\theta_1)\cdot R(Z,\theta_2) = \begin{bmatrix} c_1 & -s_1 & 0 \\ s_1 & c_1 & 0 \\ 0 & 0 & 1 \end{bmatrix}\cdot\begin{bmatrix} c_2 & -s_2 & 0 \\ s_2 & c_2 & 0 \\ 0 & 0 & 1 \end{bmatrix} = \begin{bmatrix} c_{12} & -s_{12} & 0 \\ s_{12} & c_{12} & 0 \\ 0 & 0 & 1 \end{bmatrix}$$

式中，$s_{12}=\sin(\theta_1+\theta_2)$，$c_{12}=\cos(\theta_1+\theta_2)$。

则：

$$^3_0\boldsymbol{R}^{-1} = \begin{bmatrix} c_{12} & s_{12} & 0 \\ -s_{12} & c_{12} & 0 \\ 0 & 0 & 1 \end{bmatrix}$$

可建立如下等式：

$$^3\boldsymbol{f}_3 = {}^3_0\boldsymbol{R}^{-1}\cdot {}^0\boldsymbol{f}_3 = \begin{bmatrix} c_{12} & s_{12} & 0 \\ -s_{12} & c_{12} & 0 \\ 0 & 0 & 1 \end{bmatrix}\cdot\begin{bmatrix} ^0f_x \\ ^0f_y \\ 0 \end{bmatrix} = \begin{bmatrix} f_x \\ f_y \\ 0 \end{bmatrix}$$

由上式可求得：

$$\begin{bmatrix} f_x \\ f_y \end{bmatrix} = \begin{bmatrix} c_{12} & s_{12} \\ -s_{12} & c_{12} \end{bmatrix}\cdot\begin{bmatrix} ^0f_x \\ ^0f_y \end{bmatrix}$$

将上述求得的 f_x 和 f_y 的值代入式(5-5)，可得：

$$\begin{aligned}\begin{bmatrix} \tau_1 \\ \tau_2 \end{bmatrix} &= \begin{bmatrix} l_1 s_2 & l_1 c_2 + l_2 \\ 0 & l_2 \end{bmatrix}\begin{bmatrix} f_x \\ f_y \end{bmatrix} \\ &= \begin{bmatrix} l_1 s_2 & l_1 c_2 + l_2 \\ 0 & l_2 \end{bmatrix}\cdot\begin{bmatrix} c_{12} & s_{12} \\ -s_{12} & c_{12} \end{bmatrix}\cdot\begin{bmatrix} ^0f_x \\ ^0f_y \end{bmatrix} \\ &= \begin{bmatrix} -l_1 s_1 - l_2 s_{12} & l_1 c_1 + l_2 c_{12} \\ -l_2 s_{12} & l_2 c_{12} \end{bmatrix}\cdot\begin{bmatrix} ^0f_x \\ ^0f_y \end{bmatrix}\end{aligned}$$

由此求得了 2R 机械臂在末端受到作用力 F(基坐标系下描述)时，为保持静态平衡，各关节需提供的平衡驱动力矩。

5.3 静力平衡方程与静力映射分析

静力平衡方程主要是建立机器人静平衡条件下末端受力与关节平衡驱动力之间的映射关系，静力映射分析主要是分析关节空间的力与操作空间中的力之间的关联关系，这两者都是机器人静力学分析中的重要内容。

5.3.1 静力平衡方程

静力平衡方程是采用虚功原理建立的。

虚功原理是分析静力学的重要原理，也被称为虚位移原理，是科学家 J. L. Lagrange 于 1764 年提出的，当时他才 28 岁。该原理是：一个原为静止的质点系，如果约束是理想双面定常约束，则系统继续保持静止的条件是所有作用于该系统的主动力对作用点的虚位移所做功的和为零。

虚位移指的是物体被附加的满足约束条件及连续条件的无限小可能位移。虚位移的“虚”字表明它可以与真实的结构受力而产生的真实位移无关，可以是由其他原因（如温度变化、外力系作用或其他干扰）造成的满足位移约束、连续条件的可能几何位移。由于虚位移是无穷小位移，所以在产生虚位移过程中不会改变原受力平衡体力的作用方向与大小，即受力平衡体的平衡状态不会因产生虚位移而改变。

真实力在虚位移上做的功称为虚功。数学表示上，虚功是力矢量或力矩与虚位移的点积。对于力矩，虚功为 $W=\boldsymbol{\tau}^{\mathrm{T}}\cdot\delta q$；对于力，虚功为 $W=\boldsymbol{F}^{\mathrm{T}}\cdot\delta d$。

针对不同的对象，虚功原理演变出不同的细分原理，如刚体体系的虚功原理、变形体系的虚功原理等。机器人静力学分析中采用的虚功原理属于刚体体系的虚功原理。刚体体系的虚功原理：假设在满足理想约束的刚体体系上作用任何的平衡力系，刚体体系发生满足约束条件的无限小位移，则主动力在位移上所做的虚功总和恒为零。功是表示能量的物理量，计量单位是焦耳（Joule），静力平衡系统中各分系统所做的虚功必须单位一致。

采用虚功原理可以将机器人操作空间中做的虚功与机器人关节空间中做的虚功建立等价关系，由此可推导机器人的静力平衡方程。

假设有一个 n 关节的机械臂，将机械臂末端所受到的力和力矩用一个六维矢量表示为：

$$\boldsymbol{F}=\begin{bmatrix} f \\ m \end{bmatrix}=\begin{bmatrix} f_x & f_y & f_z & m_x & m_y & m_z \end{bmatrix}^{\mathrm{T}}$$

这里 $\boldsymbol{F}$ 被称为广义力，即不细究它是力、力矩还是力和力矩的组合。$\boldsymbol{F}$ 是在基坐标系下描述的。

将各关节的驱动力表示成 n 维矢量：

$$\boldsymbol{\tau}=\begin{bmatrix} \tau_1 & \tau_2 & \cdots & \tau_n \end{bmatrix}^{\mathrm{T}}$$

这里也不关注它是驱动力还是驱动力矩。

对于该机械臂，将关节驱动力矢量$\boldsymbol{\tau}$ 看成系统的控制输入，末端产生的广义力 $\boldsymbol{F}$ 作为系统的控制输出，采用虚功原理推导它们之间的关系。

在虚功原理中，虚位移被定义为满足机械系统的几何约束条件的无限小位移。令机械臂各关节的虚位移为 $\delta\boldsymbol{q}=\begin{bmatrix} q_1 & q_2 & \cdots & q_n \end{bmatrix}^{\mathrm{T}}$，则各关节所做的虚功之和为：

$$w=\boldsymbol{\tau}^{\mathrm{T}}\cdot\delta\boldsymbol{q}=\tau_1\delta q_1+\cdots+\tau_n\delta q_n$$

令机械臂末端的虚位移为 $\boldsymbol{D}=\begin{bmatrix} d_x & d_y & d_z & \delta_x & \delta_y & \delta_z \end{bmatrix}^{\mathrm{T}}$，$\boldsymbol{D}$ 是在基坐标系下描述的，则机械臂末端所做的虚功为：

$$w=\boldsymbol{F}^{\mathrm{T}}\cdot\boldsymbol{D}=f_x dx+f_y dy+f_z dz+m_x\delta_x+m_y\delta_y+m_z\delta_z$$

根据虚功原理，在机械臂静平衡情况下，由任意虚位移产生的虚功和为零，即关节空间虚位移产生的虚功等于操作空间虚位移产生的虚功，由此可得：

$$\boldsymbol{\tau}^{\mathrm{T}}\cdot\delta\boldsymbol{q}=\boldsymbol{F}^{\mathrm{T}}\cdot\boldsymbol{D}$$

在机器人运动学中，由于 $\boldsymbol{D}=\boldsymbol{J}\cdot\delta\boldsymbol{q}$，所以上式可表示为：

$$\boldsymbol{\tau}^{\mathrm{T}}\cdot\delta\boldsymbol{q}=\boldsymbol{F}^{\mathrm{T}}\cdot\boldsymbol{J}\cdot\delta\boldsymbol{q}$$

消掉 $\delta\boldsymbol{q}$，可得

$$\boldsymbol{\tau}^{\mathrm{T}}=\boldsymbol{F}^{\mathrm{T}}\cdot\boldsymbol{J}$$

消掉转置，得到机械臂的静力平衡方程为：

$$\boldsymbol{\tau} = \boldsymbol{J}^{\mathrm{T}} \boldsymbol{F} \tag{5-6}$$

式中，$\boldsymbol{J}^{\mathrm{T}}$ 被称为“力雅可比”，它建立了静力平衡条件下机械臂的末端受力与各关节驱动力之间的映射关系。

由式(5-6)可得出两点结论：

(1) 在仅考虑机械臂关节驱动力和末端作用力的情况下，机械臂保持静平衡的条件是关节驱动力满足式(5-6)；

(2) 在机械臂静力平衡状态下，机器人的力雅可比矩阵是它运动雅可比矩阵的转置。

需要注意的是，上述结论只有在忽略机械臂重力的条件下才能成立。

例 5：如图 5.5 所示的 2R 机械臂，其末端受到外界施加的作用力为 $\boldsymbol{F}$，$\boldsymbol{F}$ 是在基坐标系下描述的，该机械臂处于静平衡状态，求各个关节的平衡驱动力矩。

解：

如图 5.5 所示，2R 机械臂的基坐标系是 XOY，定义两个关节角 θ_1 和 θ_2，顺时针方向为负，逆时针方向为正。建立该机器人的运动学方程：

$$\begin{cases} x = l_1 \cos\theta_1 + l_2 \cos(\theta_1 + \theta_2) \\ y = l_1 \sin\theta_1 + l_2 \sin(\theta_1 + \theta_2) \end{cases}$$

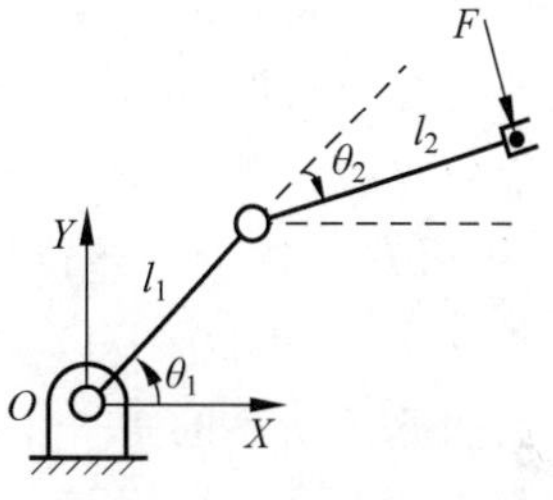

图 5.5　2R 机械臂

上式微分后求得机械臂的雅可比矩阵为：

$$\boldsymbol{J} = \begin{bmatrix} -l_1 s_1 - l_2 s_{12} & -l_2 s_{12} \\ l_1 c_1 + l_2 c_{12} & l_2 c_{12} \end{bmatrix}$$

则力雅可比矩阵为：

$$\boldsymbol{J}^{\mathrm{T}} = \begin{bmatrix} -l_1 s_1 - l_2 s_{12} & l_1 c_1 + l_2 c_{12} \\ -l_2 s_{12} & l_2 c_{12} \end{bmatrix}$$

则各关节的平衡驱动力矩为：

$$\boldsymbol{\tau} = \boldsymbol{J}^{\mathrm{T}} \cdot F = \begin{bmatrix} -l_1 s_1 - l_2 s_{12} & l_1 c_1 + l_2 c_{12} \\ -l_2 s_{12} & l_2 c_{12} \end{bmatrix} \cdot F$$

从上述计算可以看出，通过静力平衡方程可以很方便地求得静平衡状态下 2R 机械臂各关节的平衡驱动力，力雅可比矩阵 $\boldsymbol{J}^{\mathrm{T}}$ 可由机器人的运动学雅可比矩阵 $\boldsymbol{J}$ 转置求得。

例 4 和例 5 求的都是 2R 机械臂的关节平衡驱动力矩，所用的方法不同，但结果是相同的。

5.3.2　静力映射分析

图 5.6 表示的是机器人操作空间作用力 $\boldsymbol{F}$ 与机器人关节驱动力 $\boldsymbol{\tau}$ 之间的静力映射关系。假设机器人操作空间是 m 维的，机器人关节空间是 n 维的，由于雅可比矩阵 $\boldsymbol{J}$ 与机器人的位形 $\boldsymbol{q}$ 相关，$\boldsymbol{J} \in \boldsymbol{R}^{m\times n}$，$\boldsymbol{q} \in \boldsymbol{R}^{n}$，所以力雅可比矩阵 $\boldsymbol{J}^{\mathrm{T}}$ 也是与机器人的位形 $\boldsymbol{q}$ 相关的，$\boldsymbol{J}^{\mathrm{T}} \in \boldsymbol{R}^{n\times m}$。

静力平衡方程 $\boldsymbol{\tau} = \boldsymbol{J}^{\mathrm{T}} \boldsymbol{F}$ 是从 m 维的操作空间到 n 维的关节空间的线性映射，即对于给定的机器人末端作用力 $\boldsymbol{F}$ 和机器人位形 $\boldsymbol{q}$，机器人的关节平衡驱动力 $\boldsymbol{\tau}$ 是唯一确定的，但是对于给定的机器人关节驱动力 $\boldsymbol{\tau}$ 和机器人位形 $\boldsymbol{q}$，机器人末端作用力 $\boldsymbol{F}$ 是不唯一的。机器人

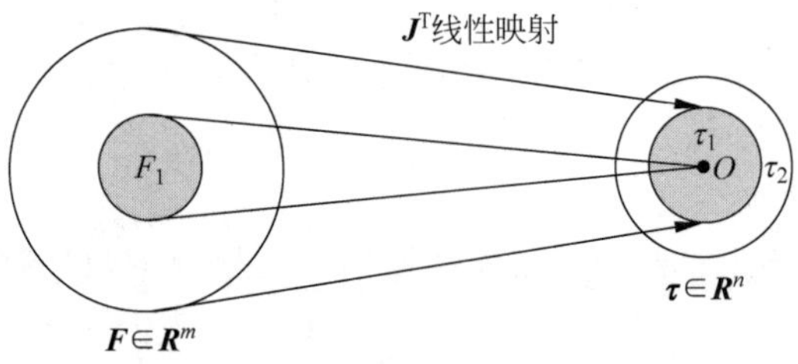

图 5.6　静力映射关系

末端作用力 $F \in R^m$ 通过 J^T 映射出的区域设为 τ_1，τ_1 是 τ 的值域空间的子集，而 τ 的值域空间是由 τ_1 和 τ_2 两部分组成，τ_2 表示的是关节驱动力的余量。F_1 是 F 的值域空间的子集，代表的是一个特殊的力空间，它与机器人的奇异位形相对应，当机器人处于奇异位形时，机器人的末端作用力与机器人关节平衡驱动力之间不能建立线性映射关系，F_1 空间的所有变量都映射为 τ 的零空间或零点，即机器人处于奇异位形时，机器人末端作用力都被机器人机构本体承受了，并不需要关节产生平衡驱动力。

图 5.7 所示的是一个两自由度的机械臂处于奇异状态，此时可以用很小的关节力矩平衡非常大的末端作用力 F，而且 F 的增大并不会导致关节驱动力矩的增大。其原因就是在奇异状态下，机械臂末端的作用力都映射到关节驱动力矩的零点上了。

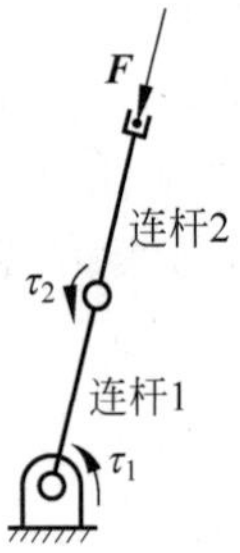

图 5.7　奇异状态

5.4　静力学的逆问题

机械臂处于静力平衡时，关节驱动力 τ 和外界作用力 F 之间的存在关系式：$\tau = J^T F$，这种从外界作用力 F 到关节驱动力 τ 之间的映射被称为静力学的原问题。静力学的逆问题是：如果已知关节驱动力 τ，如何求作用力 F?

很显然，静力学的逆问题与力雅可比矩阵 J^T 直接相关。

(1) 如果雅可比矩阵 J 是方阵且 J^T 的逆存在，则可直接求出静力学的逆解：$F = (J^T)^{-1} \cdot \tau$。

(2) 如果 J 不是方阵，或 J^T 的逆不存在，则 F 的值不确定，即 τ 与 F 之间无法建立直接映射关系。可采用最小二乘的方法求得 F 的一个特解：$F = (JJ^T)^{-1} J\tau$。

静力学逆解的主要用途是在机械臂设计时，由各关节的驱动力矩推导出机械臂的静负荷。如果对机械臂的静负荷进行遍历计算，则可以确定机械臂的静负荷的范围，从而指导机械臂的关节驱动选型。

5.5　力与力矩的坐标变换

在机器人中，力与力矩也需要在不同的坐标系之间进行转换，从而满足测量、分析等不同的需求。

假设六维力和力矩矢量表示为广义力 F。如果已知坐标系 $\{j\}$ 中的广义力值为 ${}^jF$，如何求它在另外一个坐标系$\{i\}$中的值${}^{i}\boldsymbol{F}$呢？

下面利用虚功原理推导广义力从坐标系$\{j\}$到坐标系$\{i\}$的变换。

假设坐标系$\{j\}$中的虚位移和作用力分别为${}^{j}\boldsymbol{D}$和${}^{j}\boldsymbol{F}$，它们在坐标系$\{i\}$中对应的虚位移和作用力分别为${}^{i}\boldsymbol{D}$和${}^{i}\boldsymbol{F}$。

根据虚功原理：外力和等效力所做的虚功之和为零，可得：

$$ {}^{i}\boldsymbol{F}^{\mathrm{T}}\cdot{}^{i}\boldsymbol{D}={}^{j}\boldsymbol{F}^{\mathrm{T}}\cdot{}^{j}\boldsymbol{D} \tag{5-7}$$

由微分运动的坐标变换式(4-26)可得${}^{j}\boldsymbol{D}$到${}^{i}\boldsymbol{D}$的转换关系为：

$$ {}^{i}\boldsymbol{D}=\begin{bmatrix} {}_{j}^{i}\boldsymbol{R}^{\mathrm{T}} & -{}_{j}^{i}\boldsymbol{R}^{\mathrm{T}}\cdot S({}_{j}^{O_i}\boldsymbol{P}) \\ \boldsymbol{0} & {}_{j}^{i}\boldsymbol{R}^{\mathrm{T}} \end{bmatrix}\cdot{}^{j}\boldsymbol{D} $$

则：

$$ {}^{j}\boldsymbol{D}=\begin{bmatrix} {}_{j}^{i}\boldsymbol{R} & S({}_{j}^{O_i}\boldsymbol{P})\cdot{}_{j}^{i}\boldsymbol{R} \\ \boldsymbol{0} & {}_{j}^{i}\boldsymbol{R} \end{bmatrix}\cdot{}^{i}\boldsymbol{D} $$

将上式代入式(5-7)中，可得：

$$ {}^{i}\boldsymbol{F}^{\mathrm{T}}\cdot{}^{i}\boldsymbol{D}={}^{j}\boldsymbol{F}^{\mathrm{T}}\cdot\begin{bmatrix} {}_{j}^{i}\boldsymbol{R} & S({}_{j}^{O_i}\boldsymbol{P})\cdot{}_{j}^{i}\boldsymbol{R} \\ \boldsymbol{0} & {}_{j}^{i}\boldsymbol{R} \end{bmatrix}\cdot{}^{i}\boldsymbol{D} $$

上面等式两边约去${}^{i}\boldsymbol{D}$，得：

$$ {}^{i}\boldsymbol{F}^{\mathrm{T}}={}^{j}\boldsymbol{F}^{\mathrm{T}}\begin{bmatrix} {}_{j}^{i}\boldsymbol{R} & S({}_{j}^{O_i}\boldsymbol{P}){}_{j}^{i}\boldsymbol{R} \\ \boldsymbol{0} & {}_{j}^{i}\boldsymbol{R} \end{bmatrix} $$

将上式消去转置，得广义力从坐标系$\{j\}$到坐标系$\{i\}$的转换方程为：

$$ {}^{i}\boldsymbol{F}=\begin{bmatrix} {}_{i}^{j}\boldsymbol{R} & \boldsymbol{0} \\ {}_{i}^{j}\boldsymbol{R}\cdot S({}_{i}^{O_j}\boldsymbol{P}) & {}_{i}^{j}\boldsymbol{R} \end{bmatrix}\cdot{}^{j}\boldsymbol{F} \tag{5-8}$$

式(5-8)即为两坐标系中的广义力转换公式。

式(5-8)也可简写为：

$$ {}^{i}\boldsymbol{F}={}_{i}^{j}\boldsymbol{T}_{f}\cdot{}^{j}\boldsymbol{F} \tag{5-9}$$

这里，${}_{i}^{j}\boldsymbol{T}_{f}=\begin{bmatrix} {}_{i}^{j}\boldsymbol{R} & 0 \\ {}_{i}^{j}\boldsymbol{R}\cdot S({}_{i}^{O_j}\boldsymbol{P}) & {}_{i}^{j}\boldsymbol{R} \end{bmatrix}$，被称为广义力转换矩阵。

例6：如图5.8所示，一个带有腕部6维力传感器的机器人通过工具打磨工件，力传感器检测出的6维力为${}^{W}\boldsymbol{F}$，计算工具与工件之间的作用力。

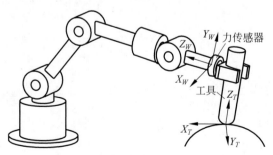

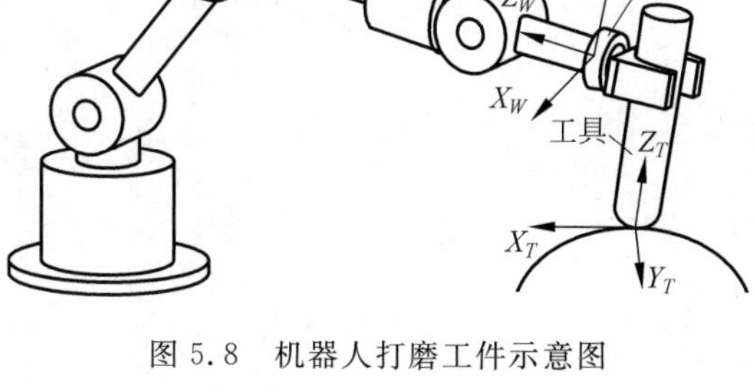

图5.8　机器人打磨工件示意图

解：

假设腕部传感器所在的坐标系为$\{W\}$，工具顶部所在的坐标系为$\{T\}$，坐标系$\{W\}$到坐标系$\{T\}$的齐次变换矩阵为：

$$ {}_{T}^{W}\boldsymbol{T}=\begin{bmatrix} {}_{T}^{W}\boldsymbol{R} & {}^{WO}_{T}\boldsymbol{P} \\ \boldsymbol{0} & 1 \end{bmatrix} $$

由矩阵${}_{T}^{W}\boldsymbol{T}$可得到${}_{T}^{W}\boldsymbol{R}$和${}^{WO}_{T}\boldsymbol{P}$，由${}^{WO}_{T}\boldsymbol{P}$可得到$S({}^{WO}_{T}\boldsymbol{P})$，再根据广义力坐标变换式(5-8)，可得工具与工件之间的作用力为：

$$ {}^{T}\boldsymbol{F}=\begin{bmatrix} {}_{T}^{W}\boldsymbol{R} & 0 \\ {}_{T}^{W}\boldsymbol{R}\cdot S({}^{WO}_{T}\boldsymbol{P}) & {}_{T}^{W}\boldsymbol{R} \end{bmatrix}\cdot {}^{W}\boldsymbol{F} $$

这种广义力的坐标变换方法可通过间接测量机器人与外界的作用力，然后通过坐标变换的方式实现对无法直接安装力传感器的部位的力测量，具有重要的实用价值。

5.6 小结

本章首先介绍了静力平衡条件下串联机械臂的连杆受力及关节平衡驱动力的计算方法，在此基础上讨论了静力平衡方程、静力映射及静力学逆问题，最后介绍了广义力在不同坐标系之间的转换公式。

参考文献

[1] http://www.tbdenterprisesllc.com/products/material-handling/.

[2] https://b2b.hc360.com/viewPics/supplyself_pics/82804569113.html.

[3] 熊有伦. 机器人学[M],北京：机械工业出版社,1992.

[4] 蔡自兴. 机器人学[M],北京：清华大学出版社,2009.

[5] Craig J J. Introduction to Robotics: Mechanics and Control[M],3rd Ed. 北京：机械工业出版社,2005.

第6章 机器人动力学

CHAPTER 6

动力学是理论力学的一个重要分支，主要研究作用于物体的力与物体运动的关系。机器人是一个具有多输入和多输出的复杂动力学系统，存在严重的非线性，需要非常系统的方法对机器人进行动力学研究。常用的机器人动力学建模方法比较多，如 Lagrange(拉格朗日) 动力学方法、Newton-Euler(牛顿-欧拉)动力学方法、Gauss(高斯)动力学方法、Kane(凯恩)动力学方法、Roberson-Wittenburg(罗伯逊-魏登堡)动力学方法等。本章主要介绍 Lagrange 动力学方法、Newton-Euler 动力学方法及 Kane 动力学方法。

6.1 引言

动力学研究的对象是运动速度远小于光速的宏观物体，而原子、亚原子和粒子的动力学属于量子力学，可比拟光速物体的动力学则属于相对论力学。动力学主要包括质点动力学、质点系动力学、刚体动力学、达朗贝尔原理等内容。

1687 年著名科学家牛顿出版了《自然哲学的数学原理》(*Mathematical Principles of Natural Philosophy*)一书，提出了牛顿第二运动定律，指出了力、加速度、质量三者之间的关系。牛顿第二运动定律是动力学的基础和核心。18 世纪，瑞士学者欧拉(Leonhard Euler，1707—1783 年)引入了刚体的概念并把牛顿第二运动定律推广到刚体。牛顿第二运动定律提出 100 年后，法国数学家 J. L. Lagrange(拉格朗日)建立了能应用于完整系统的 Lagrange 方程。该方程不同于牛顿第二运动定律的力和加速度的形式，而是用广义坐标为自变量，通过 Lagrange 函数来表示。应用 Lagrange 方程研究刚体动力学问题比应用牛顿第二运动定律更方便。

机器人动力学研究的是机器人的运动和作用力之间的关系。如图 6.1 所示，两个机器人分别在做单腿站立和在布满障碍物的不平地面行走，为了使机器人保持身体平衡不摔倒，则机器人的运动需满足某种特定的力学平衡关系，很显然这不是通过运动学和静力学能够实现的，而是需要通过对机器人进行动力学控制来实现。

机器人动力学问题包括正问题和逆问题两大类。

动力学的正问题是对于给定的关节驱动力/力矩，求解机器人对应的运动。需要求解非线性的微分方程组，计算复杂，主要用于机器人的运动仿真。

动力学的逆问题是已知机器人的运动，计算对应的关节驱动力/力矩，即计算实现预定

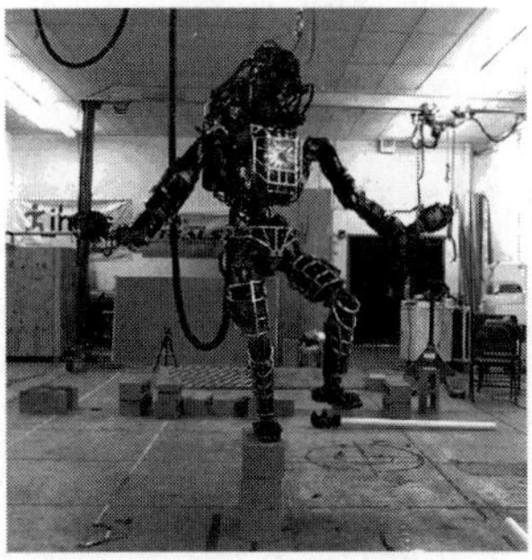

(a) 机器人单腿站立[1]

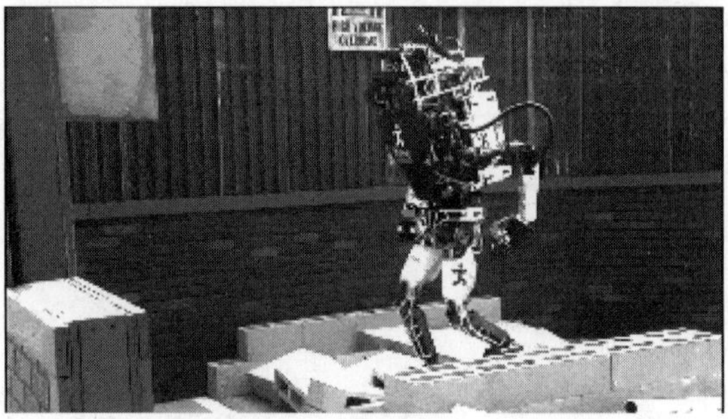

(b) 机器人在障碍地面行走[2]

图 6.1　机器人动力学举例

运动所需施加的力/力矩。不需要求解非线性方程组,计算相对简单,主要用于机器人的运动控制。

机器人动力学的用途可以概括为以下三个方面:

(1) 为机器人设计提供依据:能计算出实现预定运动所需的力/力矩。

(2) 机器人的动力学仿真:能根据连杆质量、负载、传动结构进行动态性能仿真。

(3) 实现机器人的最优控制:能优化性能指标和动态性能,调整伺服增益。

6.2　Lagrange 动力学方法

Lagrange 动力学方法是研究机器人动力学问题的一种重要方法,下面介绍如何构建 Lagrange 动力学模型以及对 Lagrange 动力学方程进行分析。

6.2.1　Lagrange 动力学建模

Lagrange 是分析力学的创立者。1788 年,Lagrange 出版了其名著《分析力学》,在总结历史上各种力学基本原理的基础上,引进广义坐标的概念,建立了 Lagrange 方程,把力学体系的运动方程从以力为基本概念的牛顿形式,改变为以能量为基本概念的分析力学形式,奠定了分析力学的基础。Lagrange 方程是运用达朗贝尔原理得到的力学方程,和牛顿第二运动定律等价,但 Lagrange 方程具有更普遍的意义,适用范围更广泛,而且选取恰当的广义坐标可以使 Lagrange 方程的求解大大简化。

Lagrange 动力学有一个基本假设:具有 n 个自由度的系统,其运动状态完全由 n 个广义坐标及它们的广义速度决定。或者说,力学系统的运动状态可由一个含有广义坐标和广义速度的函数描述。Lagrange 动力学方法就是基于该假设,能以最简单的形式求得非常复杂系统的动力学方程,而且具有显式结构,是一种很实用的动力学建模方法。下面对 Lagrange 动力学方法进行详细介绍。

在 Lagrange 动力学方法中有一个很重要的变量:Lagrange 函数 L,它被定义为任何机械系统的动能 E_k 和势能 E_p 之差:

$$L = E_k - E_p$$

在 Lagrange 动力学方法中,动能和势能可以用任意选取的坐标系来表示,不局限于笛卡儿坐标系。

假设 n 自由度机器人的广义坐标为 $q_i(i=1,2,\cdots,n)$，则该机器人的动力学方程为：

$$\boldsymbol{f}_i=\frac{\mathrm{d}}{\mathrm{d}t}\frac{\partial L}{\partial \dot{q}_i}-\frac{\partial L}{\partial q_i} \tag{6-1}$$

式中，$\boldsymbol{f}_i$ 是机器人的广义驱动力，若 q_i 是直线运动变量，则 $\boldsymbol{f}_i$ 表示的是力，若 q_i 是角度变量，则 $\boldsymbol{f}_i$ 表示力矩；$\dot{q}_i$ 是机器人关节 i 的广义速度。

将 $L=E_k-E_p$ 代入到式(6-1)，得：

$$\boldsymbol{f}_i=\left(\frac{\mathrm{d}}{\mathrm{d}t}\frac{\partial E_k}{\partial \dot{q}_i}-\frac{\partial E_k}{\partial q_i}\right)-\left(\frac{\mathrm{d}}{\mathrm{d}t}\frac{\partial E_p}{\partial \dot{q}_i}-\frac{\partial E_p}{\partial q_i}\right)$$

由于势能 E_p 不显含 $\dot{q}_i(i=1,2,\cdots,n)$，因此，Lagrange 动力学方程也可以写成：

$$\boldsymbol{f}_i=\frac{\mathrm{d}}{\mathrm{d}t}\frac{\partial E_k}{\partial \dot{q}_i}-\frac{\partial E_k}{\partial q_i}+\frac{\partial E_p}{\partial q_i} \tag{6-2}$$

从式(6-2)可以看出，Lagrange 动力学方程是基于能量的，与纯基于力的牛顿第二运动方程是完全不同的形式。由于系统的广义驱动力仅与系统的动能、势能和广义位置、广义速度相关，因此该方法特别适合用于多自由度复杂系统的动力学建模，而且不受系统结构复杂度的影响，这也是该方法被广泛应用的原因。

例 1：图 6.2 所示是一个 RP 机器人的机构简图，每个连杆的质心皆位于连杆末端，求其 Lagrange 动力学方程。

解：

首先，分析一下该机器人。它有两个带有质量的运动连杆，其自由度为 2，有两个广义坐标 θ 和 r。为了求得该机器人的 Lagrange 动力学方程，需要计算其动能和势能，而动能和势能是与两个质心的位置和速度相关的。建立如图 6.2 所示的基坐标系，并标注各参量。

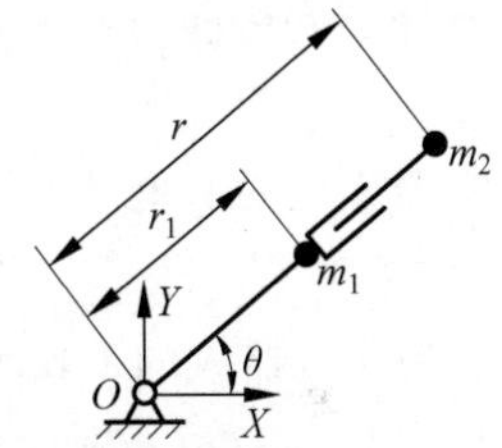

图 6.2 RP 机器人机构简图

(1) 求连杆质心的位置和速度

为了写出连杆 1 和连杆 2(质量 m_1 和 m_2)的动能和势能，需要知道它们的质心在基坐标系 XOY(参考系)中的位置和速度。

连杆 1 的质心 m_1 的位置是：

$$\begin{cases}x_1=r_1\cos\theta\\ y_1=r_1\sin\theta\end{cases}\quad r_1\in C$$

对上式相对于时间 t 求导数，可得质心 m_1 的速度是：

$$\begin{cases}\dot{x}_1=-r_1\sin\theta\dot{\theta}\\ \dot{y}_1=r_1\cos\theta\dot{\theta}\end{cases}$$

连杆 2 的质心 m_2 的位置是：

$$\begin{cases}x_2=r\cos\theta\\ y_2=r\sin\theta\end{cases}\quad r\notin C$$

质心 m_2 的速度是：

$$\begin{cases}\dot{x}_2 = \dot{r}\cos\theta - r\sin\theta\dot{\theta} \\ \dot{y}_2 = \dot{r}\sin\theta + r\cos\theta\dot{\theta}\end{cases}$$

(2) 求机器人的总动能

质量为 m、速度为 v 的质点的动能为 $E_k=\frac{1}{2}mv^2$。分别求出连杆 1 和连杆 2 的动能。

连杆 1 的动能为：

$$E_{k1} = \frac{1}{2}m_1 v_1^2 = \frac{1}{2}m_1(\dot{x}_1^2 + \dot{y}_1^2) = \frac{1}{2}m_1 r_1^2\dot{\theta}^2$$

连杆 2 的动能为：

$$E_{k2} = \frac{1}{2}m_2 v_2^2 = \frac{1}{2}m_2(\dot{x}_2^2 + \dot{y}_2^2) = \frac{1}{2}m_2(\dot{r}^2 + r^2\dot{\theta}^2)$$

所以，机器人的总动能为：

$$E_k = E_{k1} + E_{k2} = \frac{1}{2}m_1 r_1^2\dot{\theta}^2 + \frac{1}{2}m_2\dot{r}^2 + \frac{1}{2}m_2 r^2\dot{\theta}^2$$

(3) 求机器人的总势能

质量为 m、高度为 h 的质点的势能为 $E_p=mgh$。分别求出连杆 1 和连杆 2 的势能。

连杆 1 的势能：

$$E_{p1}=m_1 g r_1\sin\theta$$

连杆 2 的势能：

$$E_{p2}=m_2 g r\sin\theta$$

机器人的总势能为：

$$E_p=E_{p1}+E_{p2}=m_1 g r_1\sin\theta+m_2 g r\sin\theta$$

(4) 求机器人的 Lagrange 动力学方程

根据式(6-2)，分别计算关节 1 和关节 2 的驱动力。

关节 1 上的驱动力为：

$$\begin{aligned} f_1 &= \frac{\mathrm{d}}{\mathrm{d}t}\frac{\partial E_k}{\partial \dot{q}_1} - \frac{\partial E_k}{\partial q_1} + \frac{\partial E_p}{\partial q_1} \\ &= \frac{\mathrm{d}}{\mathrm{d}t}\frac{\partial E_k}{\partial \dot{\theta}} - \frac{\partial E_k}{\partial \theta} + \frac{\partial E_p}{\partial \theta} \\ &= \frac{\mathrm{d}}{\mathrm{d}t}(m_1 r_1^2\dot{\theta} + m_2 r^2\dot{\theta}) - 0 + (g\cos\theta m_1 r_1 + g\cos\theta m_2 r) \\ &= m_1 r_1^2\ddot{\theta} + m_2 r^2\ddot{\theta} + 2m_2 r\dot{r}\dot{\theta} + g\cos\theta(m_1 r_1 + m_2 r)\end{aligned}$$

关节 1 是转动关节，所以 f_1 是转矩，即：

$$\tau_1 = (m_1 r_1^2 + m_2 r^2)\ddot{\theta} + 2m_2 r\dot{r}\dot{\theta} + g\cos\theta(m_1 r_1 + m_2 r) \tag{6-3}$$

在式(6-3)中，关节 1 的驱动转矩与机器人两关节的运动变量及其微分皆相关。其中，$(m_1 r_1^2+m_2 r^2)\ddot{\theta}$ 项与关节 1 的加速度和关节 2 的位置相关，$2m_2 r\dot{r}\dot{\theta}$ 项与关节 1 和关节 2 的速度及关节的 2 位置相关，$g\cos\theta(m_1 r_1+m_2 r)$项与两关节位置 r 和 θ 相关。

关节 2 上的驱动力为：

$$f_2=\frac{\mathrm{d}}{\mathrm{d}t}\frac{\partial E_k}{\partial \dot{q}_2}-\frac{\partial E_k}{\partial q_2}+\frac{\partial E_p}{\partial q_2}=\frac{\mathrm{d}}{\mathrm{d}t}\frac{\partial E_k}{\partial \dot{r}}-\frac{\partial E_k}{\partial r}+\frac{\partial E_p}{\partial r}$$

$$=\frac{\mathrm{d}}{\mathrm{d}t}(m_2\dot{r})-m_2r\dot{\theta}^2+m_2g\sin\theta$$

$$=m_2\ddot{r}-m_2r\dot{\theta}^2+m_2g\sin\theta$$

关节 2 是移动关节，所以 f_2 是力。关节 2 的驱动力也与机器人两关节的运动变量及其微分皆相关。其中，$m_2\ddot{r}$项与连杆 2 的加速度相关，$m_2r\dot{\theta}^2$ 项与关节 1 的速度及关节 2 的位置相关，$m_2g\sin\theta$ 项与关节 1 的位置相关。

该 RP 机器人的动力学模型为：

$$\begin{cases}\tau_1=(m_1r_1^2+m_2r^2)\ddot{\theta}+2m_2r\dot{r}\dot{\theta}+g\cos\theta(m_1r_1+m_2r)\\ f_2=m_2\ddot{r}-m_2r\dot{\theta}^2+m_2g\sin\theta\end{cases}\tag{6-4}$$

式(6-4)表示 RP 机器人各关节上的驱动力与各连杆运动之间的关系。这种关系是非常复杂的耦合关系，例如关节 1 的驱动力矩不仅与关节 1 的位置变量 θ 及其微分相关，而且与关节 2 的位置变量 r 及其微分相关；关节 2 的驱动力不仅与关节 2 的位置变量 r 及其微分相关，而且与关节 1 的位置变量 θ 及其微分相关。

综上所述，采用 Lagrange 方法建立机器人动力学模型的基本步骤如下：

(1) 计算机器人各连杆质心的位置和速度；

(2) 计算机器人的总动能；

(3) 计算机器人的总势能；

(4) 构造 Lagrange 函数 L；

(5) 采用式(6-1)或式(6-2)推导 Lagrange 动力学方程。

上面介绍的 Lagrange 方程也被称为第二类 Lagrange 方程，它仅适用于用动能、势能及广义主动力等标量就能描述的质点系统，而且只适用于完整约束系统，对于非完整约束系统，需采用改进的 Lagrange 方程。

6.2.2 Lagrange 动力学方程分析

补充所有的变量项，扩展 6.2.1 节例 1 所求得的动力学方程(6-4)，并将系数进行分类简化，可得 Lagrange 动力学方程的一般形式为：

$$f_1=D_{11}\ddot{\theta}+D_{12}\ddot{r}+D_{111}\dot{\theta}^2+D_{122}\dot{r}^2+D_{112}\dot{\theta}\dot{r}+D_{121}\dot{r}\dot{\theta}+D_1\tag{6-5}$$

$$f_2=D_{21}\ddot{\theta}+D_{22}\ddot{r}+D_{211}\dot{\theta}^2+D_{222}\dot{r}^2+D_{212}\dot{\theta}\dot{r}+D_{221}\dot{r}\dot{\theta}+D_2\tag{6-6}$$

下面对式(6-5)和式(6-6)中的系数作简要介绍：

(1) D_{ii} 是关节 i 的有效惯量，$D_{ii}\ddot{q}_i$ 是关节 i 的加速度在关节 i 上产生的惯性力。

(2) $D_{ij}(i\neq j)$是关节 j 对关节 i 的耦合惯量，$D_{ij}\ddot{q}_j$ 是关节 j 的加速度在关节 i 上产生的耦合力。

(3) $D_{ijj}\dot{q}_j^2$ 是关节 j 的速度在关节 i 上产生的向心力。

(4) $D_{ijk}\dot{q}_j\dot{q}_k$，$D_{ikj}\dot{q}_k\dot{q}_j$是作用在关节 i 上的科氏力。

(5) D_i 是作用在关节 i 上的重力。

在式(6-5)和式(6-6)中,第一项和第二项是惯性力项,第三项和第四项是向心力项,第五项和第六项是科氏力项,最后一项为重力项。

由于 Lagrange 动力学方程一般包括惯性力项、向心力项、科氏力项和重力项四个组成部分,所以 Lagrange 动力学方程通常会写成如下简式:

$$\boldsymbol{\tau} = \boldsymbol{D}(q)\ddot{q} + \boldsymbol{h}(q,\dot{q}) + \boldsymbol{G}(q)$$

其中,$\boldsymbol{D}(q)$表示质量矩阵,为 $n\times n$ 对称阵;$\boldsymbol{h}(q,\dot{q})$表示离心力和科氏力,为 $n\times 1$ 矩阵;$\boldsymbol{G}(q)$表示重力,为 $n\times 1$ 矩阵;$q,\dot{q}$和$\ddot{q}$是状态量/关节变量,为 $n\times 1$ 矩阵。

对照式(6-4),可得式(6-5)和式(6-6)中各项系数,如表 6.1 所示。

表 6.1 各项系数

名　称	关 节 1	关 节 2
惯性力项	$D_{11}=m_1r_1^2+m_2r^2$;$D_{12}=0$	$D_{21}=0$;$D_{22}=m_2$
向心力项	$D_{111}=0$;$D_{122}=0$	$D_{211}=-m_2r$;$D_{222}=0$
科氏力项	$D_{112}=m_2r$;$D_{121}=m_2r$	$D_{212}=0$;$D_{221}=0$
重力项	$D_1=g\cos\theta(m_1r_1+m_2r)$	$D_2=m_2g\sin\theta$

参照表 6.1,对于图 6.2 所示的 RP 机器人,可以得出如下结论:

(1) 关节 1 和关节 2 之间没有耦合惯性力($D_{12}=0,D_{21}=0$)。

(2) 关节 1 没有受到向心力作用($D_{111}=0$;$D_{122}=0$),关节 2 受到关节 1 作用的向心力($D_{211}=-m_2r$)。

(3) 关节 1 受到科氏力的作用,关节 2 无科氏力作用。

(4) 关节 1 和关节 2 都受到重力作用。

(5) 有效惯量对于转动关节是转动惯量($D_{11}=m_1r_1^2+m_2r^2$),对于移动关节是质量($D_{22}=m_2$)。

科氏力 (Coriolis force)亦称为科里奥利力或哥氏力,是以法国物理学家科里奥利(Gaspard Gustave de Coriolis,1792—1843 年)的名字命名的一种力。科氏力是以牛顿力学为基础的。1835 年 Coriolis 在《物体系统相对运动方程》的论文中指出,如果物体在匀速转动的参考系中作相对运动,就有一种不同于通常离心力的惯性力作用于物体,这种力被称为复合离心力,其大小和方向可用 $2m\boldsymbol{v}\times\boldsymbol{\omega}$ 表示,其中 m 为物体质量,$\boldsymbol{v}$ 为相对速度,$\boldsymbol{\omega}$ 为参考系的角速度。下面举例说明,在图 6.3 中,一圆盘做匀速转动,转速为$\boldsymbol{\omega}$,其上一质点相对于惯性坐标系 $OXYZ$ 做直线运动,速度为$\boldsymbol{v}$,则该质点相对于旋转坐标系的轨迹是一条曲线。在旋转坐标系内,得有一个力驱使质点运动轨迹形成曲线,这个力就是科氏力。

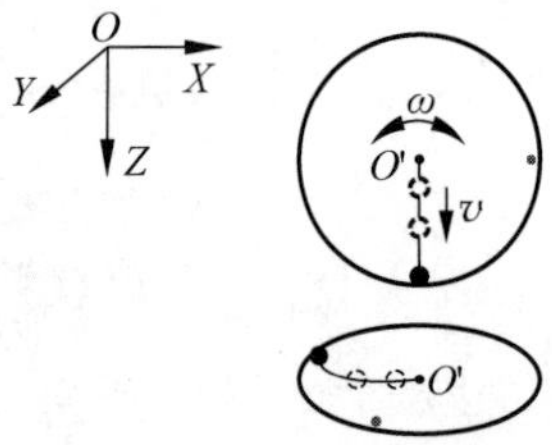

图 6.3 科里奥利力示意图

例 2:假设图 6.2 中的 RP 机器人的实际参数为:$m_1=10\text{kg}$,$m_2=5\text{kg}$,$r_1=1\text{m}$,r 为 1～2m;各关节的最大速度$\dot{\theta}=1\text{rad/s}$,$\dot{r}=1\text{m/s}$;各关节的最大加速度$\ddot{\theta}=1\text{rad/s}^2$,$\ddot{r}=2\text{m/s}^2$。计算下列情况下各关节的驱动力:

(1) 手臂伸至最长,静止状态下,计算关节 1 在垂直和水平位置时的驱动力;

(2) 手臂伸至最短，两关节以最大速度从垂直位置向水平位置运动 1 秒，计算关节 1 的驱动力；

(3) 手臂伸至最短，两关节都以最大加速度启动，计算垂直和水平两种位置时关节 1 和关节 2 的驱动力。

解：

前面已推导出关节 1 和关节 2 的驱动力公式，因此将每种情况下对应的参数代入公式即可得到对应关节的驱动力。

(1) 对于情况(1)，可得参数 $\theta=0$ 或 $\theta=\frac{\pi}{2}$，$\dot{\theta}=\ddot{\theta}=0$，$r=2$，$\dot{r}=\ddot{r}=0$，将这些参数代入式(6-3)，得关节 1 的驱动力矩为：

$$\tau_1 = g\cos\theta(m_1 r_1 + m_2 r) = 196\cos\theta \tag{6-7}$$

式(6-7)说明，在情况(1)时，仅重力项对关节 1 的驱动力矩有影响。

RP 机器人所对应的水平和垂直两个位置如图 6.4 所示。

水平时：$\theta=0$，$\tau_1=196\text{kg}\cdot\text{m}^2/\text{s}^2$

垂直时：$\theta=\frac{\pi}{2}$，$\tau_1=0$

这说明关节 1 的驱动力矩变化很大。

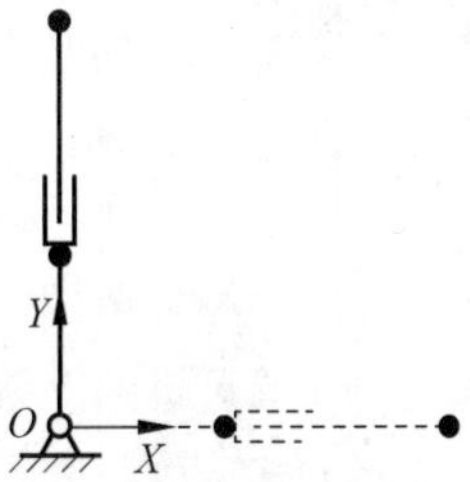

图 6.4　RP 机器人的垂直和水平两种位置

(2) 对于情况(2)，可得各参数 $\theta:\frac{\pi}{2}\to0.57$，$\dot{\theta}=1$，$\ddot{\theta}=0$，$r:1\to2$，$\dot{r}=1$，$\ddot{r}=0$，将这些参数代入式(6-3)，得关节 1 的驱动力矩为：

$$\tau_1 = 2m_2 r\dot{r}\dot{\theta} + g\cos\theta(m_1 r_1 + m_2 r) = 10r + 98\cos\theta + 49r\cos\theta$$

绘制关节 1 的驱动力矩变化曲线如图 6.5 所示。从图中可以看出，关节 1 从竖直位置向水平位置运动的过程中，驱动力矩逐渐增大，从初值的 10 变化到终值的 206。从中也可以看出科氏力对关节 1 的驱动力矩有影响，但没有重力的影响大，其主因是机器人关节速度比较小。如果关节 1 的最大速度变为 10 rad/s，$\tau_1=100r+98\cos\theta+49r\cos\theta$，则科氏力的影响就成为主要因素了。

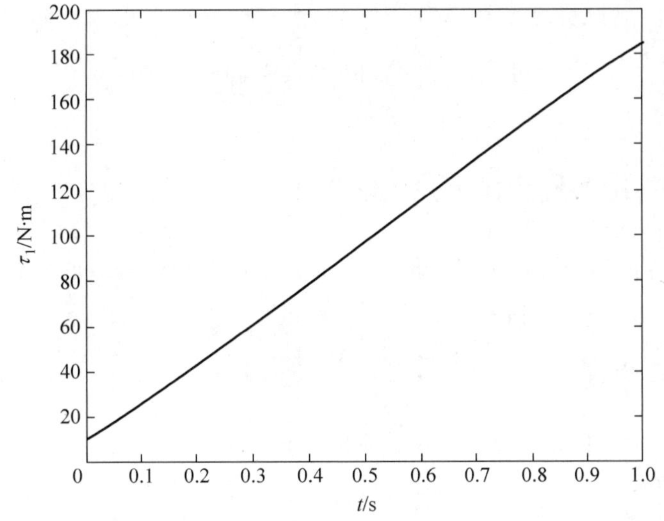

图 6.5　关节 1 的驱动力矩随时间变化情况

(3) 对于情况(3)，可得参数 $\theta=0$ 或者 $\theta=\frac{\pi}{2}$，$\dot{\theta}=0$，$\ddot{\theta}=1$，$r=1$，$\dot{r}=0$，$\ddot{r}=2$，将这些参数代入式(6-4)中关节 1、关节 2 的驱动力公式，得各关节的驱动力为：

$$\tau_1=(m_1r_1^2+m_2r^2)\ddot{\theta}+g\cos\theta(m_1r_1+m_2r)=30+147\cos\theta$$

$$f_2=m_2\ddot{r}+m_2g\sin\theta=10+49\sin\theta$$

在垂直位置时：$\tau_1=30$，$f_2=10$

在水平位置时：$\tau_1=177$，$f_2=59$

从上述数据可以看出：

(1) 对于该 RP 机器人来讲，关节 1 的最大驱动力远大于关节 2 的最大驱动力，原因是连杆 2 也是关节 1 的负载。这也可以解释为什么工业机器人离基座最近的俯仰关节电机远比其他关节的电机大。

(2) 重力负载对关节驱动力的影响变化极大，在垂直位置时对关节驱动力的影响是零，在水平位置时对关节驱动力的影响最大。

重力负载对机器人控制的影响很大，在实际应用中可采用重力补偿或前馈补偿的方法。在图 6.6(a)中，机器人直接采用重物来平衡第一俯仰关节所受重力，从而降低该关节电机所需的最大力矩。在图 6.6(b)中，机器人采用弹簧缸来平衡第一俯仰关节的重力。在这两种平衡重力的方法中，重物平衡的方式用得比较早，该方式结构简单、成本低，但平衡补偿能力有限；弹簧缸补偿方式目前在工业机器人上普遍采用，具有结构紧凑、补偿效果好等优点，但成本比重物补偿方式高。

(a) 重物补偿[3]　　(b) 弹簧缸补偿[4]

图 6.6　两种工业机器人重力补偿方式

6.3 Newton-Euler 动力学方法

Newton-Euler 动力学方法是研究机器人动力学问题的另一种重要方法。该方法需要用到刚体的惯性张量，下面先进行介绍。

6.3.1 惯性张量

惯性张量是表示刚体相对于某一坐标系的质量分布的二阶矩阵，是由表示刚体质量分布的惯性矩和惯性积组成。

1. 惯性矩

惯性矩也被称为面积惯性矩，是刚体的质量微元与其到某坐标轴距离平方乘积的积分，表示刚体抵抗扭动、扭转的能力，通常表示截面抗弯曲能力。

如图 6.7 所示为均质刚体，绕 X、Y、Z 轴的惯性矩定义为：

$$I_{xx}=\iiint_V (y^2+z^2)\rho \mathrm{d}V=\iiint_m (y^2+z^2)\mathrm{d}m$$

$$I_{yy}=\iiint_V (x^2+z^2)\rho \mathrm{d}V=\iiint_m (x^2+z^2)\mathrm{d}m$$

$$I_{zz}=\iiint_V (y^2+x^2)\rho \mathrm{d}V=\iiint_m (y^2+x^2)\mathrm{d}m$$

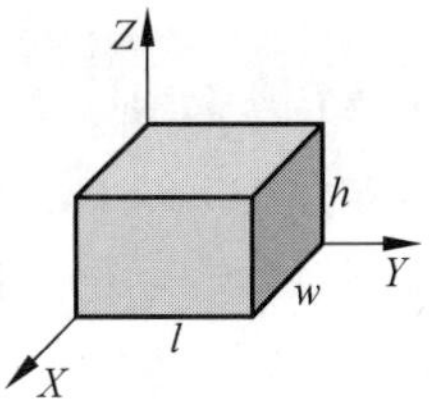

图 6.7　均质刚体在坐标系中的表示

其中，ρ 是刚体的密度，$\mathrm{d}m=\rho \mathrm{d}V$ 表示体积微元的质量。

2. 惯性积

惯性积也被称为质量惯性积，是刚体的质量微元与其两个直角坐标乘积的积分总和。均质刚体的惯性积定义为：

$$I_{xy}=\iiint_V xy\rho \mathrm{d}V=\iiint_m xy\,\mathrm{d}m$$

$$I_{yz}=\iiint_V yz\rho \mathrm{d}V=\iiint_m yz\,\mathrm{d}m$$

$$I_{zx}=\iiint_V zx\rho \mathrm{d}V=\iiint_m zx\,\mathrm{d}m$$

对于给定的刚体，惯性积的值与参考坐标系的位置及方向有关，如果选择的坐标系合适，可使惯性积的值为零。当相对于某一坐标轴的惯性积为零时，该坐标轴被称为惯性主轴或主轴(Principal Axis)。很显然，如果刚体本身具有几何对称性，那么它的对称轴就是它的惯性主轴。但是，即使是完全没有任何对称性的刚体也是存在惯性主轴的。

3. 惯性张量

惯性张量(Inertia tensor)是描述刚体作定点转动时转动惯性的一种度量，描述了刚体的质量分布，用包含惯性矩与惯性积的 9 个分量构成的对称矩阵表示。以坐标系{A}为参考系，刚体相对于参考系{A}的惯性张量定义为：

$$^{A}\boldsymbol{I}=\begin{bmatrix} I_{xx} & -I_{xy} & -I_{xz} \\ -I_{xy} & I_{yy} & -I_{yz} \\ -I_{xz} & -I_{yz} & I_{zz} \end{bmatrix}$$

惯性张量跟坐标系的选取有关，如果选取的坐标系使各惯性积为零，则此坐标系下的惯性张量是对角型的，此坐标系的各坐标轴被称为惯性主轴。

与惯性张量不同，转动惯量(Moment of Inertia)是表示刚体绕定轴转动时转动惯性的一种度量。在经典力学中，转动惯量又称质量惯性矩，用 $J=mr^2$ 表示，其中 m 是质点的质量，r 是质点到转轴的距离。刚体作定点转动的力学情况要比绕定轴转动复杂。

6.3.2　Newton 方程与 Euler 方程

任意刚体的运动可分解为质心的平动与绕质心的转动。质心的平动可用 Newton 方程描述，绕质心的转动可用 Euler 方程描述。

牛顿第二运动定律指出了力、加速度、质量三者之间的关系：物体加速度的大小跟作用力成正比，跟物体的质量成反比，加速度的方向跟作用力的方向相同。

如图 6.8 所示，对于质量为 m 的刚性连杆，力 $\boldsymbol{F}_C$ 作用在连杆质心上使它做直线运动，依据牛顿第二运动定律，可建立如下力平衡方程(Newton 方程)：

$$\boldsymbol{F}_C = m\dot{\boldsymbol{v}}_C \tag{6-8}$$

式(16-8)中，$\dot{\boldsymbol{v}}_C$ 是连杆质心的线加速度。

Euler 方程是 Euler 运动定律的定量描述，而 Euler 运动定律是牛顿运动定律的延伸。在牛顿运动定律发表超过半个世纪后，1750 年 Euler 提出了 Euler 方程。Euler 方程是建立在角动量定理的基础上描述刚体旋转运动时所受外力矩与角速度、角加速度之间的关系。

如图 6.9 所示，对于绕质心旋转角速度为$\boldsymbol{\omega}$，角加速度为$\dot{\boldsymbol{\omega}}$ 的刚性连杆，可以采用 Euler 方程建立如下的力矩平衡方程：

$$\boldsymbol{N}_C = {}^C\boldsymbol{I}\dot{\boldsymbol{\omega}} + \boldsymbol{\omega} \times {}^C\boldsymbol{I}\boldsymbol{\omega} \tag{6-9}$$

其中，$\boldsymbol{N}_C$ 是作用在连杆质心上的合外力矩，${}^C\boldsymbol{I}$ 为连杆在质心坐标系$\{C\}$中的惯性张量，质心坐标系$\{C\}$的原点位于刚体的质心。

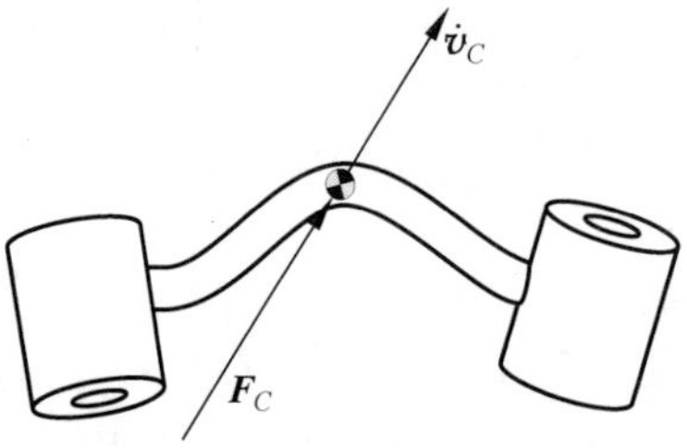

图 6.8 力 $\boldsymbol{F}_C$ 作用在刚体质心

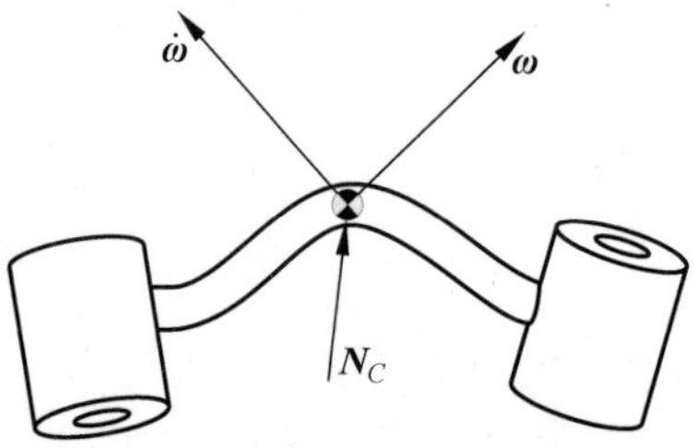

图 6.9 力矩 $\boldsymbol{N}_C$ 作用在刚体质心

需要注意的是，刚体绕定轴转动时，角速度矢量$\boldsymbol{\omega}$ 和角加速度矢量$\dot{\boldsymbol{\omega}}$ 都是绕着固定轴线的；而刚体绕定点运动时，角速度矢量$\boldsymbol{\omega}$ 的大小和方向都在不断变化，角加速度矢量$\dot{\boldsymbol{\omega}}$ 的方向是沿着$\boldsymbol{\omega}$ 的矢量曲线的切线。一般情况下，角加速度矢量$\dot{\boldsymbol{\omega}}$ 与角速度矢量$\boldsymbol{\omega}$ 不重合。

式(6-8)和式(6-9)组合起来被称为 Newton-Euler 方程，它是 Newton-Euler 动力学方法的基础。

6.3.3 递推的 Newton-Euler 动力学方法

如果已知机器人关节的位置、速度和加速度以及机器人的运动学和质量分布信息，可以采用 Newton-Euler 动力学方法求出关节需要提供的驱动力/力矩。Newton-Euler 动力学方法主要包括速度和加速度的递推计算及力和力矩的递推计算两个步骤。

1. 速度和加速度的外推公式

对于一个具有 n 个关节的机器人，采用 Newton-Euler 方程计算作用在连杆上的惯性力/力矩，需要知道任意时刻连杆质心的线加速度、绕质心的角速度和角加速度。这里采用一种递推的方式，从连杆 1 开始向外递推，直到连杆 n，依次计算出需要的速度和加速度。

假设已知连杆 i 在连杆坐标系$\{i\}$中的角速度${}^i\boldsymbol{\omega}_i$，则连杆 $i+1$ 在连杆坐标系$\{i+1\}$中

的角速度为：

$$
{}^{i+1}\boldsymbol{\omega}_{i+1}=\begin{cases}{}_{i+1}^{i}\boldsymbol{R}^{i}\boldsymbol{\omega}_{i}+\dot{\theta}_{i+1}{}^{i+1}\boldsymbol{Z}_{i+1} & \text{关节 } i+1 \text{ 为转动关节}\\ {}_{i+1}^{i}\boldsymbol{R}^{i}\boldsymbol{\omega}_{i} & \text{关节 } i+1 \text{ 为移动关节}\end{cases} \tag{6-10}
$$

其中，$\dot{\theta}_{i+1}$是关节 $i+1$ 的转动速度，${}^{i+1}\boldsymbol{Z}_{i+1}$是连杆坐标系$\{i+1\}$中 Z 轴的矢量表达。

对式(6-10)相对于时间 t 求导，可得连杆 $i+1$ 在坐标系$\{i+1\}$中的角加速度为：

$$
{}^{i+1}\dot{\boldsymbol{\omega}}_{i+1}=\begin{cases}{}_{i+1}^{i}\boldsymbol{R}^{i}\dot{\boldsymbol{\omega}}_{i}+{}_{i+1}^{i}\boldsymbol{R}^{i}\boldsymbol{\omega}_{i}\times\dot{\theta}_{i+1}{}^{i+1}\boldsymbol{Z}_{i+1}+\ddot{\theta}_{i+1}{}^{i+1}\boldsymbol{Z}_{i+1} & \text{关节 } i+1 \text{ 为转动关节}\\ {}_{i+1}^{i}\boldsymbol{R}^{i}\dot{\boldsymbol{\omega}}_{i} & \text{关节 } i+1 \text{ 为移动关节}\end{cases} \tag{6-11}
$$

为了求连杆坐标系$\{i+1\}$原点的线速度和线加速度，令${}^{0}\boldsymbol{p}_{i}$ 和${}^{0}\boldsymbol{p}_{i+1}$分别为坐标系$\{i\}$和坐标系$\{i+1\}$的原点在基坐标系$\{0\}$中的位置向量，令${}^{i}\boldsymbol{p}_{i+1}$为坐标系$\{i+1\}$的原点在坐标系$\{i\}$中的位置向量，则在坐标系$\{0\}$、$\{i\}$和$\{i+1\}$中，三个位置向量可构成如图 6.10 所示的矢量三角形，表示为：

$$
{}^{0}\boldsymbol{p}_{i+1}={}^{0}\boldsymbol{p}_{i}+{}_{0}^{i}\boldsymbol{R}^{i}\boldsymbol{p}_{i+1} \tag{6-12}
$$

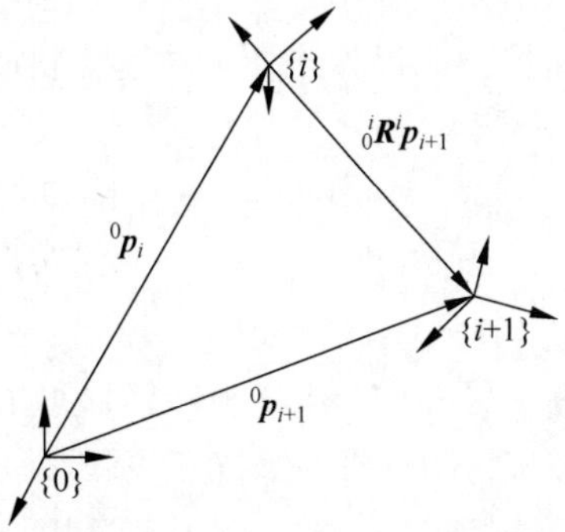

图 6.10 三位置矢量构成的矢量三角形

对式(6-12)相对于时间 t 求导，可得坐标系$\{i+1\}$的原点在基坐标系$\{0\}$中的线速度为：

$$
\begin{aligned}{}^{0}\boldsymbol{v}_{i+1}&={}^{0}\boldsymbol{v}_{i}+{}_{0}^{i}\boldsymbol{R}^{i}\dot{\boldsymbol{p}}_{i+1}+{}^{0}\boldsymbol{\omega}_{i}\times{}_{0}^{i}\boldsymbol{R}^{i}\boldsymbol{p}_{i+1}\\&={}^{0}\boldsymbol{v}_{i}+{}_{0}^{i}\boldsymbol{R}^{i}\boldsymbol{v}_{i+1}+{}^{0}\boldsymbol{\omega}_{i}\times{}_{0}^{i}\boldsymbol{R}^{i}\boldsymbol{p}_{i+1}\end{aligned} \tag{6-13}
$$

由于${}_{i+1}^{0}\boldsymbol{R}={}_{i+1}^{i}\boldsymbol{R}{}_{i}^{0}\boldsymbol{R}$，对式(6-13)两侧同乘以${}_{i+1}^{0}\boldsymbol{R}$，得：

$$
{}^{i+1}\boldsymbol{v}_{i+1}={}_{i+1}^{i}\boldsymbol{R}^{i}v_{i}+{}_{i+1}^{i}\boldsymbol{R}^{i}\boldsymbol{v}_{i+1}+{}_{i+1}^{i}\boldsymbol{R}({}^{i}\boldsymbol{\omega}_{i}\times{}^{i}\boldsymbol{p}_{i+1}) \tag{6-14}
$$

下面按关节 $i+1$ 是转动关节和移动关节分别求坐标系$\{i+1\}$原点的线加速度。

(1) 当关节 $i+1$ 为转动关节时，有${}^{i}\boldsymbol{v}_{i+1}=0$，式(6-14)可化简为：

$$
{}^{i+1}\boldsymbol{v}_{i+1}={}_{i+1}^{i}\boldsymbol{R}^{i}v_{i}+{}_{i+1}^{i}\boldsymbol{R}({}^{i}\boldsymbol{\omega}_{i}\times{}^{i}\boldsymbol{p}_{i+1}) \tag{6-15}
$$

对式(6-15)相对于时间 t 求导，可得坐标系$\{i+1\}$原点的线加速度为：

$$
{}^{i+1}\dot{\boldsymbol{v}}_{i+1}={}_{i+1}^{i}\boldsymbol{R}[{}^{i}\dot{v}_{i}+{}^{i}\dot{\boldsymbol{\omega}}_{i}\times{}^{i}\boldsymbol{p}_{i+1}+{}^{i}\boldsymbol{\omega}_{i}\times({}^{i}\boldsymbol{\omega}_{i}\times{}^{i}\boldsymbol{p}_{i+1})]
$$

(2) 当关节 $i+1$ 为移动关节时，有${}^{i}\boldsymbol{v}_{i+1}=\dot{d}_{i+1}{}^{i}\boldsymbol{Z}_{i+1}$，$\dot{d}_{i+1}$是关节 $i+1$ 的移动速度标

量，则式(6-14)化简为：

$$ {}^{i+1}\boldsymbol{v}_{i+1}={}_{i+1}^{i}\boldsymbol{R}{}^{i}v_{i}+{}_{i+1}^{i}\boldsymbol{R}({}^{i}\boldsymbol{\omega}_{i}\times{}^{i}\boldsymbol{p}_{i+1})+\dot{d}_{i+1}{}^{i+1}\boldsymbol{Z}_{i+1} \tag{6-16}$$

对式(6-16)相对于时间 t 求导，可得坐标系$\{i+1\}$原点的线加速度为：

$$\begin{aligned} {}^{i+1}\dot{\boldsymbol{v}}_{i+1}&={}_{i+1}^{i}\boldsymbol{R}[{}^{i}\dot{\boldsymbol{v}}_{i}+{}^{i}\dot{\boldsymbol{\omega}}_{i}\times{}^{i}\boldsymbol{p}_{i+1}+{}^{i}\boldsymbol{\omega}_{i}\times{}^{i}\dot{\boldsymbol{p}}_{i+1}]+\frac{\mathrm{d}(\dot{d}_{i+1}{}^{i+1}\boldsymbol{Z}_{i+1})}{\mathrm{d}t}\\ &={}_{i+1}^{i}\boldsymbol{R}[{}^{i}\dot{\boldsymbol{v}}_{i}+{}^{i}\dot{\boldsymbol{\omega}}_{i}\times{}^{i}\boldsymbol{p}_{i+1}+{}^{i}\boldsymbol{\omega}_{i}\times(\dot{d}_{i+1}{}^{i}\boldsymbol{Z}_{i+1}+{}^{i}\boldsymbol{\omega}_{i}\times{}^{i}\boldsymbol{p}_{i+1})]+\\ &\quad\ddot{d}_{i+1}{}^{i+1}\boldsymbol{Z}_{i+1}+{}^{i+1}\boldsymbol{\omega}_{i+1}\times\dot{d}_{i+1}{}^{i+1}\boldsymbol{Z}_{i+1}\\ &={}_{i+1}^{i}\boldsymbol{R}[{}^{i}\dot{\boldsymbol{v}}_{i}+{}^{i}\dot{\boldsymbol{\omega}}_{i}\times{}^{i}\boldsymbol{p}_{i+1}+{}^{i}\boldsymbol{\omega}_{i}\times({}^{i}\boldsymbol{\omega}_{i}\times{}^{i}\boldsymbol{p}_{i+1})]\\ &\quad+\ddot{d}_{i+1}{}^{i+1}\boldsymbol{Z}_{i+1}+2{}^{i+1}\boldsymbol{\omega}_{i+1}\times\dot{d}_{i+1}{}^{i+1}\boldsymbol{Z}_{i+1} \end{aligned}$$

所以，求坐标系$\{i+1\}$原点的线加速度的递推式为：

$$ {}^{i+1}\dot{\boldsymbol{v}}_{i+1}=\begin{cases} {}_{i+1}^{i}\boldsymbol{R}[{}^{i}\dot{\boldsymbol{\omega}}_{i}\times{}^{i}\boldsymbol{P}_{i+1}+{}^{i}\boldsymbol{\omega}_{i}\times({}^{i}\boldsymbol{\omega}_{i}\times{}^{i}\boldsymbol{P}_{i+1})+{}^{i}\dot{\boldsymbol{v}}_{i}] & \text{关节 } i+1 \text{ 为转动关节}\\ {}_{i+1}^{i}\boldsymbol{R}[{}^{i}\dot{\boldsymbol{\omega}}_{i}\times{}^{i}\boldsymbol{P}_{i+1}+{}^{i}\boldsymbol{\omega}_{i}\times({}^{i}\boldsymbol{\omega}_{i}\times{}^{i}\boldsymbol{P}_{i+1})+{}^{i}\dot{\boldsymbol{v}}_{i}] & \\ +2{}^{i+1}\boldsymbol{\omega}_{i+1}\times\dot{d}_{i+1}{}^{i+1}\boldsymbol{Z}_{i+1}+\ddot{d}_{i+1}{}^{i+1}\boldsymbol{Z}_{i+1} & \text{关节 } i+1 \text{ 为移动关节} \end{cases} \tag{6-17}$$

需要说明的是，应用上述递推公式计算连杆 1 的速度和加速度时：${}^{0}\boldsymbol{\omega}_{0}={}^{0}\dot{\boldsymbol{\omega}}_{0}=0$。

假设连杆 i 的质心为 C_i，以该质心为原点建立坐标系$\{C_i\}$，该质心坐标系与连杆坐标系$\{i\}$具有相同的姿态，${}^{i}\boldsymbol{P}_{C_i}$ 是质心 C_i 在连杆坐标系$\{i\}$中的位置矢量，则质心 C_i 在坐标系$\{i\}$中的线速度为：

$$ {}^{i}\boldsymbol{v}_{C_i}={}^{i}\boldsymbol{\omega}_{i}\times{}^{i}\boldsymbol{P}_{C_i}+{}^{i}\boldsymbol{v}_{i} \tag{6-18}$$

对式(6-18)求导，可得连杆 i 的质心在连杆坐标系$\{i\}$中的线加速度为：

$$ {}^{i}\dot{\boldsymbol{v}}_{C_i}={}^{i}\dot{\boldsymbol{\omega}}_{i}\times{}^{i}\boldsymbol{P}_{C_i}+{}^{i}\boldsymbol{\omega}_{i}\times({}^{i}\boldsymbol{\omega}_{i}\times{}^{i}\boldsymbol{P}_{C_i})+{}^{i}\dot{\boldsymbol{v}}_{i} \tag{6-19}$$

无论关节 i 是转动关节还是移动关节，式(6-19)都适用。

由计算出的连杆线加速度、角速度和角加速度，可以通过 Newton-Euler 方程计算出施加在连杆质心的惯性力和惯性转矩：

$$ {}^{i}\boldsymbol{F}_{i}=m_{i}{}^{i}\dot{\boldsymbol{v}}_{C_i},$$

$$ {}^{i}\boldsymbol{N}_{i}={}^{C_i}\boldsymbol{I}{}^{i}\dot{\boldsymbol{\omega}}_{i}+{}^{i}\boldsymbol{\omega}_{i}\times{}^{C_i}\boldsymbol{I}{}^{i}\boldsymbol{\omega}_{i}$$

2. 力和力矩的内推公式

在计算出每个连杆所受的惯性力和惯性转矩后，下一步计算各关节需提供的驱动力/转矩。对于图 6.11 所示的连杆 i，根据达朗贝尔原理建立连杆 i 的力平衡方程和力矩平衡方程如下：

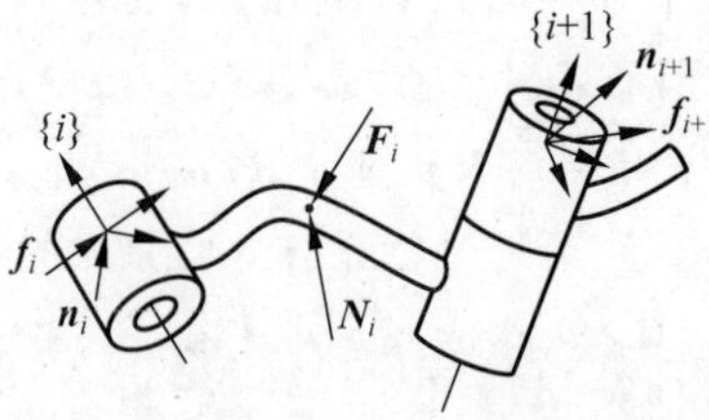

图 6.11 连杆 i 的受力分析(包括惯性力和惯性力矩)

力平衡方程：${}^{i}\boldsymbol{F}_{i}={}^{i}\boldsymbol{f}_{i}-{}_{i}^{i+1}\boldsymbol{R}\,{}^{i+1}\boldsymbol{f}_{i+1}$（不考虑重力）

力矩平衡方程：${}^{i}\boldsymbol{N}_{i}={}^{i}\boldsymbol{n}_{i}-{}^{i}\boldsymbol{n}_{i+1}+(-{}^{i}\boldsymbol{P}_{C_i})\times{}^{i}\boldsymbol{f}_{i}-({}^{i}\boldsymbol{P}_{i+1}-{}^{i}\boldsymbol{P}_{C_i})\times{}^{i}\boldsymbol{f}_{i+1}$（向连杆 i 的质心转化）

这里，${}^{i}\boldsymbol{f}_{i}$ 是连杆 $i-1$ 作用于连杆 i 的力在坐标系$\{i\}$中的表达，${}^{i}\boldsymbol{n}_{i}$ 是连杆 $i-1$ 作用于连杆 i 的力矩在坐标系$\{i\}$中的表达，作用点在坐标系$\{i\}$的原点；${}^{i}\boldsymbol{f}_{i+1}$是连杆 $i+1$ 作用于连杆 i 的力在坐标系$\{i\}$中的表达，${}^{i}\boldsymbol{n}_{i+1}$是连杆 $i+1$ 作用于连杆 i 的力矩在坐标系$\{i\}$中的表达，作用点在坐标系$\{i+1\}$的原点。

将力平衡方程代入力矩平衡方程，并用旋转矩阵做坐标系转化可将力矩平衡方程写为：

$${}^{i}\boldsymbol{N}_{i}={}^{i}\boldsymbol{n}_{i}-{}_{i}^{i+1}\boldsymbol{R}\,{}^{i+1}\boldsymbol{n}_{i+1}-{}^{i}\boldsymbol{P}_{C_i}\times{}^{i}\boldsymbol{F}_{i}-{}^{i}\boldsymbol{P}_{i+1}\times{}_{i}^{i+1}\boldsymbol{R}\,{}^{i+1}\boldsymbol{f}_{i+1}$$

可以得到连杆 $i+1$ 作用于连杆 i 的力和力矩的递推计算公式：

$$\begin{cases}{}^{i}\boldsymbol{f}_{i}={}_{i}^{i+1}\boldsymbol{R}\,{}^{i+1}\boldsymbol{f}_{i+1}+{}^{i}\boldsymbol{F}_{i}\\ {}^{i}\boldsymbol{n}_{i}={}^{i}\boldsymbol{N}_{i}+{}_{i}^{i+1}\boldsymbol{R}\,{}^{i+1}\boldsymbol{n}_{i+1}+{}^{i}\boldsymbol{P}_{C_i}\times{}^{i}\boldsymbol{F}_{i}+{}^{i}\boldsymbol{P}_{i+1}\times{}_{i}^{i+1}\boldsymbol{R}\,{}^{i+1}\boldsymbol{f}_{i+1}\end{cases}\tag{6-20}$$

通过式(6-20)递推公式，可以从机器人末端连杆 n 开始计算，依次递推，直至机器人的基座，从而得到机器人各连杆对相邻连杆施加的力和力矩。

如果关节 i 是转动关节，关节 i 的驱动转矩为：

$$\tau_{i}={}^{i}\boldsymbol{n}_{i}^{\mathrm{T}}\cdot{}^{i}\boldsymbol{Z}_{i}$$

如果关节 i 是移动关节，关节 i 的驱动力为：

$$f_{i}={}^{i}\boldsymbol{f}_{i}^{\mathrm{T}}\cdot{}^{i}\boldsymbol{Z}_{i}$$

3. 递推的 Newton-Euler 动力学方法

对递推的 Newton-Euler 动力学方法做个总结，该方法主要包括下面两部分内容。

(1) 外推计算速度和加速度。

从连杆 1 到连杆 n 递推计算各连杆的速度和加速度，并由此计算出各连杆所受的惯性力和惯性转矩，$i:0\rightarrow n-1$，计算公式如下：

$${}^{i+1}\boldsymbol{\omega}_{i+1}={}_{i+1}^{i}\boldsymbol{R}\,{}^{i}\boldsymbol{\omega}_{i}+\dot{\theta}_{i+1}\,{}^{i+1}\boldsymbol{Z}_{i+1}$$

$${}^{i+1}\dot{\boldsymbol{\omega}}_{i+1}={}_{i+1}^{i}\boldsymbol{R}\,{}^{i}\dot{\boldsymbol{\omega}}_{i}+{}_{i+1}^{i}\boldsymbol{R}\,{}^{i}\boldsymbol{\omega}_{i}\times\dot{\theta}_{i+1}\,{}^{i+1}\boldsymbol{Z}_{i+1}+\ddot{\theta}_{i+1}\,{}^{i+1}\boldsymbol{Z}_{i+1}$$

$${}^{i+1}\dot{\boldsymbol{v}}_{i+1}=\begin{cases}{}_{i+1}^{i}\boldsymbol{R}[{}^{i}\dot{\boldsymbol{\omega}}_{i}\times{}^{i}\boldsymbol{P}_{i+1}+{}^{i}\boldsymbol{\omega}_{i}\times({}^{i}\boldsymbol{\omega}_{i}\times{}^{i}\boldsymbol{P}_{i+1})+{}^{i}\dot{\boldsymbol{v}}_{i}] & \text{关节 } i+1 \text{ 为转动关节}\\ {}_{i+1}^{i}\boldsymbol{R}[{}^{i}\dot{\boldsymbol{\omega}}_{i}\times{}^{i}\boldsymbol{P}_{i+1}+{}^{i}\boldsymbol{\omega}_{i}\times({}^{i}\boldsymbol{\omega}_{i}\times{}^{i}\boldsymbol{P}_{i+1})+{}^{i}\dot{\boldsymbol{v}}_{i}] & \\ +2\,{}^{i+1}\boldsymbol{\omega}_{i+1}\times\dot{d}_{i+1}\,{}^{i+1}\boldsymbol{Z}_{i+1}+\ddot{d}_{i+1}\,{}^{i+1}\boldsymbol{Z}_{i+1} & \text{关节 } i+1 \text{ 为移动关节}\end{cases}$$

$${}^{i+1}\dot{\boldsymbol{v}}_{C_{i+1}}={}^{i+1}\dot{\boldsymbol{\omega}}_{i+1}\times{}^{i+1}\boldsymbol{P}_{C_{i+1}}+{}^{i+1}\boldsymbol{\omega}_{i+1}\times({}^{i+1}\boldsymbol{\omega}_{i+1}\times{}^{i+1}\boldsymbol{P}_{C_{i+1}})+{}^{i+1}\dot{\boldsymbol{v}}_{i+1}$$

$${}^{i+1}\boldsymbol{F}_{i+1}=m_{i+1}\,{}^{i+1}\dot{\boldsymbol{v}}_{C_{i+1}}$$

$${}^{i+1}\boldsymbol{N}_{i+1}={}^{C_{i+1}}\boldsymbol{I}_{i+1}\,{}^{i+1}\dot{\boldsymbol{\omega}}_{i+1}+{}^{i+1}\boldsymbol{\omega}_{i+1}\times{}^{C_{i+1}}\boldsymbol{I}_{i+1}\,{}^{i+1}\boldsymbol{\omega}_{i+1}$$

(2) 内推计算力和力矩。

从连杆 n 到连杆 1 递推计算各连杆内部相互作用的力和力矩及关节驱动力和力矩，$i:n\rightarrow 1$，计算公式如下：

$$\begin{cases}{}^{i}\boldsymbol{f}_{i}={}_{i}^{i+1}\boldsymbol{R}\,{}^{i+1}\boldsymbol{f}_{i+1}+{}^{i}\boldsymbol{F}_{i}\\ {}^{i}\boldsymbol{n}_{i}={}^{i}\boldsymbol{N}_{i}+{}_{i}^{i+1}\boldsymbol{R}\,{}^{i+1}\boldsymbol{n}_{i+1}+{}^{i}\boldsymbol{P}_{C_i}\times{}^{i}\boldsymbol{F}_{i}+{}^{i}\boldsymbol{P}_{i+1}\times{}_{i}^{i+1}\boldsymbol{R}\,{}^{i+1}\boldsymbol{f}_{i+1}\end{cases}$$

$$\tau_i = \begin{cases} {}^i\boldsymbol{n}_i^{\mathrm{T}}\,{}^i\boldsymbol{Z}_i & i\text{ 为转动关节} \\ {}^i\boldsymbol{f}_i^{\mathrm{T}}\,{}^i\boldsymbol{Z}_i & i\text{ 为移动关节} \end{cases}$$

机器人在自由空间运动时，机器人末端所受的力为 0，则：

$$\begin{cases} {}^{n+1}\boldsymbol{f}_{n+1} = 0 \\ {}^{n+1}\boldsymbol{n}_{n+1} = 0 \end{cases}$$

机器人与外部环境有接触时，机器人末端所受的力不为零，需要求得对应的力和力矩分量${}^{n+1}\boldsymbol{f}_{n+1}$和${}^{n+1}\boldsymbol{n}_{n+1}$，代入到力和力矩的递推计算式中。

另外，如果需要考虑机器人各连杆自身重力的作用，可令${}^0\dot{\boldsymbol{v}}_0 = g$，即将机器人基座所受的支承力等效为基座朝上做加速度为 g 的直线运动。这种处理方式与考虑各连杆重力的作用完全等效。

在机器人的动力学应用中，Newton-Euler 动力学递推方法有两种不同的用法：数值计算方式和封闭公式方式。

数值计算方式可在已知连杆质量、惯性张量、质心矢量、相邻连杆坐标系转换矩阵等机器人信息时，利用 Newton-Euler 动力学递推方法直接数值计算出机器人实现任意运动所需的关节驱动力/力矩。

封闭公式方式就是由 Newton-Euler 动力学递推方法推导出以关节位置、速度、加速度为变量的关节驱动力/力矩的解析表达式，这样就可以定性分析动力学公式的结构、不同动力学分项（如惯性力项）对驱动力/力矩的影响。

例 3：2R 机械手如图 6.12(a)所示，两连杆质量集中在各自连杆末端，采用 Newton-Euler 动力学方法推导该机械手封闭公式形式的动力学方程。

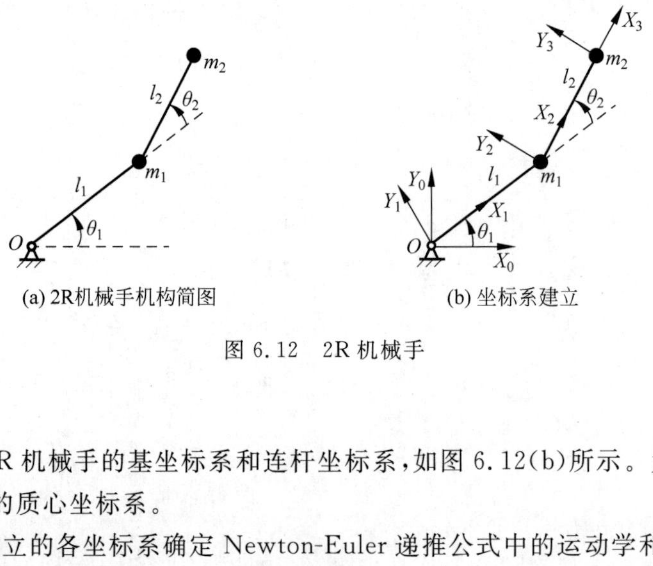

图 6.12　2R 机械手

解：

首先，建立 2R 机械手的基坐标系和连杆坐标系，如图 6.12(b)所示。为了使视图简洁，这里省略各连杆的质心坐标系。

然后，依据建立的各坐标系确定 Newton-Euler 递推公式中的运动学和动力学参数。

两连杆质心在各自连杆坐标系中的位置矢量为：${}^1\boldsymbol{P}_{C1} = l_1 X_1$，${}^2\boldsymbol{P}_{C2} = l_2 X_2$

由于各连杆的质量集中于一点，因此各连杆相对于质心坐标系的惯性张量为：${}^{C1}\boldsymbol{I}_1 = 0$，${}^{C2}\boldsymbol{I}_2 = 0$

由于 2R 机械手是在自由空间中运动，所以它的末端受力为 0，即：${}^3\boldsymbol{f}_3 = 0$，${}^3\boldsymbol{n}_3 = 0$

由于基座是静止的，所以：$\boldsymbol{\omega}_0=0, \dot{\boldsymbol{\omega}}_0=0$

这里考虑各连杆的重力作用，所以基座的线加速度为：${}^0\dot{\boldsymbol{v}}_0=gY_0$

相邻连杆之间的转换矩阵为：

$$
{}^{i+1}_{i}\boldsymbol{R}=\begin{bmatrix} c_{i+1} & -s_{i+1} & 0 \\ s_{i+1} & c_{i+1} & 0 \\ 0 & 0 & 1 \end{bmatrix}, \quad {}^{i}_{i+1}\boldsymbol{R}=\begin{bmatrix} c_{i+1} & s_{i+1} & 0 \\ -s_{i+1} & c_{i+1} & 0 \\ 0 & 0 & 1 \end{bmatrix}
$$

下面根据递推的 Newton-Euler 动力学公式分步做计算。

(1) 外推计算各连杆的角速度、角加速度、线加速度、惯性力和惯性转矩。

连杆 1 的角速度、角加速度、线加速度、惯性力和惯性转矩计算如下：

$$
{}^1\boldsymbol{\omega}_1=\dot{\theta}_1 \cdot {}^1\boldsymbol{Z}_1=\begin{bmatrix} 0 \\ 0 \\ \dot{\theta}_1 \end{bmatrix}
$$

$$
{}^1\dot{\boldsymbol{\omega}}_1=\ddot{\theta}_1 \cdot {}^1\boldsymbol{Z}_1=\begin{bmatrix} 0 \\ 0 \\ \ddot{\theta}_1 \end{bmatrix}
$$

$$
{}^1\dot{\boldsymbol{v}}_1=\begin{bmatrix} c_1 & s_1 & 0 \\ -s_1 & c_1 & 0 \\ 0 & 0 & 1 \end{bmatrix}\begin{bmatrix} 0 \\ g \\ 0 \end{bmatrix}=\begin{bmatrix} gs_1 \\ gc_1 \\ 0 \end{bmatrix}
$$

$$
{}^1\dot{\boldsymbol{v}}_{C1}=\begin{bmatrix} gs_1 \\ gc_1 \\ 0 \end{bmatrix}+\begin{bmatrix} 0 \\ 0 \\ \ddot{\theta}_1 \end{bmatrix}\times\begin{bmatrix} l_1 \\ 0 \\ 0 \end{bmatrix}+\begin{bmatrix} 0 \\ 0 \\ \dot{\theta}_1 \end{bmatrix}\times\left(\begin{bmatrix} 0 \\ 0 \\ \dot{\theta}_1 \end{bmatrix}\times\begin{bmatrix} l_1 \\ 0 \\ 0 \end{bmatrix}\right)
$$

$$
=\begin{bmatrix} gs_1 \\ gc_1 \\ 0 \end{bmatrix}+\begin{bmatrix} 0 \\ l_1\ddot{\theta}_1 \\ 0 \end{bmatrix}+\begin{bmatrix} -l_1\dot{\theta}_1^2 \\ 0 \\ 0 \end{bmatrix}=\begin{bmatrix} gs_1-l_1\dot{\theta}_1^2 \\ gc_1+l_1\ddot{\theta}_1 \\ 0 \end{bmatrix}
$$

$$
{}^1\boldsymbol{F}_1=m_1{}^1\dot{\boldsymbol{v}}_{C1}=m_1\begin{bmatrix} gs_1-l_1\dot{\theta}_1^2 \\ gc_1+l_1\ddot{\theta}_1 \\ 0 \end{bmatrix}
$$

$$
{}^1\boldsymbol{N}_1=\begin{bmatrix} 0 \\ 0 \\ 0 \end{bmatrix}
$$

连杆 2 的角速度、角加速度、线加速度、惯性力和惯性转矩计算如下：

$$
{}^2\boldsymbol{\omega}_2=\begin{bmatrix} 0 \\ 0 \\ \dot{\theta}_1+\dot{\theta}_2 \end{bmatrix}
$$

$$
{}^2\dot{\boldsymbol{\omega}}_2=\begin{bmatrix} 0 \\ 0 \\ \ddot{\theta}_1+\ddot{\theta}_2 \end{bmatrix}
$$

$$
{}^{2}\dot{\boldsymbol{v}}_{2}=\begin{bmatrix}c_{2} & s_{2} & 0\\ -s_{2} & c_{2} & 0\\ 0 & 0 & 1\end{bmatrix}\begin{bmatrix}gs_{1}-l_{1}\dot{\theta}_{1}^{2}\\ gc_{1}+l_{1}\ddot{\theta}_{1}\\ 0\end{bmatrix}=\begin{bmatrix}gs_{12}-l_{1}\dot{\theta}_{1}^{2}c_{2}+l_{1}\ddot{\theta}_{1}s_{2}\\ gc_{12}+l_{1}\dot{\theta}_{1}^{2}s_{2}+l_{1}\ddot{\theta}_{1}c_{2}\\ 0\end{bmatrix}
$$

$$
{}^{2}\dot{\boldsymbol{v}}_{C2}=\begin{bmatrix}0\\ l_{2}(\ddot{\theta}_{1}+\ddot{\theta}_{2})\\ 0\end{bmatrix}+\begin{bmatrix}-l_{2}(\dot{\theta}_{1}+\dot{\theta}_{2})^{2}\\ 0\\ 0\end{bmatrix}+\begin{bmatrix}gs_{12}-l_{1}\dot{\theta}_{1}^{2}c_{2}+l_{1}\ddot{\theta}_{1}s_{2}\\ gc_{12}+l_{1}\dot{\theta}_{1}^{2}s_{2}+l_{1}\ddot{\theta}_{1}c_{2}\\ 0\end{bmatrix}
$$

$$
=\begin{bmatrix}gs_{12}-l_{1}\dot{\theta}_{1}^{2}c_{2}+l_{1}\ddot{\theta}_{1}s_{2}-l_{2}(\dot{\theta}_{1}+\dot{\theta}_{2})^{2}\\ gc_{12}+l_{1}\dot{\theta}_{1}^{2}s_{2}+l_{1}\ddot{\theta}_{1}c_{2}+l_{2}(\ddot{\theta}_{1}+\ddot{\theta}_{2})\\ 0\end{bmatrix}
$$

$$
{}^{2}\boldsymbol{F}_{2}=m_{2}\,{}^{2}\dot{\boldsymbol{v}}_{C2}=m_{2}\begin{bmatrix}gs_{12}-l_{1}\dot{\theta}_{1}^{2}c_{2}+l_{1}\ddot{\theta}_{1}s_{2}-l_{2}(\dot{\theta}_{1}+\dot{\theta}_{2})^{2}\\ gc_{12}+l_{1}\dot{\theta}_{1}^{2}s_{2}+l_{1}\ddot{\theta}_{1}c_{2}+l_{2}(\ddot{\theta}_{1}+\ddot{\theta}_{2})\\ 0\end{bmatrix}
$$

$$
{}^{2}\mathbf{N}_{2}=\begin{bmatrix}0\\ 0\\ 0\end{bmatrix}
$$

(2) 内推计算各连杆所受的力和力矩。

连杆 2 所受的力和力矩为：

$$
{}^{2}\boldsymbol{f}_{2}={}^{2}\boldsymbol{F}_{2}
$$

$$
{}^{2}\boldsymbol{n}_{2}={}^{2}\boldsymbol{P}_{C_{2}}\times m_{2}\begin{bmatrix}gs_{12}-l_{1}\dot{\theta}_{1}^{2}c_{2}+l_{1}\ddot{\theta}_{1}s_{2}-l_{2}(\dot{\theta}_{1}+\dot{\theta}_{2})^{2}\\ gc_{12}+l_{1}\dot{\theta}_{1}^{2}s_{2}+l_{1}\ddot{\theta}_{1}c_{2}+l_{2}(\ddot{\theta}_{1}+\ddot{\theta}_{2})\\ 0\end{bmatrix}
$$

$$
=\begin{bmatrix}0\\ 0\\ m_{2}gl_{2}c_{12}+m_{2}l_{1}l_{2}s_{2}\dot{\theta}_{1}^{2}+m_{2}l_{1}l_{2}c_{2}\ddot{\theta}_{1}+m_{2}l_{2}^{2}(\ddot{\theta}_{1}+\ddot{\theta}_{2})\end{bmatrix}
$$

连杆 1 所受的力和力矩为：

$$
{}^{1}\boldsymbol{f}_{1}=\begin{bmatrix}c_{2} & -s_{2} & 0\\ s_{2} & c_{2} & 0\\ 0 & 0 & 1\end{bmatrix}\begin{bmatrix}m_{2}l_{1}s_{2}\ddot{\theta}_{1}-m_{2}l_{1}c_{2}\dot{\theta}_{1}^{2}+m_{2}gs_{12}-m_{2}l_{2}(\dot{\theta}_{1}+\dot{\theta}_{2})^{2}\\ m_{2}l_{1}c_{2}\ddot{\theta}_{1}-m_{2}l_{1}s_{2}\dot{\theta}_{1}^{2}+m_{2}gc_{12}+m_{2}l_{2}(\ddot{\theta}_{1}+\ddot{\theta}_{2})\\ 0\end{bmatrix}+
$$

$$
\begin{bmatrix}-m_{1}l_{1}\dot{\theta}_{1}^{2}+m_{1}gs_{1}\\ m_{1}l_{1}\ddot{\theta}_{1}+m_{1}gc_{1}\\ 0\end{bmatrix}
$$

$$
{}^{1}\boldsymbol{n}_1=\begin{bmatrix}0\\0\\m_2gl_2c_{12}+m_2l_1l_2s_2\dot{\theta}_1^2+m_2l_1l_2c_2\ddot{\theta}_1+m_2l_2^2(\ddot{\theta}_1+\ddot{\theta}_2)\end{bmatrix}+\begin{bmatrix}0\\0\\m_1l_1^2\ddot{\theta}_1+m_1l_1gc_1\end{bmatrix}+
$$

$$
\begin{bmatrix}0\\0\\m_2l_1^2\ddot{\theta}_1-m_2l_1l_2s_2(\dot{\theta}_1+\dot{\theta}_2)^2+m_2l_1gs_2s_{12}+m_2l_1l_2c_2(\ddot{\theta}_1+\ddot{\theta}_2)+m_2l_1gc_2c_{12}\end{bmatrix}
$$

(3) 因为两个关节都是转动关节，提取各关节对应的${}^{i}\boldsymbol{n}_i$ 向量的 Z 轴分量，得两个关节的驱动力矩分别为：

$$
\begin{aligned}
\tau_1=&m_2l_2^2c_2(\ddot{\theta}_1+\ddot{\theta}_2)+m_2l_1l_2(2\ddot{\theta}_1+\ddot{\theta}_2)+(m_1+m_2)l_1^2\ddot{\theta}_1-m_2l_1l_2s_2\dot{\theta}_2^2\\
&-2m_2l_1l_2s_2\dot{\theta}_1\dot{\theta}_2+m_2l_2gc_{12}+(m_1+m_2)l_1gc_1
\end{aligned}
$$

$$
\tau_2=m_2l_1l_2c_2\ddot{\theta}_1+m_2l_1l_2s_2\dot{\theta}_1^2+m_2l_2gc_{12}+m_2l_2^2(\ddot{\theta}_1+\ddot{\theta}_2)
$$

上述两式是以关节位置、速度和加速度为变量的关节驱动力矩表达式。可以看出该 2R 机械手封闭形式的动力学方程是比较复杂的，由此可以想象 6 自由度机器人，甚至 7 自由度机器人的封闭形式的动力学方程会更复杂。

6.4 Kane 动力学方法

Kane 动力学方法也是研究机器人动力学问题的重要方法，它是建立一般多自由度离散系统动力学方程的一种普遍方法，既适用于完整系统，也适用于非完整系统。

6.4.1 Kane 方法介绍

Thomas R. Kane 是美国斯坦福大学应用力学教授，他于 20 世纪 60 年代提出了分析系统动力学的 Kane 方法。Kane 方法综合了分析力学和矢量力学的优点，采用广义速率作为广义坐标的独立变量，通过引入偏速度、偏角速度的概念，建立了代数方程形式的动力学方程。在建立动力学方程过程中不出现理想约束反力，也不必计算动能等动力学函数及其导数。所涉及的主要概念有：广义速率、偏速度、偏角速度、广义主动力和广义惯性力。

1. 广义速率

设一个完整力学系统 S 由 N 个质点组成，它在惯性坐标系中的自由度数目为 n，其位形可以用 n 个广义坐标 $q_s(s=1,2,\cdots,n)$来描述。假定系统中第 i 个质点相对惯性系原点的矢径为 $\boldsymbol{r}_i$，它是广义坐标 q_s和时间 t 的函数，即

$$
\boldsymbol{r}_i=\boldsymbol{r}_i(q_1,q_2,\cdots,q_n,t) \tag{6-21}
$$

式(6-21)两端对时间 t 求导，可得该质点速度为：

$$
\boldsymbol{v}_i=\dot{\boldsymbol{r}}_i=\sum_{s=1}^{n}\frac{\partial\boldsymbol{r}_i}{\partial q_s}\dot{q}_s+\frac{\partial\boldsymbol{r}_i}{\partial t} \tag{6-22}
$$

定义变量 $u_r(r=1,2,\cdots,n)$为：

$$
u_r\triangleq\sum_{s=1}^{n}a_{rs}\dot{q}_s+b_r \tag{6-23}
$$

式(16-23)中，a_{rs}和b_r都是广义坐标q_s和时间t的函数，a_{rs}和b_r的选取要能唯一求解出$\dot{q}_s$，即系数a_{rs}构成的矩阵$\boldsymbol{A}_{rs}$非奇异。u_r是$\dot{q}_s$的线性组合，类似广义速度，但一般不可积，其本质上是一个伪速度，在 Kane 方法中称之为广义速率。

2. 偏速度

由式(6-23)定义的广义速率，可得：

$$\dot{q}_s = \sum_{r=1}^{n} w_{sr} u_r + y_s \tag{6-24}$$

式(16-24)中，系数w_{sr}所构成的矩阵$\boldsymbol{W}_{sr}$是式(6-16)中系数a_{rs}所构成矩阵$\boldsymbol{A}_{rs}$的逆矩阵，即$\boldsymbol{W}_{sr}=\boldsymbol{A}_{rs}^{-1}$；系数$y_s$所构成的向量$\boldsymbol{Y}_s$是由系数$a_{rs}$所构成矩阵的逆矩阵$\boldsymbol{A}_{rs}^{-1}$与由系数$b_r$所构成向量$\boldsymbol{B}_r$的积，即$\boldsymbol{Y}_s=\boldsymbol{A}_{rs}^{-1}\cdot\boldsymbol{B}_r$。

将式(6-24)代入式(6-15)，可得：

$$\boldsymbol{v}_i = \dot{\boldsymbol{r}}_i = \sum_{r=1}^{n}\left(\sum_{s=1}^{n}\frac{\partial \boldsymbol{r}_i}{\partial q_s} w_{sr}\right)u_r + \left(\sum_{s=1}^{n}\frac{\partial \boldsymbol{r}_i}{\partial q_s} y_s + \frac{\partial \boldsymbol{r}_i}{\partial t}\right)$$

上式可以改写成：

$$\boldsymbol{v}_i = \dot{\boldsymbol{r}}_i = \sum_{r=1}^{n} \boldsymbol{v}_{ir} u_r + \boldsymbol{v}_{it} \tag{6-25}$$

其中，

$$\boldsymbol{v}_{ir} = \sum_{s=1}^{n}\frac{\partial \boldsymbol{r}_i}{\partial q_s} w_{sr}, \quad \boldsymbol{v}_{it} = \sum_{s=1}^{n}\frac{\partial \boldsymbol{r}_i}{\partial q_s} y_s + \frac{\partial \boldsymbol{r}_i}{\partial t}$$

由上式可知，$\boldsymbol{v}_{ir}$和$\boldsymbol{v}_{it}$都只是广义坐标q_s和时间t的函数，与广义速率无关。由式(6-18)可得：

$$\boldsymbol{v}_{ir} = \frac{\partial\, \boldsymbol{v}_i}{\partial \boldsymbol{u}_r} \tag{6-26}$$

式(6-26)给出的矢量系数$\boldsymbol{v}_{ir}$被称为第i个质点的第r个偏速度，或者称为第i个质点对应于广义速率u_r的偏速度。偏速度是一个矢量，它的主要作用是赋予广义速率方向性。广义速率可以看成是真实速度在偏速度上的投影。

3. 偏角速度

假定一个系统中第i个刚体上的坐标系为$\{O_iX_iY_iZ_i\}$，其基矢量为$\boldsymbol{i}$、$\boldsymbol{j}$、$\boldsymbol{k}$，则该刚体的角速度矢量在该坐标系中可以表示为：

$$\omega_i = \omega_1 \boldsymbol{i} + \omega_2 \boldsymbol{j} + \omega_3 \boldsymbol{k} \tag{6-27}$$

由矢量的混合积公式，可得：

$$\begin{aligned}
\omega_1 &= \boldsymbol{\omega}_i \cdot \boldsymbol{i} = \boldsymbol{\omega}_i \cdot (\boldsymbol{j}\times\boldsymbol{k}) = \boldsymbol{k}\cdot(\boldsymbol{\omega}_i\times\boldsymbol{j}) = \boldsymbol{k}\,\frac{\mathrm{d}\boldsymbol{j}}{\mathrm{d}\boldsymbol{t}} \\
\omega_2 &= \boldsymbol{\omega}_i \cdot \boldsymbol{j} = \boldsymbol{\omega}_i \cdot (\boldsymbol{k}\times\boldsymbol{i}) = \boldsymbol{i}\cdot(\boldsymbol{\omega}_i\times\boldsymbol{k}) = \boldsymbol{i}\,\frac{\mathrm{d}\boldsymbol{k}}{\mathrm{d}\boldsymbol{t}} \\
\omega_3 &= \boldsymbol{\omega}_i \cdot \boldsymbol{k} = \boldsymbol{\omega}_i \cdot (\boldsymbol{i}\times\boldsymbol{j}) = \boldsymbol{j}\cdot(\boldsymbol{\omega}_i\times i) = \boldsymbol{j}\,\frac{\mathrm{d}\boldsymbol{i}}{\mathrm{d}\boldsymbol{t}}
\end{aligned} \tag{6-28}$$

由于$\boldsymbol{i}$、j、$\boldsymbol{k}$是$q_s(s=1,2,\cdots,n)$和t的函数，因此有：

$$\frac{\mathrm{d}\boldsymbol{i}}{\mathrm{d}\boldsymbol{t}} = \sum_{s=1}^{n}\frac{\partial \boldsymbol{i}}{\partial q_s}\dot{q}_s + \frac{\partial \boldsymbol{i}}{\partial t}$$

$$\frac{\mathrm{d}\boldsymbol{j}}{\mathrm{d}t}=\sum_{s=1}^{n}\frac{\partial \boldsymbol{j}}{\partial q_s}\dot{q}_s+\frac{\partial \boldsymbol{j}}{\partial t}$$

$$\frac{\mathrm{d}\boldsymbol{k}}{\mathrm{d}t}=\sum_{s=1}^{n}\frac{\partial \boldsymbol{k}}{\partial q_s}\dot{q}_s+\frac{\partial \boldsymbol{k}}{\partial t} \tag{6-29}$$

将式(6-24)代入式(6-29)，可得：

$$\frac{\mathrm{d}\boldsymbol{i}}{\mathrm{d}t}=\sum_{r=1}^{n}\left(\sum_{s=1}^{n}\frac{\partial \boldsymbol{i}}{\partial q_s}w_{sr}\right)u_r+\left(\sum_{s=1}^{n}\frac{\partial \boldsymbol{i}}{\partial q_s}y_s+\frac{\partial \boldsymbol{i}}{\partial t}\right)$$

$$\frac{\mathrm{d}\boldsymbol{j}}{\mathrm{d}t}=\sum_{r=1}^{n}\left(\sum_{s=1}^{n}\frac{\partial \boldsymbol{j}}{\partial q_s}w_{sr}\right)u_r+\left(\sum_{s=1}^{n}\frac{\partial \boldsymbol{j}}{\partial q_s}y_s+\frac{\partial \boldsymbol{j}}{\partial t}\right)$$

$$\frac{\mathrm{d}\boldsymbol{k}}{\mathrm{d}t}=\sum_{r=1}^{n}\left(\sum_{s=1}^{n}\frac{\partial \boldsymbol{k}}{\partial q_s}w_{sr}\right)u_r+\left(\sum_{s=1}^{n}\frac{\partial \boldsymbol{k}}{\partial q_s}y_s+\frac{\partial \boldsymbol{k}}{\partial t}\right) \tag{6-30}$$

考虑到(6-28)，可以将式(6-30)代入式(6-20)，得：

$$\begin{aligned}\omega_i&=\left(\boldsymbol{k}\cdot\frac{\mathrm{d}\boldsymbol{j}}{\mathrm{d}t}\right)\boldsymbol{i}+\left(\boldsymbol{i}\cdot\frac{\mathrm{d}\boldsymbol{k}}{\mathrm{d}t}\right)\boldsymbol{j}+\left(\boldsymbol{j}\cdot\frac{\mathrm{d}\boldsymbol{i}}{\mathrm{d}t}\right)\boldsymbol{k}\\&=\sum_{r=1}^{n}\sum_{s=1}^{n}\left[\left(\boldsymbol{k}\cdot\frac{\partial \boldsymbol{j}}{\partial q_s}\right)\boldsymbol{i}+\left(\boldsymbol{i}\cdot\frac{\partial \boldsymbol{k}}{\partial q_s}\right)\boldsymbol{j}+\left(\boldsymbol{j}\cdot\frac{\partial \boldsymbol{i}}{\partial q_s}\right)\boldsymbol{k}\right]w_{sr}u_r+\\&\quad\sum_{s=1}^{n}\left[\left(\boldsymbol{k}\cdot\frac{\partial \boldsymbol{j}}{\partial q_s}\right)\boldsymbol{i}+\left(\boldsymbol{i}\cdot\frac{\partial \boldsymbol{k}}{\partial q_s}\right)\boldsymbol{j}+\left(\boldsymbol{j}\cdot\frac{\partial \boldsymbol{i}}{\partial q_s}\right)\boldsymbol{k}\right]y_s+\\&\quad\left(\boldsymbol{k}\cdot\frac{\partial \boldsymbol{j}}{\partial t}\right)\boldsymbol{i}+\left(\boldsymbol{i}\cdot\frac{\partial k}{\partial t}\right)\boldsymbol{j}+\left(\boldsymbol{j}\cdot\frac{\partial \boldsymbol{i}}{\partial t}\right)\boldsymbol{k}\end{aligned}$$

上式可以改写成

$$\boldsymbol{\omega}_i=\sum_{r=1}^{n}\boldsymbol{\omega}_{ir}u_r+\boldsymbol{\omega}_{it} \tag{6-31}$$

其中，

$$\boldsymbol{\omega}_{ir}=\sum_{s=1}^{n}\left[\left(\boldsymbol{k}\cdot\frac{\partial \boldsymbol{j}}{\partial q_s}\right)\boldsymbol{i}+\left(\boldsymbol{i}\cdot\frac{\partial \boldsymbol{k}}{\partial q_s}\right)\boldsymbol{j}+\left(\boldsymbol{j}\cdot\frac{\partial \boldsymbol{i}}{\partial q_s}\right)\boldsymbol{k}\right]w_{sr}$$

$$\begin{aligned}\boldsymbol{\omega}_{it}&=\sum_{s=1}^{n}\left[\left(\boldsymbol{k}\cdot\frac{\partial \boldsymbol{j}}{\partial q_s}\right)\boldsymbol{i}+\left(i\cdot\frac{\partial \boldsymbol{k}}{\partial q_s}\right)\boldsymbol{j}+\left(\boldsymbol{j}\cdot\frac{\partial \boldsymbol{i}}{\partial q_s}\right)\boldsymbol{k}\right]y_s+\\&\quad\left(\boldsymbol{k}\cdot\frac{\partial \boldsymbol{j}}{\partial \boldsymbol{t}}\right)\boldsymbol{i}+\left(\boldsymbol{i}\cdot\frac{\partial \boldsymbol{k}}{\partial t}\right)\boldsymbol{j}+\left(\boldsymbol{j}\cdot\frac{\partial \boldsymbol{i}}{\partial t}\right)\boldsymbol{k}\end{aligned}$$

$\boldsymbol{\omega}_{ir}$和$\boldsymbol{\omega}_{it}$都只是广义坐标q_s和时间t的函数，与广义速率无关。由式(6-31)可得：

$$\boldsymbol{\omega}_{ir}=\frac{\partial\,\boldsymbol{\omega}_i}{\partial u_r}$$

上式给出的矢量系数$\boldsymbol{\omega}_{ir}$被称为第i个质点的第r个偏角速度，或者称为第i个质点对应于广义速率u_r的偏角速度。

由式(6-25)可得，系统中任一质点P相对参考系$\{OXYZ\}$运动的速度可以表示成：

$$\boldsymbol{v}=\sum_{r=1}^{N}\boldsymbol{v}_r u_r+\boldsymbol{v}_t \tag{6-32}$$

由式(6-31)可得，系统中任一刚体相对参考系$\{OXYZ\}$运动的角速度可以表示成：

$$\boldsymbol{\omega} = \sum_{r=1}^{N} \boldsymbol{\omega}_r u_r + \boldsymbol{\omega}_t \tag{6-33}$$

在式(6-25)和式(6-26)中，v_r、ω_r($r=1,2,\cdots,N$)和 v_t、ω_t都是广义坐标 q_s($s=1,2,\cdots,n$)和时间 t 的函数。v_r称为质点 P 在参考系{$OXYZ$}中的第 r 个完整偏速度，ω_r称为刚体在参考系{$OXYZ$}中的第 r 个完整偏角速度。它们是速度和角速度相对某个广义速率的偏导数。

偏速度和偏角速度是 Kane 方法中非常重要的参数。广义速率 u_r的选取应当在满足式(6-23)中系数 a_{rs}构成矩阵非奇异的条件下，使偏速度和偏角速度的表达式尽量简单。由于广义速率的选取不唯一，使得同一质点或刚体可以有不同形式的偏速度和偏角速度。但是对于质点系中每一个质点和刚体系中每一个刚体，都分别有与系统自由度数相同数目的偏速度和偏角速度。因此，在求解偏速度和偏角速度时，需要指明是哪个质点或刚体对应哪个独立速度的偏速度或偏角速度。

上述推导是针对完整力学系统的。对于非完整力学系统，可以假定非完整力学系统在参考系{$OXYZ$}中的运动能用 n 个广义速率 u_r($r=1,2,\cdots,n$)来表示，该系统受 m 个非完整约束，则系统的自由度数目为 $k=n-m$。同时，可以假定在 n 个广义速率 u_r($r=1,2,\cdots,n$)中的前 k 个 u_r($r=1,2,\cdots,k$)是独立的，则后面的 m 个广义速率 u_r($r=k+1,k+2,\cdots,n$)可以用前 k 个 u_r($r=1,2,\cdots,k$)表示为：

$$u_r = \sum_{s=1}^{n-m} a_{rs} u_s + b_r \tag{6-34}$$

式中，a_{rs}和 b_r都是广义坐标 q_s和时间 t 的函数。

式(6-34)是系统的非完整约束方程。非完整系统中的任一质点 P 相对参考系{$OXYZ$}运动的速度及任一刚体相对参考系{$OXYZ$}运动的角速度分别可以表示为：

$$\boldsymbol{v} = \sum_{r=1}^{n-m} \boldsymbol{v}_r u_r + \boldsymbol{v}_t$$

$$\boldsymbol{\omega} = \sum_{r=1}^{n-m} \boldsymbol{\omega}_r u_r + \boldsymbol{\omega}_t$$

4. 广义主动力

广义主动力是指机器人系统上每一个质点上作用的主动力 $\boldsymbol{F}_i$ 与该点对应于广义速率 u_r 的偏速度$\boldsymbol{v}_{ir}$的标量积之和，可以用 K_r 表示，即

$$K_r = \sum_{i=1}^{n} \boldsymbol{F}_i \cdot \boldsymbol{v}_{ir} \tag{6-39}$$

对于刚体，广义主动力可表述为：作用于刚体简化中心上的主矢和主矩分别与该点对应于某一广义速率的偏速度与偏角速度的标量积之和，称为刚体对应于该广义速率的广义主动力。假设 O 点为刚体的简化中心，则有

$$K_r = \boldsymbol{F}_O \cdot \boldsymbol{v}_{Or} + \boldsymbol{M}_O \cdot \boldsymbol{\omega}_r \tag{6-40}$$

证明如下：

当刚体作一般运动时，其上任一质点 i 的速度为：

$$\boldsymbol{v}_i = \boldsymbol{v}_O + \boldsymbol{\omega} \times \boldsymbol{r}_{iO}$$

式中，$\boldsymbol{v}_O$ 表示简化中心的速度，$\boldsymbol{\omega}$ 表示刚体的角速度，$\boldsymbol{r}_{iO}$ 表示质点 i 相对简化中心 O 点

的矢径。

若将$\boldsymbol{v}_i$、$\boldsymbol{v}_O$ 和$\boldsymbol{\omega}$ 都用广义速率表示可以得到

$$\boldsymbol{v}_{ir} = \boldsymbol{v}_{Or} + \boldsymbol{\omega}_r \times \boldsymbol{r}_{iO} \tag{6-41}$$

式(6-41)表明,刚体上第 i 个质点相对第 r 个独立速度的偏速度,可用刚体简化中心 O 点和刚体相对于第 r 个独立速度的偏速度和偏角速度表示。将式(6-41)代入广义主动力的表达式,则有

$$\begin{aligned} K_r &= \sum_{i=1}^{n} \boldsymbol{F}_i \cdot \boldsymbol{v}_{ir} = \sum_{i=1}^{n} \boldsymbol{F}_i \cdot (\boldsymbol{v}_{Or} + \boldsymbol{\omega}_r \times \boldsymbol{r}_{iO}) = \sum_{i=1}^{n} \boldsymbol{F}_i \cdot \boldsymbol{v}_{Or} + \sum_{i=1}^{n} \boldsymbol{F}_i \cdot \boldsymbol{\omega}_r \times \boldsymbol{r}_{iO} \\ &= \left(\sum_{i=1}^{n} \boldsymbol{F}_i\right) \cdot \boldsymbol{v}_{Or} + \left(\sum_{i=1}^{n} \boldsymbol{r}_{iO\,i} \times \boldsymbol{F}_i\right) \cdot \boldsymbol{\omega}_r \end{aligned}$$

证毕。

5. 广义惯性力

广义惯性力是指系统中每一个质点的惯性力 $\boldsymbol{F}_i^* = -m_i\boldsymbol{a}_i$ 与该点对应于广义速率 u_r 的偏速度$\boldsymbol{v}_{ir}$的标量积之和,可以用 K_r^* 表示,即

$$K_r^* = \sum_{i=1}^{n} \boldsymbol{F}_i^* \cdot \boldsymbol{v}_{ir} \tag{6-42}$$

对于刚体,与计算广义主动力的推导方法相同,得

$$\begin{aligned} K_r^* &= \sum_{i=1}^{n} (-m_i\boldsymbol{a}_i) \cdot \boldsymbol{v}_{ir} \\ &= -\left(\sum_{i=1}^{n} m_i\boldsymbol{a}_i\right) \cdot \boldsymbol{v}_{Or} - \sum_{i=1}^{n} (\boldsymbol{r}_{iO} \times m_i\boldsymbol{a}_i) \cdot \omega_r \end{aligned} \tag{6-43}$$

若将简化中心选在刚体的质心 C 上,则

$$\begin{cases} \boldsymbol{v}_{Or} = \boldsymbol{v}_{Cr} \\ \displaystyle\sum_{i=1}^{n} m_i\boldsymbol{a}_i = M\boldsymbol{a}_C \end{cases} \tag{6-44}$$

式中,M 为刚体的质量,$\boldsymbol{a}_C$ 为质心的加速度。

Kane 方程可以描述为:对应于每一个广义速率的广义主动力与广义惯性力之和等于零,即

$$K_r + K_r^* = 0 \tag{6-45}$$

对于完整系统,Kane 方程与第二类 Lagrange 方程是等价的。

6.4.2 Kane 动力学方法应用举例

下面将举例说明 Kane 动力学方法的应用。

例 4:如图 6.13 所示是一个双摆机构,由两个杆组成,杆长分别为 l_1 和 l_2,杆件与竖直方向的夹角分别为 φ_1 和 φ_2,求双摆机构的偏速度。

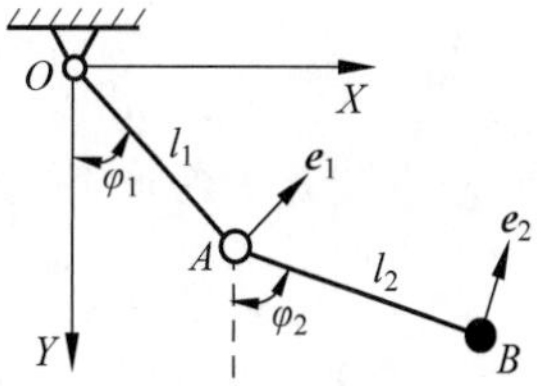

图 6.13　双摆机构

解:

取 φ_1 和 φ_2 为广义坐标,则 $\dot{\varphi}_1$ 和 $\dot{\varphi}_2$ 均为广义速率。作单

位矢量 $\boldsymbol{e}_1$ 和 $\boldsymbol{e}_2$ 分别垂直于 OA 和 AB，则质点 A 和 B 的速度可分别表示为：

$$\boldsymbol{v}_A = l_1\dot{\varphi}_1\boldsymbol{e}_1$$

$$\boldsymbol{v}_B = \boldsymbol{v}_A + \boldsymbol{v}_{AB} = l_1\dot{\varphi}_1\boldsymbol{e}_1 + l_2\dot{\varphi}_2\boldsymbol{e}_2$$

质点 A 相对于 $\dot{\varphi}_1$ 和 $\dot{\varphi}_2$ 的偏速度为

$$\boldsymbol{v}_{A\dot{\varphi}_1} = l_1\boldsymbol{e}_1,\quad \boldsymbol{v}_{A\dot{\varphi}_2} = 0$$

质点 B 相对于 $\dot{\varphi}_1$ 和 $\dot{\varphi}_2$ 的偏速度为

$$\boldsymbol{v}_{B\dot{\varphi}_1} = l_1\boldsymbol{e}_1,\quad \boldsymbol{v}_{B\dot{\varphi}_2} = l_2\boldsymbol{e}_2$$

考虑到 $\boldsymbol{e}_1=\cos\varphi_1\boldsymbol{i}-\sin\varphi_1\boldsymbol{j}$ 和 $\boldsymbol{e}_2=\cos\varphi_2\boldsymbol{i}-\sin\varphi_2\boldsymbol{j}$，其中，$\boldsymbol{i}$ 和 $\boldsymbol{j}$ 分别为 X 和 Y 方向的单位矢量，因此，可以将$\boldsymbol{v}_A$ 和$\boldsymbol{v}_B$ 用$(\boldsymbol{i},\boldsymbol{j})$表示为

$$\boldsymbol{v}_A = l_1\dot{\varphi}_1\boldsymbol{e}_1 = l_1\dot{\varphi}_1(\cos\varphi_1\boldsymbol{i} - \sin\varphi_1\boldsymbol{j})$$

$$\boldsymbol{v}_B = l_1\dot{\varphi}_1\boldsymbol{e}_1 + l_2\dot{\varphi}_2\boldsymbol{e}_2 = l_1\dot{\varphi}_1(\cos\varphi_1\boldsymbol{i} - \sin\varphi_1\boldsymbol{j}) + l_2\dot{\varphi}_2(\cos\varphi_2\boldsymbol{i} - \sin\varphi_2\boldsymbol{j})$$

因此，质点 A 和 B 各自相对于 $\dot{\varphi}_1$ 和 $\dot{\varphi}_2$ 的偏速度可以写为

$$\boldsymbol{v}_{A\dot{\varphi}_1} = l_1(\cos\varphi_1\boldsymbol{i} - \sin\varphi_1\boldsymbol{j}),\quad \boldsymbol{v}_{A\dot{\varphi}_2} = 0$$

$$\boldsymbol{v}_{B\dot{\varphi}_1} = l_1(\cos\varphi_1\boldsymbol{i} - \sin\varphi_1\boldsymbol{j}),\quad \boldsymbol{v}_{B\dot{\varphi}_2} = l_2(\cos\varphi_2\boldsymbol{i} - \sin\varphi_2\boldsymbol{j})$$

例 5：图 6.14 所示是一个质量为 m，半径为 r 的均质半圆盘，在粗糙的水平面上摆动，设$\overline{O'C}=e$，C 为半圆盘的质心。试用 Kane 方程求半圆盘摆动的微分方程。

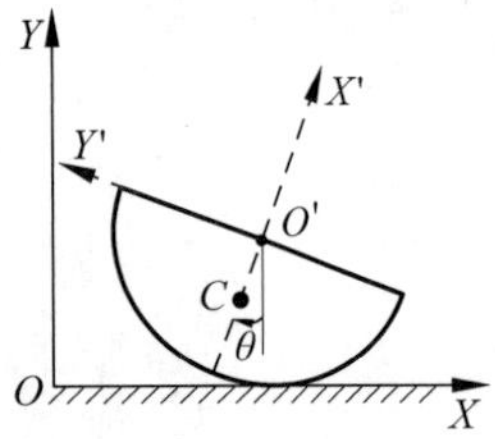

图 6.14 半圆盘

解：

该系统具有一个自由度，取 θ 为广义坐标，令广义速率 $u=\dot{\theta}$。质心 C 的速度为：

$$\boldsymbol{v}_C = \boldsymbol{v}_{O'} + \boldsymbol{v}_{O'C} = r\dot{\theta}\boldsymbol{i} + e\dot{\theta}\boldsymbol{j}' = (r\boldsymbol{i} + e\boldsymbol{j}')\dot{\theta}$$

质心 C 对应于 $\dot{\theta}$ 的偏速度为：

$$\boldsymbol{v}_{C\dot{\theta}} = r\boldsymbol{i}+e\boldsymbol{j}'$$

半圆盘转动的角速度为：

$$\boldsymbol{\omega} = -\dot{\theta}\boldsymbol{k}$$

半圆盘对应于 $\dot{\theta}$ 的偏角速度：

$$\boldsymbol{\omega}_{\dot{\theta}} = -\boldsymbol{k}$$

在半圆盘上主动力只有其重力 $\boldsymbol{F}$ 作用：

$$\boldsymbol{F}=-mg\boldsymbol{j}$$

则系统的广义主动力为：

$$K = \boldsymbol{F}\cdot\boldsymbol{v}_{C\dot{\theta}} = -mg\boldsymbol{j}\cdot(r\boldsymbol{i} + e\boldsymbol{j}') = -mge\sin\theta$$

质心 C 的加速度为：

$$\boldsymbol{a}_C = \frac{\mathrm{d}\,\boldsymbol{v}_C}{\mathrm{d}t} = \frac{\mathrm{d}}{\mathrm{d}t}[(r\boldsymbol{i} + e\boldsymbol{j}')\dot{\theta}] = r\ddot{\theta}\boldsymbol{i} + e\ddot{\theta}\boldsymbol{j}' + e\dot{\theta}(\boldsymbol{\omega}\times\boldsymbol{j}') = r\ddot{\theta}\boldsymbol{i} + e\ddot{\theta}\boldsymbol{j}' + e\dot{\theta}^2\boldsymbol{i}'$$

则半圆盘上各点惯性力的主矢为：

$$\boldsymbol{F}_C=-m\boldsymbol{a}_C=-m(r\ddot{\theta}\boldsymbol{i}+e\ddot{\theta}\boldsymbol{j}'+e\dot{\theta}^2\boldsymbol{i}')$$

半圆盘上各点惯性力对 C 点的主矩为：

$$\boldsymbol{M}_C=-J_C\boldsymbol{\alpha}=-J_C(-\ddot{\theta}\boldsymbol{k})=J_C\ddot{\theta}\boldsymbol{k}$$

则系统的广义惯性力为：

$$K^* = \boldsymbol{F}_C \cdot \boldsymbol{v}_{C\dot{\theta}} + \boldsymbol{M}_C \cdot \boldsymbol{\omega}_{\dot{\theta}} = -m\boldsymbol{a}_C \cdot \boldsymbol{v}_{C\dot{\theta}} + J_C\ddot{\theta}\boldsymbol{k} \cdot \boldsymbol{\omega}_{\dot{\theta}}$$

$$= -m(r\ddot{\theta}\boldsymbol{i} + e\ddot{\theta}\boldsymbol{j}' + e\dot{\theta}^2\boldsymbol{i}')(r\boldsymbol{i} + e\boldsymbol{j}') + J_C\ddot{\theta}\boldsymbol{k} \cdot (-\boldsymbol{k})$$

$$= -m(r^2\ddot{\theta} + e^2\ddot{\theta} - 2re\ddot{\theta}\cos\theta + re\dot{\theta}^2\sin\theta) - J_C\ddot{\theta}$$

由 Kane 方程 $K+K^*=0$，得：

$$-mge\sin\theta - m(r^2\ddot{\theta} + e^2\ddot{\theta} - 2re\ddot{\theta}\cos\theta + re\dot{\theta}^2\sin\theta) - J_C\ddot{\theta} = 0$$

根据平行轴定理可得：

$$J_C = J_{O'} - me^2 = \frac{1}{2}mr^2 - me^2$$

因此，半圆盘摆动的微分方程为：

$$2r\left(\frac{3}{4}r - e\cos\theta\right)\ddot{\theta} + re\dot{\theta}^2\sin\theta + ge\sin\theta = 0$$

6.5　小结

本章主要针对机器人的动力学建模问题，介绍了三种典型的方法：Lagrange 动力学方法、Newton-Euler 动力学方法、Kane 动力学方法。Lagrange 动力学方法和 Newton-Euler 动力学方法只适用于完整系统，而 Kane 动力学方法既适用于完整系统也适用于非完整系统。三种方法的优缺点如下。

Lagrange 动力学方法能以最简单的形式求得复杂系统的动力学方程，具有显式结构，但计算效率比较低。即 Lagrange 动力学方法推导容易，计算复杂。

Newton-Euler 动力学方法的计算速度快，能够满足伺服系统的响应速度，便于实时控制，但方程式中含有相邻杆件之间的约束力，推导复杂。即 Newton-Euler 动力学方法推导复杂，但计算简单。

Kane 动力学方法兼有矢量力学(Newton-Euler 动力学方法)和分析力学(Lagrange 动力学方法)的特点，在建立动力学方程过程中不出现理想约束反力，也不必计算动能等动力学函数及其导数，只需进行矢量的点积、叉积运算而不需要求导，计算效率较高，便于计算机实现。

参考文献

[1] https://walyou.com/ihmc-robotics-atlas-humanoid-robot-balance/.
[2] http://g1.globo.com/tecnologia/noticia/2015/06/desafio-de-robotica-nos-eua-tem-festival-de-quedas-veja.html.
[3] http://www.siasun.com/index.php?m=content&c=index&a=show&catid=24&id=40.
[4] https://new.abb.com/produ cts/robotics/zh/industrial-robots/irb-6640.
[5] Craig J J. Introduction to Robotics: Mechanics and Control[M], 3rd Ed. 北京：机械工业出版社，2005.
[6] 熊有伦. 机器人学[M]. 北京：机械工业出版社，1992.
[7] 蔡自兴. 机器人学[M]. 北京：清华大学出版社，2009.

第 7 章 机器人的运动规划

CHAPTER 7

7.1 引言

机器人在实际作业过程中的运动是规划好的，既可以是离线规划的，也可以是在线规划的，机器人作为执行机构只是在实现规划的运动。机器人的运动规划(Motion Planning)包括路径规划(Path Planning)、轨迹规划(Trajectory Planning)。

路径规划就是在给定起点位置和终点位置的条件下规划出满足某种约束条件的机器人运动路径，比如最短路径、无碰撞路径等。这里的路径是不含时间变量的机器人位置曲线，如路径被描述为 $f=P(x,y,z)$。著名的旅行商问题(Traveling Salesman Problem，TSP)就是一个经典的路径规划问题，该问题只是寻找一条最短路径，且该路径是不包含时间、速度、加速度等变量的。

轨迹规划就是根据作业任务要求计算出满足约束条件的机器人运动轨迹。所谓的轨迹是包含时间变量的机器人运动曲线，机器人在运动轨迹上受到位置、速度、加速度及时间变量的约束。很显然，机器人的运动轨迹比路径具有更多的约束变量，也更具体。

本章将对机器人的路径规划和轨迹规划做介绍。

7.2 机器人的路径规划

机器人的路径规划一般是在机器人的操作空间中进行的，例如在给定环境中为移动机器人或机器人操作臂规划出无碰撞的安全路径。根据可利用的环境信息完备性的不同，机器人的路径规划又分为全局路径规划和局部路径规划。全局路径规划一般是基于静态环境的全局信息规划出静态的全局安全路径，全局路径规划一般也称为离线规划或静态规划。局部路径规划一般是基于机器人周围的局部环境地图并结合传感器实时采集的信息规划出机器人的动态局部安全路径，局部路径规划又被称为在线规划或动态规划。如果机器人要在大的空间范围中运动，一般需要采用全局路径规划与局部路径规划结合的方式。

机器人的路径规划主要包括环境建模、路径搜索、路径平滑三部分内容。环境建模的目的是建立一个计算机进行路径规划计算能够使用的数字化环境模型，即将实际环境的物理空间抽象表示成算法能够处理的数字模型空间。路径搜索是在环境模型的基础上应用搜索算法寻找出一条可行路径，并使某种性能函数取得最优值。有时通过相应算法搜索出的路径并不一定是机器人可以行走的路径，因此需要对路径进行处理与平滑。

下面对全局路径规划与局部路径规划进行介绍。

7.2.1 全局路径规划

机器人的全局路径规划方法主要有栅格法、C空间法、Voronoi图法、拓扑法和概率路径图法等。下面对栅格法进行介绍。

栅格法是目前研究和应用非常广泛的一种移动机器人路径规划方法。1968年，美国加州大学圣地亚哥分校的William E. Howden教授提出了该方法，但也有人认为是Carnegie Mellon大学的研究者最先提出的。栅格法实际上是一种环境建模方法，它将环境空间分解成一系列的单元(栅格)，并把这些单元用满、空和混合标记：如果一个单元完全被障碍物占据，则标记为满；如果单元内没有障碍物，则标记为空，如果单元内部分被障碍物占据，则标记为混合。这样就可以建立环境的栅格地图，也就是将机器人运动的环境用格子图来表示。图7.1(a)所示的环境中有一个障碍物，采用栅格法将整个环境用一个6×8的栅格表示，对于栅格中有障碍物的表示为满，无障碍物的表示为空，建立的环境栅格图如图7.1(b)所示。

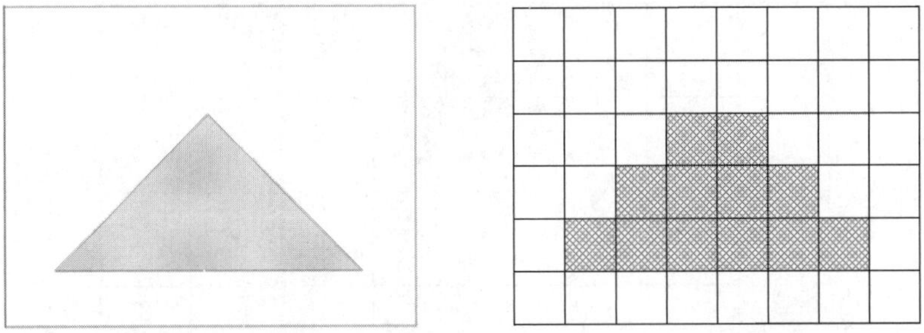

(a) 有障碍物环境　　(b) 栅格地图

图7.1 环境栅格地图

栅格的尺寸可大可小，由此可建立不同精确度的栅格地图。如果栅格尺寸过大，则环境地图的分辨率低，环境信息含量少，会直接影响路径规划的效果，甚至无法找到最优路径或可行路径。如果栅格尺寸过小，则环境地图的分辨率很高，环境信息很充分，但需要大量的信息存储空间，导致路径规划的时间长。

栅格地图可用四叉树(Quadtree)和八叉树(Octree)来表示。四叉树是将障碍和自由空间的位置信息存储在一个分级结构中的环境建模方法，整个工作空间用一个根节点表示，每个根节点有四个子节点。每个子节点对应着工作空间中的一块子区域，并根据对应的区域和障碍区域之间的关系来标记它，如果节点对应区域位于障碍的外边，则被标记为空；如果对应区域在障碍里面，则被标记为满；否则，被标记为混合。混合节点既可被标记为满来处理，也可以继续分为四个子节点，采用相同方法进行标记，直到满足精度要求为止。八叉树是首先将环境空间分成八个相等的小立方体或八分圆，然后根据每个节点是空、满、混合进行循环分解，直到满足精度要求为止。因此，八叉树中每一个非叶子的节点都有八个子节点。

基于建立的栅格地图可采用路径搜索算法，在地图上搜索出一条从起始栅格到目标栅格的无碰撞最优路径，由此实现机器人的全局路径规划。由于栅格地图的一致性和规范性好，栅格空间中的邻接关系表达简单，搜索工作可用 A* 算法、Dijkstra 动态规划算法、深度优先法、宽度优先法等来完成。其中，A* 算法是最成熟的搜索算法，尽管它不能解决“指数爆炸”问题。下面对 A* 算法进行介绍。

A* 算法是由 Stanford 大学的 Peter Hart，Nils Nilsson 和 Bertram Raphael 于 1968 年首次提出，由人工智能研究员 Nils Nilsson 改进后用于机器人的路径规划，之后 Bertram Raphael 在此基础上进一步改进了该算法，并由 Peter Hart，Nils Nilsson 和 Bertram Raphael 证明其在特定条件下的最优性。

A* 算法结合了启发式搜索方法(这种方法通过充分利用地图给出的信息来动态地做出决定而使搜索次数大大降低)和形式化方法(这种方法通过数学的形式分析，如 Dijkstra 算法)，通过一个估价函数 f 来估计图中当前点到终点的距离(带权值)，并由此决定它的搜索方向，当这条路径失败时，它会尝试其他路径。具体算法通过下面的例子来说明。

如图 7.2 所示，搜索区域(环境)被划分成正方形网格(也可以划分成其他任意形状的网格)，机器人要从起始点移动到一墙之隔的终点，图中标有 S 的栅格为起始点，标有 D 的栅格为终止点，三个标有菱形网格的栅格为障碍物。

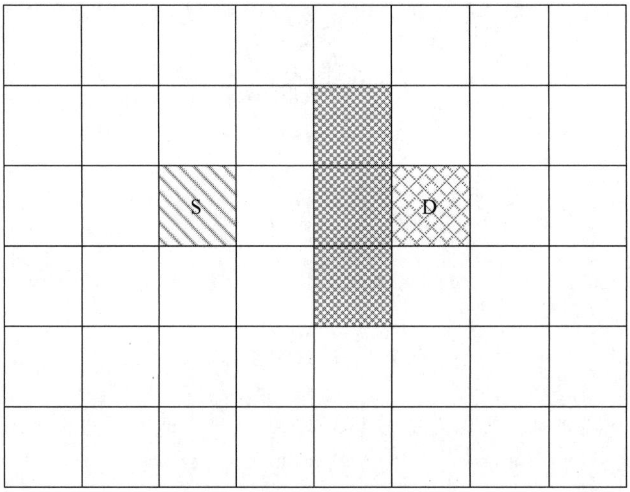

图 7.2　机器人路径规划任务

基于上述环境栅格地图，把搜索区域简化成一个二维数组。数组的每一个元素是一个栅格，被标记为可通过的(无障碍)和不可通过的(有障碍)。路径被描述为从起始栅格到终止栅格经过的所有栅格的集合。一旦路径被找到，机器人就可以从一个栅格的中心走向另一个，直到到达目的地。这些中点被称为“节点”。

在 A* 搜索算法中，通过从起始节点开始，检查相邻栅格的方式，向外扩展直到找到目标。对当前处理节点有以下几个操作需要说明。

(1) 在搜索路径的过程中，需要建立两个列表：“开启列表”和“关闭列表”。开启列表中存储着所有可能出现在最终路径中的节点，一个节点存在于开启列表意味着需要对该节点进行检查分析；关闭列表中保存着已经检查过一次并且不需要再次检测的节点，最终路径在关闭列表中产生。

(2) 对于一个待检查节点，要关注五个信息。①G：从起点沿着产生的路径移动到该待检查节点的移动耗费；②H：从该节点移动到终点的预估移动耗费；③F：从起始点经过该节点到终止点的预测耗费；④是否存在关闭列表(右上角是否有 α 标志)；⑤其父节点的位置(正中心箭头指向的临近节点)，如图 7.3 所示。

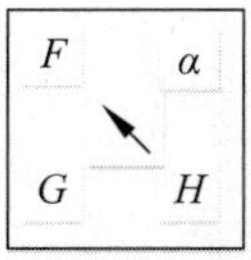

图 7.3　某一待检测节点的数据情况

对于 G、H、F，明显有 $F=G+H$。

其中 G 的值可以精确算出，但是 H 的值是通过估计的方式得到的，这是启发式的，可以有多种方式实现，本节只提供一种方法，即曼哈顿方法，它计算从当前节点到终止节点之间水平和垂直的移动耗费总和(忽略对角线方向)。

正如前面所说，G 表示沿路径从起始节点到当前节点的移动耗费。在这个例子里，令水平或者垂直移动单位节点的耗费为 10，对角线方向耗费为 14。取这些值是因为沿对角线的距离与沿水平或垂直移动耗费的比例为$\sqrt{2}$，或者说 1.414。为了简化，可以用 10 和 14 近似，这样做是考虑 F 本身就是一个估计值，精确度不高，这样可以在满足精度要求的前提下大幅提高运算效率。相应的 H 为从当前节点到目的节点之间水平和垂直栅格的数量总和乘以 10。最后将 G 和 H 相加得到 F。

(3) 当前关注节点，应该形成如图 7.4 所示的结构。在图 7.4 中，正中心栅格是起始节点，它右上角有一个 α 标志，表示它被加入到关闭列表中了。当前关注节点的所有相邻节点都要检查分析，因此其所有相邻节点都加入了“开启列表”，该节点也因此成为其所有相邻节点的“父节点”，同时，作为其相邻节点的每个栅格都有一个指针反指他们的父节点。

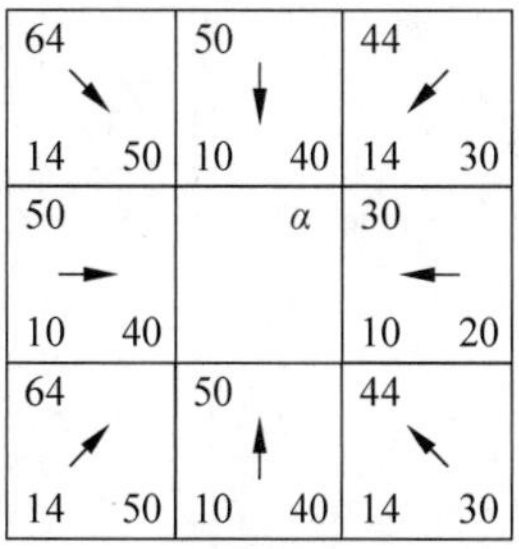

图 7.4　待处理节点(起始点)周围节点关系图

下面介绍 A* 算法的具体实现过程，首先将起始点 S 作为当前关注节点 A 进行如下操作：

(1) 将 A 点作为待处理点存入“开启列表”。

(2) 寻找 A 点周围所有可到达或者可通过的栅格(跳过表示障碍物的栅格，因为它们不能通过)，加入开启列表，为所有这些栅格保存 A 点作为“父栅格”。

(3) 从开启列表中删除 A 点，把它加入到“关闭列表”。

执行完(1)～(3)步后，结果如图 7.5 所示，其中起始点的关闭标志可有可无。

(4) 继续搜索，选中当前开启列表中 F 值最小的节点，将其从开启列表中删除，然后添加到关闭列表中。

(5) 检查所有相邻节点，跳过那些已经在关闭列表中的或者不可通过的节点(障碍物)，把它们添加进开启列表，对于新加入开启列表中的节点，把选中的栅格作为其父节点。

(6) 如果某个相邻节点已经在开启列表里了，检查现在的这条路径是否更好。换句话说，检查如果用新的路径到达它的话，G 值是否会更低一些。如果不是，那就什么都不做。

具体到本例中，F 值最小的节点为起始点右侧相邻节点，将其从开启列表中删除，然后将其添加到关闭列表中，观察其相邻节点，发现其所有相邻节点都已经在开启列表中

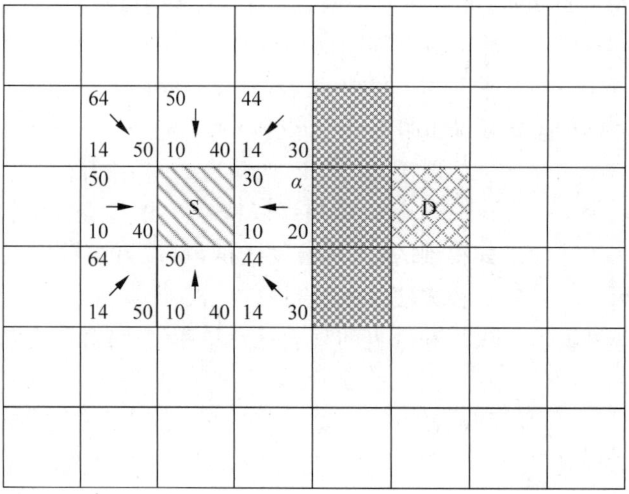

图 7.5 对起始点执行完(1)～(3)步后的结果

了,而且通过该节点到这些节点 G 值没有降低,因此不用进行其他操作。结果如图 7.6 所示。

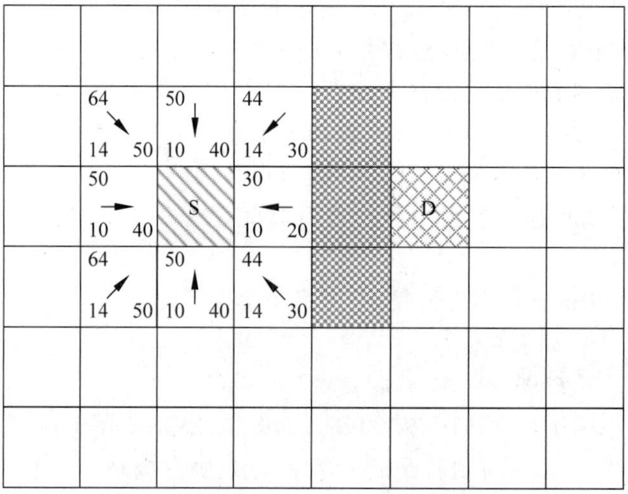

图 7.6 对本例执行一次(4)～(6)操作步骤的结果

下面仍然要在开启列表中选择一个 F 值最小的节点,但是巧合的是,在开启列表中有两个节点的值并列最小是 44,对于这种情况可以选择后加入开启列表的节点进行操作,这样更为快捷。结果如图 7.7 所示。

不断迭代执行(4)～(6)步骤,直到终止节点加入开启列表时迭代结束,如图 7.8 所示。

在迭代到目标节点后,可以从目标节点开始,在关闭列表中通过父节点依次寻找,这会引导回到初始节点,这就是要找的路径,如图 7.9 所示。

值得注意的是,A^* 算法是目前为止最快的一种计算最短路径的算法,但它是一种“较优”算法,即它一般只能找到较优解,而非最优解。

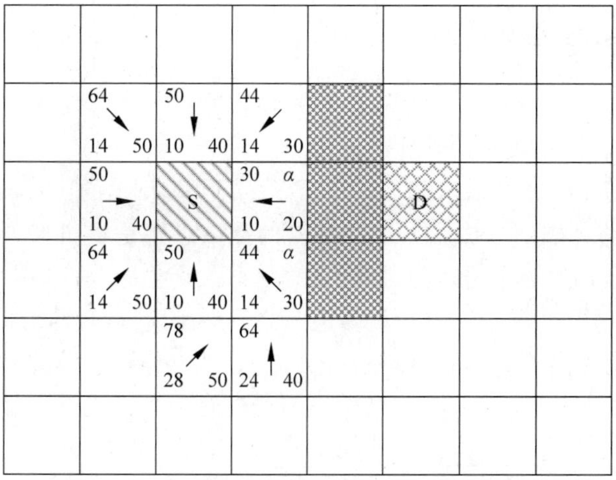

图 7.7　再次执行(4)～(6)步骤的结果

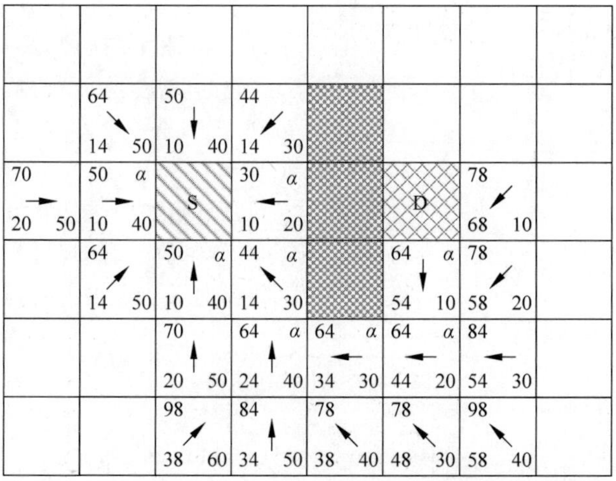

图 7.8　到终止节点加入开启列表

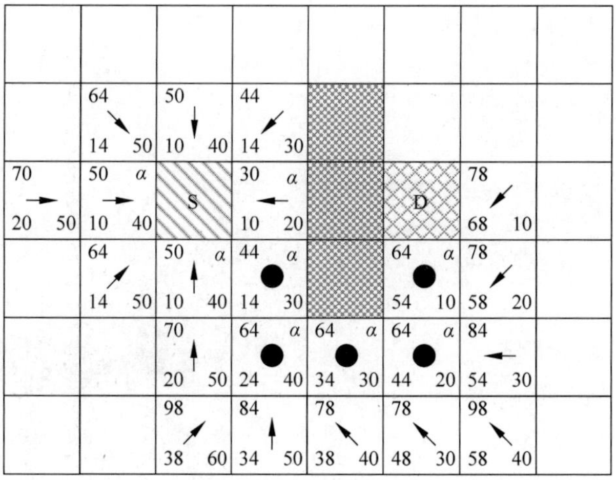

图 7.9　路径搜索结果(黑色圆点所在的栅格为路径)

7.2.2 局部路径规划

局部路径规划方法主要有人工势场法、模糊逻辑算法、遗传算法和基于神经网络的方法等。其中，人工势场法是比较有代表性的方法。

人工势场法(Artificial Potential Field)是由斯坦福大学的 Oussama Khatib 教授于1986年提出的一种路径规划方法。人工势场法的基本思想是将机器人在障碍环境中的运动设计成一种在人造磁力场中的运动，目标点对机器人产生"引力"，引导机器人向其运动，每个障碍物对机器人产生"斥力"，避免机器人与之发生碰撞，而且斥力的大小跟机器人与目标点或障碍物之间的距离相关，距离越近，斥力越大；距离越远，斥力越小。机器人在路径上每一点所受的合力等于机器人在这一点所受的斥力和引力的和，沿着势场的负梯度方向搜索即可规划出机器人的无碰撞安全路径。人工势场法的优点是算法简单，便于机器人的实时控制，在移动机器人和机械臂的实时避障和平滑的轨迹控制方面得到了广泛应用。人工势场法的缺点是存在局部最优解，容易陷入局部最小而无法逃脱的状况，导致规划失败。

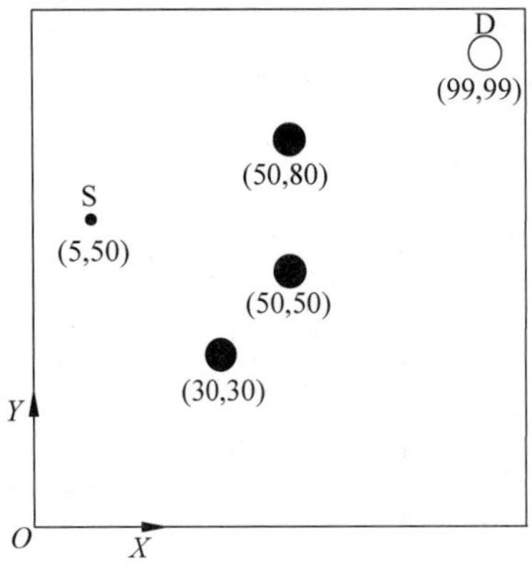

图 7.10 机器人运动环境

如图 7.10 所示是一个移动机器人的运动环境，机器人的起点为 S，目标点(终点)为 D，在这个环境中有三个障碍。下面介绍如何采用人工势场法规划机器人的路径。这里忽略机器人的尺寸，假设它为一个点。

人工势场法的关键是如何构建引力场和斥力场。常用的引力场可表示为：

$$U_{\text{att}}(q) = \frac{1}{2}\xi\rho^2(q, q_{\text{goal}})$$

其中，ξ 是引力尺度因子，$\rho(q, q_{\text{goal}})$ 表示当前机器人与目标的距离。

利用引力场公式计算环境空间中的任意点与目标点的引力场数值，用 MATLAB 绘制出整个环境的引力场，如图 7.11 所示。纵坐标轴表示引力场值，其他两坐标轴表示点的坐

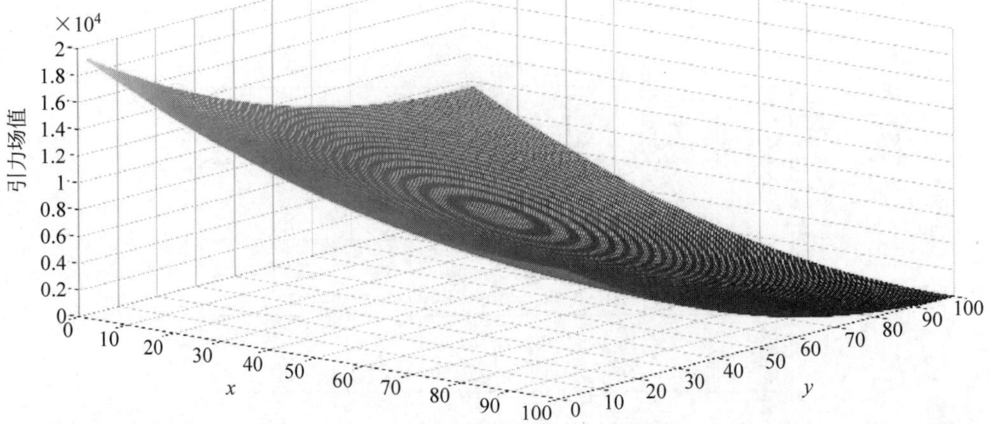

图 7.11 机器人运动环境的引力场

标。从图中可以看出，越接近目标点，引力场值越小；越远离目标点，引力场值越大。

机器人所受到的引力为引力场在该点的负梯度，即：

$$F_{\text{att}}(q) = -\nabla U_{\text{att}}(q) = -\xi\rho(q,q_{\text{goal}})\cdot\nabla\rho(q,q_{\text{goal}})$$

机器人所受到的引力大小是跟机器人与目标点之间的距离正相关的。

相类似的，斥力场可表示为：

$$U_{\text{rep}}(q) = \begin{cases} \dfrac{1}{2}\eta\left(\dfrac{1}{\rho(q,q_{\text{obs}})} - \dfrac{1}{\rho_0}\right)^2 & \rho(q,q_{\text{obs}}) \leqslant \rho_0 \\ 0 & \rho(q,q_{\text{obs}}) > \rho_0 \end{cases}$$

其中，η 是斥力尺度因子，$\rho(q,q_{\text{obs}})$代表机器人和障碍物之间的距离，ρ_0 代表每个障碍物的影响半径，即机器人离开障碍物相应的距离，障碍物就对物体没有斥力影响。

利用斥力场公式计算环境空间中的任意点与三个障碍物之间的斥力场数值，用MATLAB 绘制出整个环境的斥力场如图 7.12 所示，纵坐标轴表示斥力场值，其他两坐标轴表示点的坐标。从图中可以看出，越接近于障碍物，斥力场值越大；离障碍物越远，斥力场值越小；超过影响半径时，斥力场值变为零。

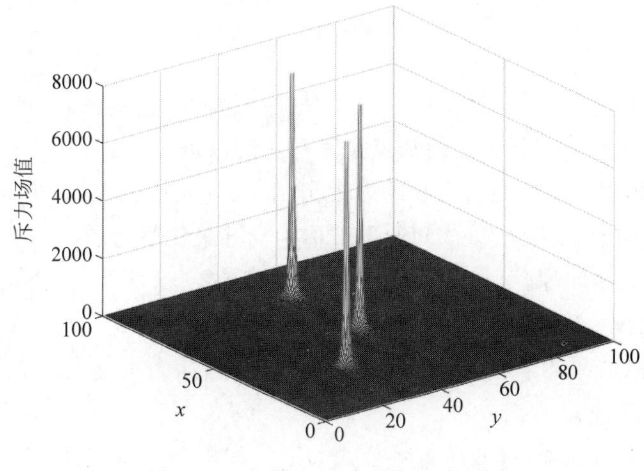

图 7.12 机器人运动环境的斥力场

机器人所受到的斥力为斥力场的负梯度，即：

$$F_{\text{rep}}(q) = -\nabla U_{\text{rep}}(q) = \begin{cases} \eta\left(\dfrac{1}{\rho(q,q_{\text{obs}})} - \dfrac{1}{\rho_0}\right)\dfrac{1}{\rho^2(q,q_{\text{obs}})}\nabla\rho(q,q_{\text{obs}}) & \rho(q,q_{\text{obs}}) \leqslant \rho_0 \\ 0 & \rho(q,q_{\text{obs}}) > \rho_0 \end{cases}$$

机器人所受到的斥力大小是跟机器人与障碍物之间的距离负相关的。

在工作空间中任意点的总势场为斥力场和引力场二者叠加之和，机器人的受力也是对应的引力和斥力的叠加，即：

$$U(q) = U_{\text{att}}(q) + U_{\text{rep}}(q)$$

$$F(q) = -\nabla U(q) = F_{\text{att}}(q) + F_{\text{rep}}(q)$$

用 MATLAB 绘制机器人工作空间中的总势场如图 7.13 所示，可以看到起点(5,50)在势场中较高的"山坡"上，目标点(99,99)在势场中的"山脚"处，障碍物((30,30)、(50,50)、(50,80))在势场中则是凸出的"山峰"。机器人在这种势场中的势能的引导下，会避开障碍物，到达目标点。

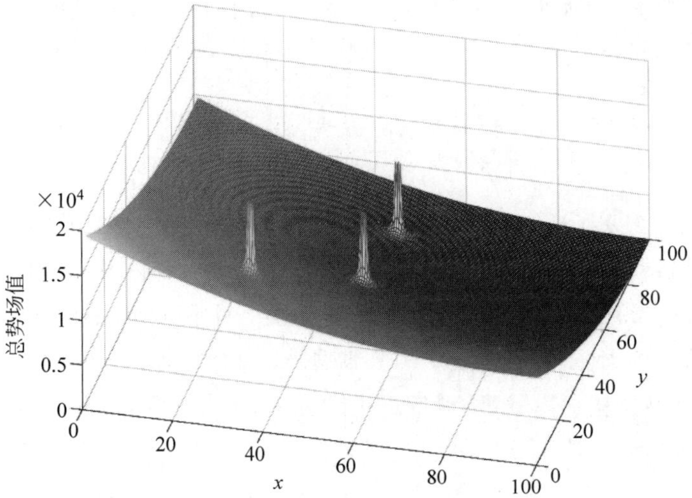

图 7.13　环境总势场仿真

人工势场法虽然简单实用，具有良好的实时性，但是它也存在一些缺点，需要对算法进行改进。下面列举三个人工势场法的缺点及其对应的改进方法。

问题 1：在势场中可能存在引力和斥力大小相等、方向相反的点，机器人经过这样的点时可能陷入局部陷阱且无法逃逸，该问题也被称为局部最优解问题。

改进方案：针对该问题，可以通过判断机器人所在位置是否是目标点，如果不是目标点，则加入一随机扰动，让机器人跳出局部最优解。

问题 2：当目标点和某个或某些障碍物距离很近时，斥力可能会远大于引力，那么机器人将会很难达到目标点。

改进方案：针对该问题，修改斥力场公式如下。在机器人靠近目标时，虽然斥力场要增加，但是距离在减小，由此可在一定条件下减小斥力场的作用，增强引力场的作用。

$$U_{\text{rep}}(q)=\begin{cases}\dfrac{1}{2}\eta\left(\dfrac{1}{\rho(q,q_{\text{obs}})}-\dfrac{1}{\rho_0}\right)^2\rho^n(q,q_{\text{obs}}) & \rho(q,q_{\text{obs}})\leqslant\rho_0\\ 0 & \rho(q,q_{\text{obs}})>\rho_0\end{cases}$$

问题 3：当机器人离目标点比较远时，引力相对较大，则此处相对较小的斥力可能被忽略，导致机器人撞上障碍物。

改进方案：针对该问题，可修改引力场公式如下，增加一个距离阈值 d_{goal}^*，从而在机器人距离目标点较远时对其引力进行限制，避免其过大。

$$U_{\text{att}}(q)=\begin{cases}\dfrac{1}{2}\xi\rho^2(q,q_{\text{goal}}) & \rho(q,q_{\text{goal}})\leqslant d_{\text{goal}}^*\\ d_{\text{goal}}^*\xi\rho(q,q_{\text{goal}})-\dfrac{1}{2}\xi(d_{\text{goal}}^*)^2 & \rho(q,q_{\text{goal}})>d_{\text{goal}}^*\end{cases}$$

7.3 机器人的轨迹规划

路径规划给出的是机器人运动的路线，是任务层级的机器人运动。例如，规划的路径被描述为“机器人由 A 点直线运动到 B 点”，路径信息中不涉及运动速度、运动时间等变量，是纯几何层面的运动路径，机器人在执行规划路径时可机动调整，不需要严格执行。而轨迹规划生成的是机器人的运动执行指令，是执行层级的机器人运动。规划的轨迹通常包含机器人的位置、速度、加速度等信息，机器人需要严格执行规划的运动。机器人的轨迹规划主要包括关节空间轨迹规划和操作空间轨迹规划两大类。

由于不平稳的运动将导致机器人产生振动和冲击，使机械零部件的磨损和破坏加剧，因此进行机器人的轨迹规划时要求机器人的运动轨迹必须是光滑连续的，而且轨迹函数的一阶导数（速度）也是光滑连续的，对于一些特殊需求，需要轨迹函数的二阶导数（加速度）也是光滑连续的。

7.3.1 关节空间的轨迹规划

机器人是由多个关节组成，关节空间的轨迹规划就是对每个关节都基于关节运动约束条件规划它的光滑运动轨迹。关节的运动约束条件包括它的运动范围、运动速度、加速度等。例如，在机器人的运动控制中，采用关节空间轨迹规划的流程如图 7.14 所示。首先在机器人的操作空间中确定机器人要路过的路径点（一般称为节点），由运动学逆解方法求出对应的各关节值；针对每个关节，在每两个相邻关节值之间规划其过渡运动轨迹，实际上就是采用光滑函数规划关节变量的平稳变化曲线，图 7.15 是采用直线规划关节值之间的过渡轨迹；最后让每个关节在相同的时间段内执行完规划的关节轨迹，即可实现预期的机器人在操作空间中的运动。

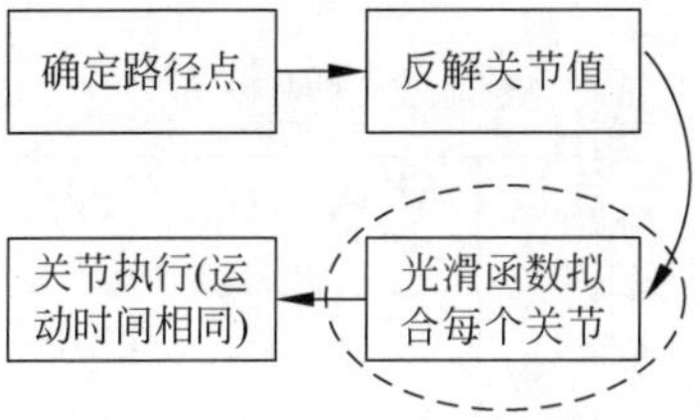

图 7.14　关节轨迹规划流程

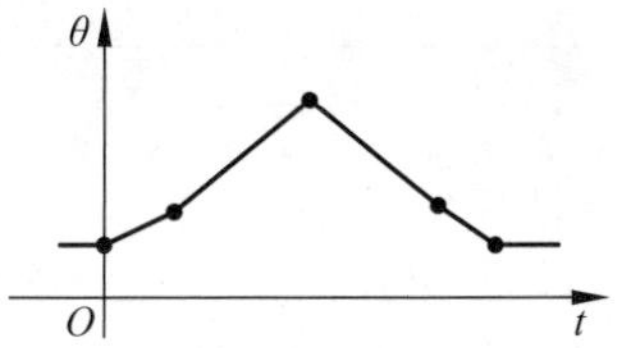

图 7.15　直线轨迹规划

如果给定了关节起始点和终止点的位置变量，使用直线插值函数是规划关节轨迹最简单的方式。

1. 用直线插值函数规划关节轨迹

假设某关节为旋转关节，起始角度为 θ_0，终止角度为 θ_f，运动持续时间为 t_f，可以通过直线插值函数得到关节运动的轨迹函数。假设关节从起始点匀速运动到终止点，那么关节速度为：

$$\dot{\theta} = \frac{\theta_f - \theta_0}{t_f}$$

关节运动的轨迹函数可以表示为：

$$\theta = \theta_0 + \dot{\theta} \cdot t$$

可得到采用直线插值规划的关节轨迹函数通式为：

$$\theta=\theta_0+\frac{\theta_f-\theta_0}{t_f}\cdot t \tag{7-1}$$

例 1：一个旋转关节在 3s 内从起始点 $\theta_0=10°$运动到终止点 $\theta_f=60°$，求关节的直线插值轨迹函数。

解：将 $\theta_0=10°$和 $\theta_f=60°$代入关节直线插值的轨迹函数通式(7-1)，可得该关节的直线插值轨迹函数为：

$$\theta=10+\frac{50}{3}t=10+16.667t$$

其中，关节匀速运动的速度为 16.667°/s。

该关节的运动轨迹如图 7.16 所示，从图中可以看出该关节的角度随时间呈线性变化。关节角速度(关节轨迹函数的一阶导数)曲线如图 7.17 所示，是一条直线。关节加速度的曲线如图 7.18 所示，在起始点和终止点处皆有很大的数值突变，即在这两点需要非常大的加速度。

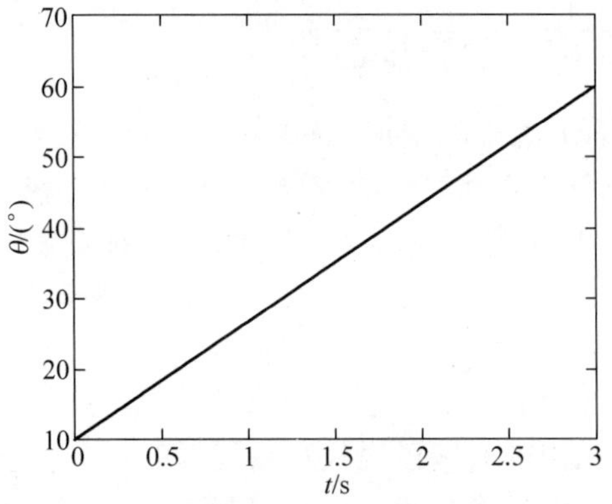

图 7.16　关节角度随时间变化曲线

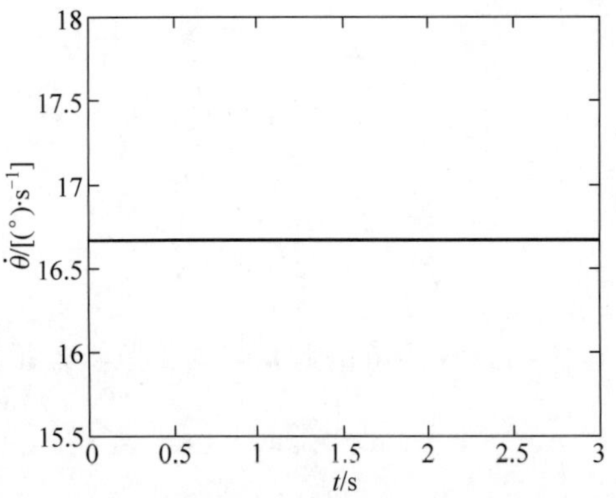

图 7.17　关节角速度随时间变化曲线

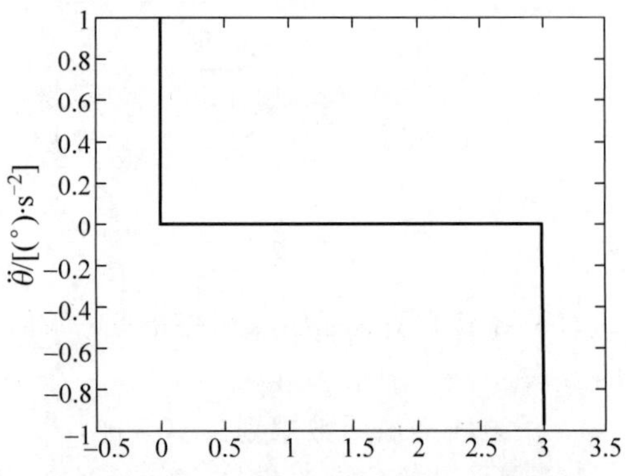

图 7.18　关节角加速度随时间变化曲线

很显然，利用直线插值函数规划机器人关节轨迹时存在一个很大问题：关节速度在节点处不连续，加速度无限大。因此，在使用线性插值函数规划关节轨迹时，为了得到角度和速度都连续平滑的运动轨迹，一般在起始点和终止点处增加一段抛物线轨迹的缓冲区域，即用线性轨迹函数和抛物线轨迹函数组合来规划机器人的关节轨迹。由于抛物线对于时间的二阶导数为常数，这样就可以在节点处实现速度的平滑过渡，不需要无穷大的加速度。

2. 用抛物线过渡的直线插值函数规划关节轨迹

假设某关节为旋转关节，依旧给定起始角 θ_0、终止角 θ_f 以及运动持续时间 t_f。为了构造抛物线过渡的轨迹函数，假设两端的抛物线过渡域的持续时间 t_b 相同，因而在这两个过渡域中采用大小相等、符号相反的加速度值，这种构造具有多个解，得到的轨迹也不是唯一的，但是每一个解都对称于时间中点 t_m 和位置中点 θ_m，如图 7.19 所示。

由于过渡域$[0,t_b]$终点的速度必须等于线性域的速度，所以关节在 t_b 时刻的速度为：

$$\dot{\theta}_{t_b} = \frac{\theta_m - \theta_b}{t_m - t_b} = \frac{\theta_m - \theta_b}{\dfrac{t_f}{2} - t_b} \tag{7-2}$$

其中 θ_b 为过渡域终点 t_b 的关节角度。

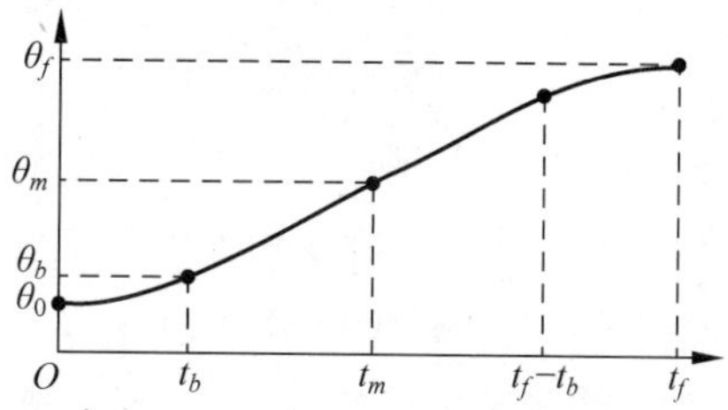

图 7.19　带抛物线过渡的线性插值示意图

用 $\ddot{\theta}$ 表示过渡域内的加速度，θ_b 可表示为：

$$\theta_b = \theta_0 + \frac{1}{2}\ddot{\theta}t_b^2 \tag{7-3}$$

由于 $\dot{\theta}_{t_b} = \ddot{\theta} \cdot t_b$，$\theta_m = \dfrac{\theta_0 + \theta_f}{2}$，综合式(7-2)和式(7-3)可得：

$$\ddot{\theta}t_b^2 - \ddot{\theta}t_f t_b + (\theta_f - \theta_0) = 0 \tag{7-4}$$

这样，对于任意给定的起始角 θ_0、终止角 θ_f 以及运动持续时间 t_f，可以通过式(7-4)选择相应的过渡域加速度 $\ddot{\theta}$ 和过渡域时间 t_b，得到对应的抛物线轨迹。通常的作法是先选择加速度 $\ddot{\theta}$ 的值，然后求解 t_b：

$$t_b = \frac{t}{2} - \frac{\sqrt{\ddot{\theta}^2 t^2 - 4\ddot{\theta}(\theta_f - \theta_0)}}{2\ddot{\theta}}$$

为了保证 t_b 有解，过渡域加速度值 $\ddot{\theta}$ 必须选得足够大，即：

$$\ddot{\theta} \geqslant \frac{4(\theta_f - \theta_0)}{t^2}$$

可以发现，当上述不等式中等号成立时，线性域的长度缩减为零，整个路径段有两个过渡域组成，其连接处速度相等；相反，$\ddot{\theta}$ 的取值越大，过渡域的长度越短，当 $\ddot{\theta}$ 的取值为无限大时，过渡域长度变为零，机器人运动轨迹又变成了直线。

在得到 $\ddot{\theta}$ 和 t_b 之后，可以依次得到 $\dot{\theta}_{t_b}$ 和 θ_b，并据此得到关节轨迹的分段函数：

$$\theta(t) = \begin{cases} \theta_0 + \dfrac{1}{2}\ddot{\theta}t^2 & 0 \leqslant t < t_b \\ \theta_0 + \dfrac{1}{2}\ddot{\theta}t_b^2 + \ddot{\theta}t_b(t - t_b) & t_b \leqslant t \leqslant t - t_b \\ \theta_f - \dfrac{1}{2}\ddot{\theta}(t - t_f)^2 & t - t_b < t \leqslant t_f \end{cases} \tag{7-5}$$

例 2：一个旋转关节在 3s 内从起始点 $\theta_0=10°$运动到终止点 $\theta_f=60°$，求关节的抛物线过渡的线性插值轨迹函数。

解：首先选取过渡域的加速度 $\ddot{\theta}$，其应满足：

$$\ddot{\theta} \geqslant \frac{4(\theta_f-\theta_0)}{t^2}=\frac{200°}{9\mathrm{s}} \approx 22.2°/\mathrm{s}$$

选取 $\ddot{\theta}=30°$，求得 $t_b=0.7362\mathrm{s}$，可得关节的轨迹函数为：

$$\theta(t)=\begin{cases}10+15t^2 & 0 \leqslant t<0.7362 \\ 1.8702+22.0860t & 0.7362 \leqslant t \leqslant 2.2638 \\ -15t^2+90t-75 & 2.2638<t \leqslant 3\end{cases}$$

3s 内关节的角度变化如图 7.20 所示。可以看出关节的角度变化是光滑的。关节的角速度和角加速度的变化分别如图 7.21 和图 7.22 所示。关节的角速度曲线呈梯形，由加速段、匀速段和减速段组成，属于等加速等减速运动。关节的加速度曲线是由多个线段组成，变化不光滑，存在加速度瞬时要达到某个值及瞬时又要变为零的突变，这会造成关节的振动冲击。

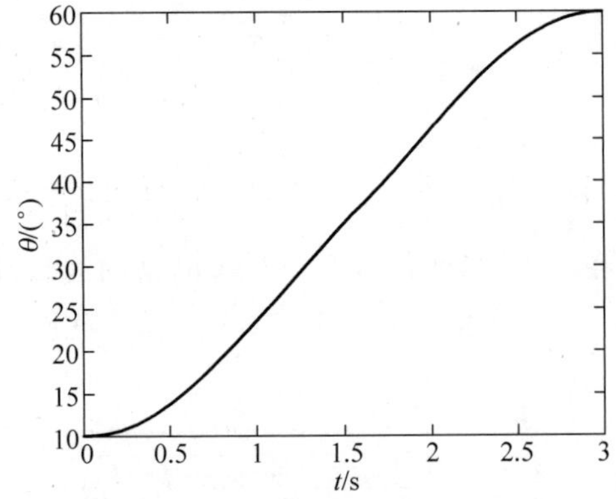

图 7.20 关节角度随时间变化

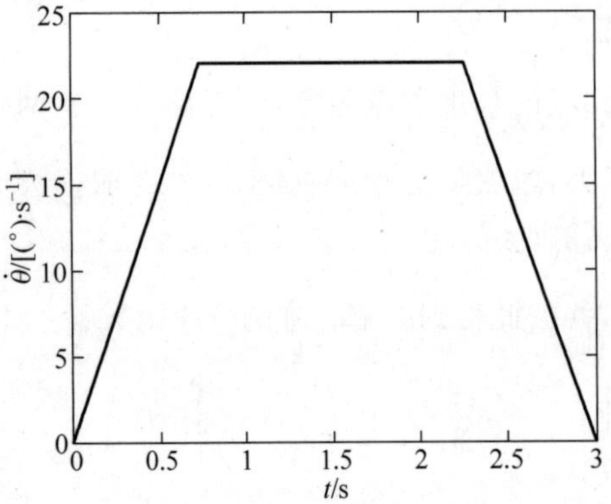

图 7.21 关节角速度随时间变化

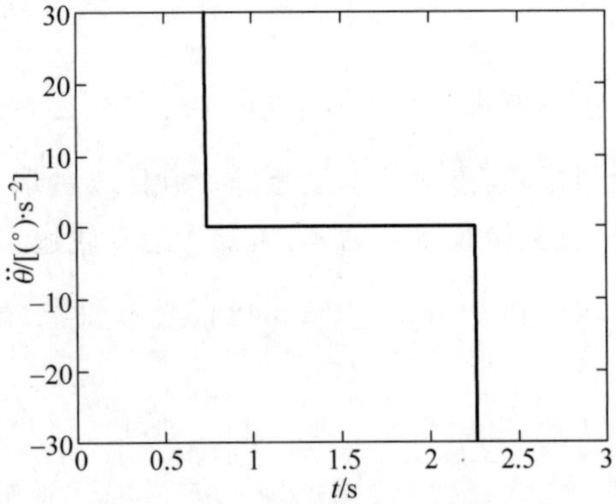

图 7.22 关节角加速度随时间变化

由于加速度是可以任意选取的，所以采用抛物线过渡的直线插值函数规划机器人关节的运动轨迹有无穷多条。

3. 用三次多项式函数规划关节轨迹

三次多项式函数具有一阶、二阶微分光滑特性，所以在机器人关节空间轨迹规划中被普遍采用。

假设某机器人关节运动过程中需要通过五个关节位置，如图 7.23 所示，在这五个关节值中，任意两个相邻的关节值都需要做轨迹规划，所有的规划轨迹连起来即可构成该关节的运动轨迹或运动曲线。定义一对关节值中的起始点为θ_0，终止点为θ_f，轨迹规划的任务就是构造出满足关节运动约束条件且通过起始点和终止点的光滑轨迹函数 $\theta(t)$。下面以图 7.23 中起始的两个关节值为对象，介绍如何采用三次多项式函数规划关节运动轨迹。

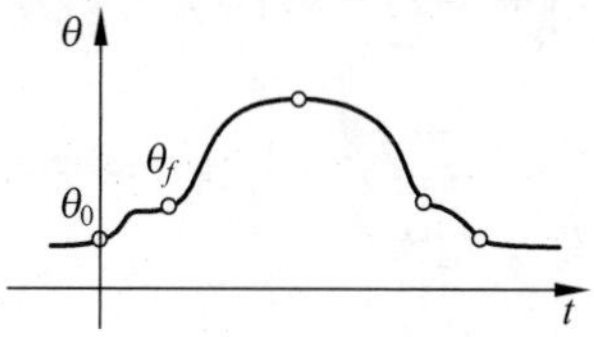

图 7.23 三次多项式函数规划关节轨迹

三次多项式函数的通式为：

$$\theta(t) = a_0 + a_1 t + a_2 t^2 + a_3 t^3 \tag{7-6}$$

为了实现关节的平稳运动，轨迹函数 $\theta(t)$至少需要满足四个约束条件，起始点和终止点的角度约束和速度约束。

角度约束：

$$\begin{cases} \theta(0)=\theta_0 \\ \theta(t_f)=\theta_f \end{cases}$$

速度约束：

$$\begin{cases} \dot{\theta}(0)=\dot{\theta}_0 \\ \dot{\theta}(t_f)=\dot{\theta}_f \end{cases}$$

将四个约束条件代入三次多项式函数通式(7-6)，可得到下面四个方程：

$$\begin{cases} \theta_0 = a_0 \\ \theta_f = a_0 + a_1 t_f + a_2 t_f^2 + a_3 t_f^3 \\ \dot{\theta}_0 = a_1 \\ \dot{\theta}_f = a_1 + 2a_2 t_f + 3a_3 t_f^2 \end{cases}$$

求解可得三次多项式的系数为：

$$\begin{cases} a_0 = \theta_0 \\ a_1 = \dot{\theta}_0 \\ a_2 = \dfrac{3}{t_f^2}(\theta_f - \theta_0) - \dfrac{2}{t_f}\dot{\theta}_0 - \dfrac{1}{t_f}\dot{\theta}_f \\ a_3 = -\dfrac{2}{t_f^3}(\theta_f - \theta_0) + \dfrac{1}{t_f^2}(\dot{\theta}_0 + \dot{\theta}_f) \end{cases} \tag{7-7}$$

将上述系数代入三次多项式通式，即可得这两个关节点之间的轨迹函数 $\theta(t)$。

例 3：一个旋转关节在 3s 内从起始点 $\theta_0 = 10°$运动到终止点 $\theta_f = 60°$，起始的速度为 1°/s，终止的速度为 2°/s，求关节的三次多项式轨迹函数 $\theta(t)$。

解：由三次多项式的系数求解公式(7-7)，可得各系数为：

$$\begin{cases} a_0 = 10 \\ a_1 = 1 \\ a_2 = \dfrac{3}{t_f^2}(\theta_f - \theta_0) = 15.33 \\ a_3 = -\dfrac{2}{t_f^3}(\theta_f - \theta_0) = -3.37 \end{cases}$$

将上述系数代入三次多项式通式(7-6)，可得关节的三次多项式轨迹函数为：

$$\theta(t) = 10 + t + 15.33t^2 - 3.37t^3$$

该关节在 3s 内的运动轨迹如图 7.24 所示。从图中可以看出，该关节在这 3s 内的角度变化是光滑的。

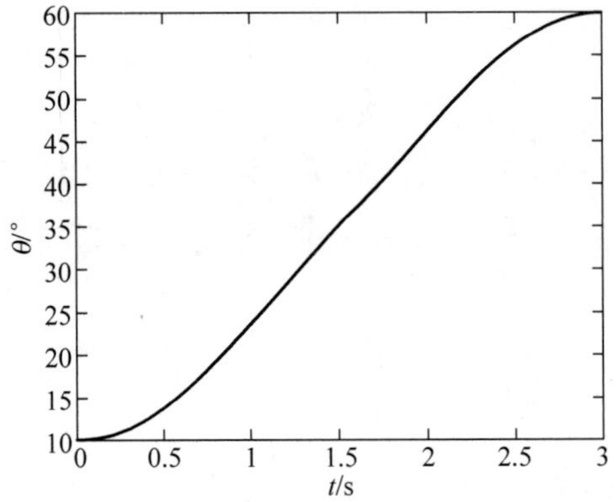

图 7.24　关节运动角度随时间变化

该轨迹函数对应的一阶和二阶导数分别为：

$$\begin{cases} \dot{\theta}(t) = 1 + 30.67t - 10.11t^2 \\ \ddot{\theta}(t) = 30.67 - 20.22t \end{cases}$$

它们分别对应了在这 3s 内该关节的速度和加速度变化情况，如图 7.25 和图 7.26 所示。这两个图表明，在这 3s 内，该关节的角速度和角加速度都是光滑变化的。

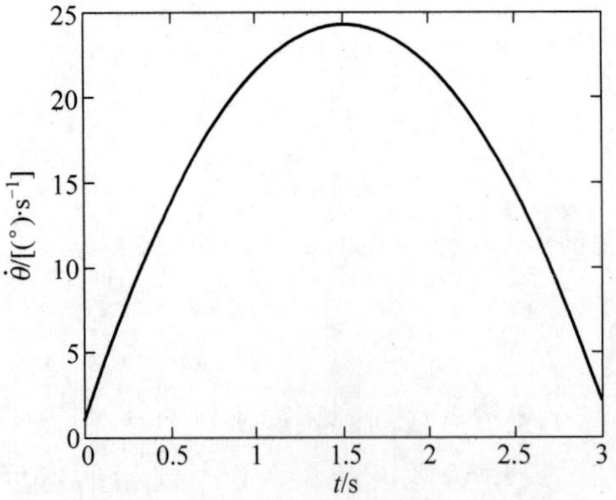

图 7.25　关节运动角速度随时间变化图

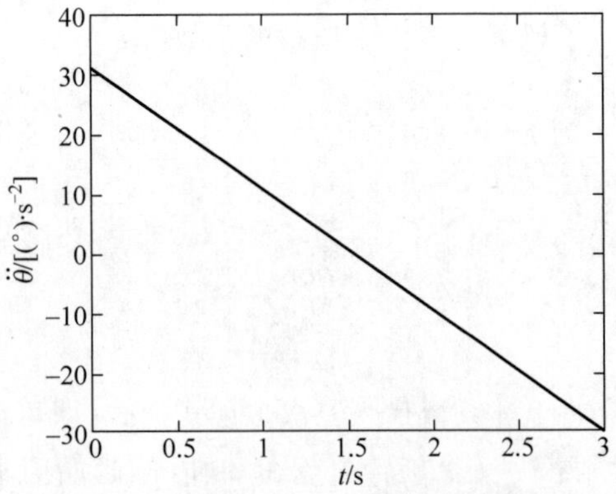

图 7.26　关节运动角加速度随时间变化

故可得出结论：采用三次多项式函数的关节速度曲线为抛物线，加速度曲线为直线。

从上面的例子可以发现，采用三次多项式的关节轨迹函数只能保证两关节点处的位置和速度约束，无法满足两关节点处的加速度约束。如果想要满足加速度约束，需要采用更高阶的多项式函数，如五次多项式函数。

4. 用五次多项式函数规划关节轨迹

五次多项式函数的通式为：

$$\theta(t)=a_0+a_1t+a_2t^2+a_3t^3+a_4t^4+a_5t^5 \tag{7-8}$$

轨迹函数 $\theta(t)$需要满足六个约束条件，起始点和终止点的角度约束、速度约束和加速度约束。

角度约束：

$$\begin{cases}\theta(0)=\theta_0\\ \theta(t_f)=\theta_f\end{cases}$$

速度约束：

$$\begin{cases}\dot{\theta}(0)=\dot{\theta}_0\\ \dot{\theta}(t_f)=\dot{\theta}_f\end{cases}$$

加速度约束：

$$\begin{cases}\ddot{\theta}(0)=\ddot{\theta}_0\\ \ddot{\theta}(t_f)=\ddot{\theta}_f\end{cases}$$

将上述 6 个约束条件代入五次多项式通式，可得 6 个方程：

$$\begin{cases}\theta_0=a_0\\ \theta_f=a_0+a_1t_f+a_2t_f^2+a_3t_f^3+a_4t_f^4+a_5t_f^5\\ \dot{\theta}_0=a_1\\ \dot{\theta}_f=a_1+2a_2t_f+3a_3t_f^2+4a_4t_f^3+5a_5t_f^4\\ \ddot{\theta}_0=2a_2\\ \ddot{\theta}_f=2a_2+6a_3t_f+12a_4t_f^2+20a_5t_f^3\end{cases}$$

求解上述方程组，可得五次多项式的系数为：

$$\begin{cases}a_0=\theta_0\\ a_1=\dot{\theta}_0\\ a_2=\dfrac{\ddot{\theta}}{2}\\ a_3=\dfrac{20(\theta_f-\theta_0)-(8\dot{\theta}_f+12\dot{\theta}_0)t_f-(3\ddot{\theta}_0-\ddot{\theta}_f)t_f^2}{2t_f^3}\\ a_4=\dfrac{30(\theta_0-\theta_f)+(14\dot{\theta}_f+16\dot{\theta}_0)t_f+(3\ddot{\theta}_0-2\ddot{\theta}_f)t_f^2}{2t_f^4}\\ a_5=\dfrac{12(\theta_f-\theta_0)-(6\dot{\theta}_f+6\dot{\theta}_0)t_f-(\ddot{\theta}_0-\ddot{\theta}_f)t_f^2}{2t_f^5}\end{cases} \tag{7-9}$$

将上述系数代入五次多项式通式，即可得这两个关节点之间的轨迹函数 $\theta(t)$。

例 4：一个旋转关节在 3s 内从起始点 $\theta_0=10°$ 运动到终止点 $\theta_f=60°$，起始的速度为 1°/s，终止的速度为 2°/s，起始的加速度为 $2°/s^2$，终止的加速度为 $4°/s^2$，求关节的五次多项式轨迹函数 $\theta(t)$。

解：由五次多项式的系数求解公式(7-9)，可得各系数为：

$$\begin{cases} a_0 = 10 \\ a_1 = 1 \\ a_2 = 1 \\ a_3 = \dfrac{449}{27} = 16.630 \\ a_4 = -\dfrac{77}{9} = -8.556 \\ a_5 = \dfrac{94}{81} = 1.160 \end{cases}$$

将上述系数代入五次多项式通式(7-8)，可得关节的五次多项式轨迹函数为：

$$\theta(t) = 10 + t + t^2 + 16.630t^3 - 8.556t^4 + 1.160t^5$$

该关节在 3s 内的运动轨迹如图 7.27 所示。从图中可以看出：该关节在这 3s 内的角度变化是光滑的。

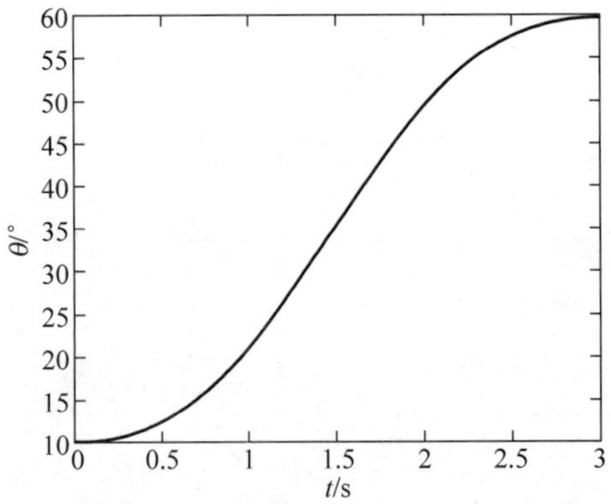

图 7.27　关节运动角度随时间变化

该轨迹函数对应的一阶和二阶导数分别为：

$$\begin{cases} \dot{\theta}(t) = 1 + 2t + 49.889t^2 - 34.224t^3 + 5.800t^4 \\ \ddot{\theta}(t) = 2 + 99.778t - 102.667t^2 + 23.210t \end{cases}$$

它们分别对应了在 3s 内该关节的速度和加速度变化情况，如图 7.28 和图 7.29 所示。这两个图表明，在这 3s 内，该关节的角速度和角加速度都是光滑变化的。

由此可得出结论：采用五次多项式函数的关节速度曲线为抛物线，加速度曲线为正弦曲线。

机器人关节空间轨迹规划的优点是计算简单、无奇异性，缺点是操作空间轨迹可能不光滑。由于关节空间到操作空间的映射是非线性的，所以关节空间中轨迹的光滑性不代表着操作空间中对应的轨迹也是光滑的。

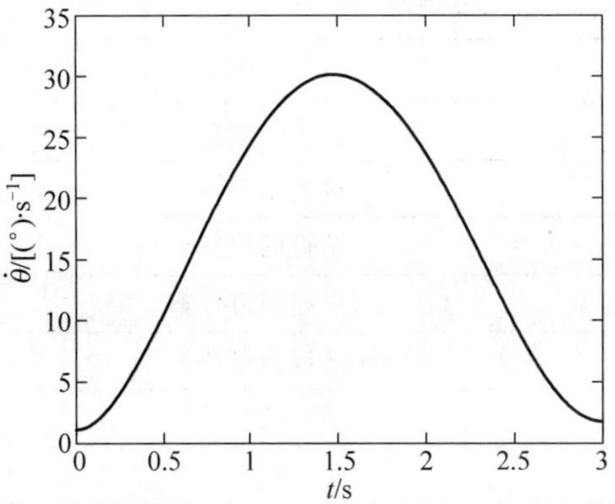

图 7.28　关节运动角速度随时间变化

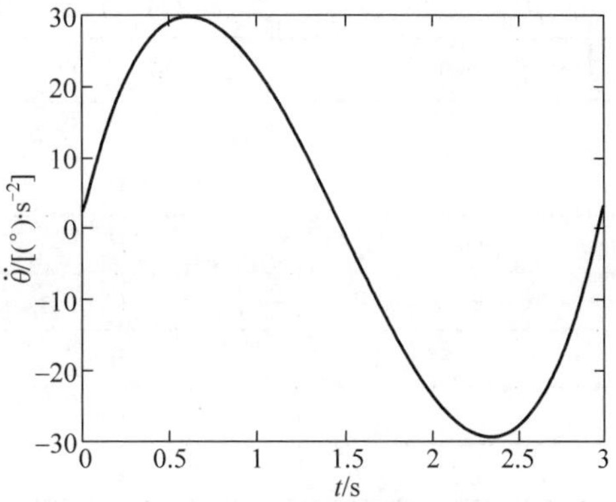

图 7.29　关节运动角加速度随时间变化

7.3.2　操作空间的轨迹规划

机器人的操作空间也就是机器人的工作空间。

在机器人的关节空间中规划其关节运动轨迹，可保证机器人的末端经过起点和终点，但在两点之间的轨迹是未知的，它依赖于每个机器人独特的运动学特性。在很多应用中需要保证机器人末端的运动轨迹，比如弧焊，这就需要在机器人的操作空间中规划机器人的轨迹。

操作空间的轨迹规划一般是在笛卡儿直角坐标系中进行的。规划出机器人操作空间的轨迹后，通过循环对机器人的末端定位点反解求出各关节值，即可控制机器人实现预期的操作空间运动轨迹。在笛卡儿坐标系中进行轨迹规划具有下列优点：

（1）机器人的运动轨迹是直观的，容易理解和描述；

（2）笛卡儿坐标系中的机器人运动可以非常容易地推广到圆柱坐标系、球坐标系以及其他正交坐标系统。

在笛卡儿坐标系中，机器人末端的轨迹可用一系列的"节点"来表示。所谓的节点就是机器人操作空间轨迹上的"拐点"或关键点，可用机器人末端坐标系相对于参考系的位姿来表示。下面看一个机器人装配销钉的运动轨迹，如图 7.30 所示，机器人末端抓手的运动轨迹是在笛卡儿坐标系中描述的。该机器人运动轨迹中的节点及对应的动作说明如表 7.1 所示。

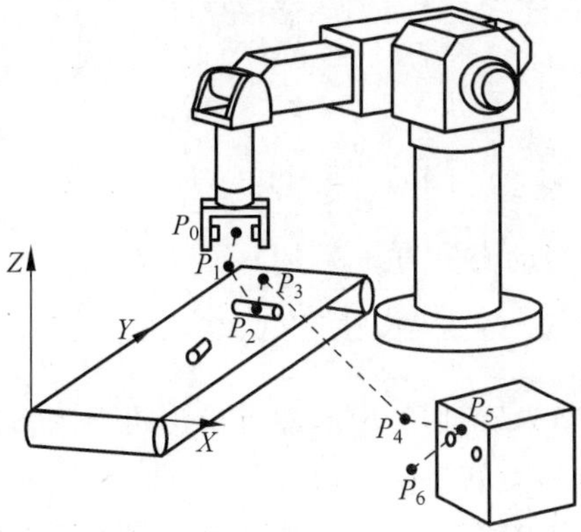

图 7.30　机器人装配销钉的运动轨迹

表 7.1 机器人装配销钉的节点及说明

序号	节点	节点说明
1	P_0	抓手初始位
2	P_1	接近销钉位
3	P_2	销钉的位置
4	P_3	提起销钉位
5	P_4	接近销钉孔
6	P_5	插入销钉位
7	P_6	离开销钉孔

如果采用直线连接各节点，可得机器人的运动轨迹如图 7.31 所示。为了让机器人按此轨迹运动，需要规划两节点之间的机器人运动轨迹。机器人操作空间轨迹规划的核心问题就是如何在相邻的两个节点之间生成一系列的中间点，所以轨迹规划也被称为轨迹插补。

1. 操作空间的直线轨迹规划

在机器人的操作空间中，机器人末端轨迹上的每个节点包含了三个位置变量和三个姿态变量。三个位置变量是用该点的笛卡儿坐标表示，如 x,y,z。对于机器人的姿态，前面介绍了用旋转矩阵表示机器人姿态的方法，但是对于两个节点的姿态矩阵，是无法在中间线性插入一个或几个中间状态的姿态矩阵的，因此在操作空间的直线轨迹规划中，机器人的姿态不能用旋转矩阵来表示，可以采用三变量的 RPY 角或欧拉角表示机器人的姿态。

假设采用 ZYX 欧拉角表示机器人末端在操作空间中的姿态，设机器人操作空间中的两个节点分别为 P_1 和 P_2，$P_1=(x_1,y_1,z_1,\alpha_1,\beta_1,\gamma_1)$，$P_2=(x_2,y_2,z_2,\alpha_2,\beta_2,\gamma_2)$。则机器人操作空间的直线轨迹规划/插补方法如下：

(1) 确定机器人末端运动的速度 v、加速度 a、插补时间 t。插补时间是由机器人的伺服控制周期决定的，通常为 ms 级，如 10ms、20ms。

(2) 计算两节点之间的直线距离为：

$$l=\sqrt{(x_1-x_2)^2+(y_1-y_2)^2+(z_1-z_2)^2}$$

(3) 计算插补次数，步长 $\Delta=vt$，则插补次数为：

$$n=\begin{cases}\dfrac{l}{\Delta}, & \dfrac{l}{\Delta}\text{ 为整数}\\[2ex] \operatorname{int}\left(\dfrac{l}{\Delta}\right)+1, & \dfrac{l}{\Delta}\text{ 非整数}\end{cases}$$

(4) 计算机器人末端的运动变量为：

$$\mathrm{d}p=\left[\frac{x_2-x_1}{n},\frac{y_2-y_1}{n},\frac{z_2-z_1}{n},\frac{\alpha_2-\alpha_1}{n},\frac{\beta_2-\beta_1}{n},\frac{\gamma_2-\gamma_1}{n}\right]^{\mathrm{T}}$$

(5) 由公式 $p_{k+1}=p_k+\mathrm{d}p,k=1,2,\cdots n$，即可求出机器人末端在下一插补点的位姿，采用运动学逆解算法求出对应的关节变量值 q_{k+1}。

(6) 把每次计算出的关节变量值 q_{k+1} 按周期发送给机器人的伺服控制器，即可控制机器人末端按直线轨迹运动，依此循环直到完成所有的插补。

机器人操作空间的直线轨迹插补算法的流程如图 7.31 所示。

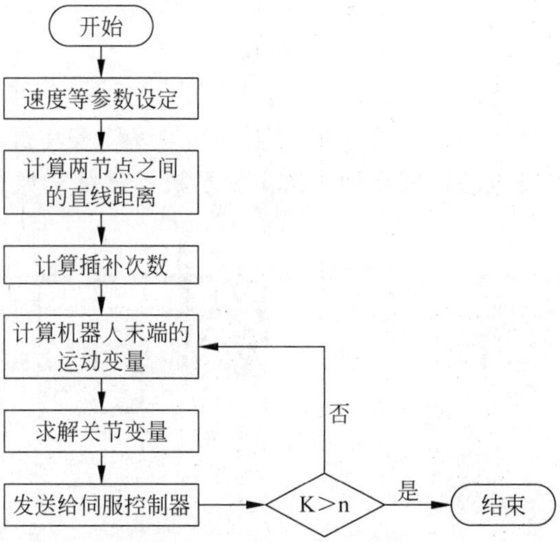

图 7.31 直线轨迹插补流程

例 5：如图 7.32 所示是一个 8 自由度的模块机器人安装在一个 1 自由度的移动导轨上。设机器人末端起始节点位置和姿态为 $P_1=(0,110,1555,90,0,0)$，终节点位置和姿态为 $P_2=(1260,280,1445,45,45,90)$，采用 ZYZ 欧拉角表示姿态。对这两节点进行直线运动轨迹规划。

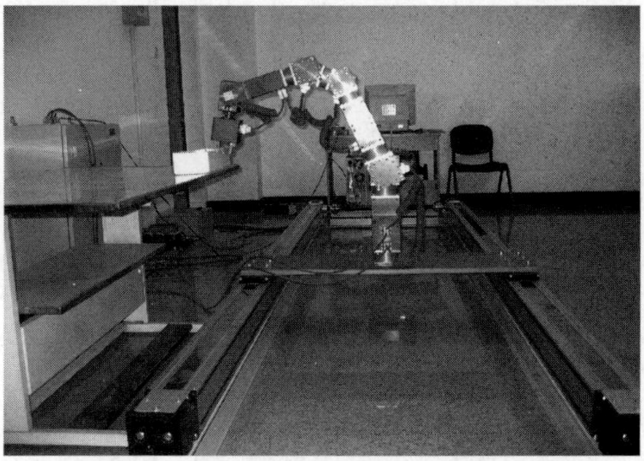

图 7.32 一个带移动导轨的 9 自由度机器人

解：

机器人参数设置如下：

(1) 末端速度：0.2m/s；

(2) 末端加速度：0.4m/s^2；

(3) 插补时间：0.02s。

计算可得两节点距离 $l=1276.17$mm，步长 $\Delta=4$mm/s，总运动时间 $t=6.4$s，插值点数 $n=320$。

由机器人末端的运动变量 $\mathrm{d}p$，采用逆解算法可求得对应的关节变量增量 $\mathrm{d}q_{k+1}$，由

$q_{k+1}=q_k+\mathrm{d}q_{k+1}$ 即可求出新的关节位置，该值发送给机器人控制器即可控制机器人末端运动到新位置，循环插补直到 487 次插补全部完成。需要注意的是，最后一次插补时，机器人末端的运动变量一般不是 $\mathrm{d}p$，而是比 $\mathrm{d}p$ 小的值。

该 9 自由度机器人末端直线运动轨迹的仿真如图 7.33 所示，图 7.33(a)显示了机器人的初始位姿和期望轨迹，图 7.33(b)显示了机器人的最终位姿和机器人末端走过的实际轨迹。仿真结果表明，该直线运动轨迹规划方法实现了机器人从初始位姿到最终位姿之间的光滑直线运动。

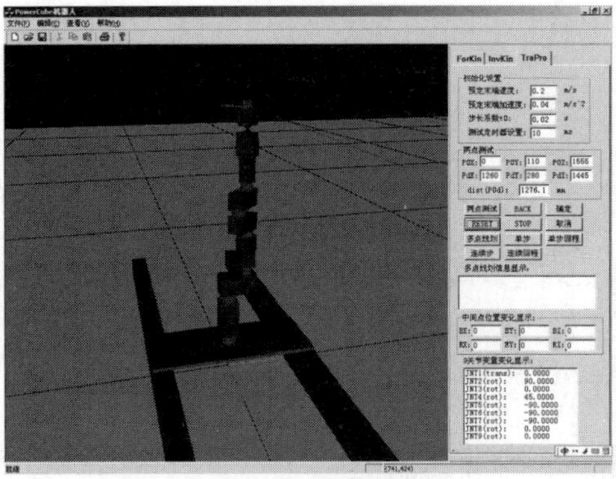

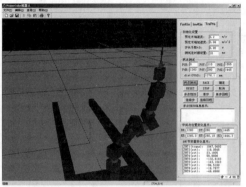

(a) 初始位姿和期望轨迹　　(b) 终止位姿和实际轨迹

图 7.33　9 自由度机器人末端直线运动轨迹

直线轨迹规划是机器人操作空间轨迹规划中最简单、最常用的一种，复杂的还有圆弧轨迹规划等。

2. 操作空间的圆弧轨迹规划

在机器人的操作空间中，规划机器人的直线轨迹只需要两个节点，但规划机器人的圆弧轨迹需要三个节点。机器人操作空间的圆弧轨迹规划共分为三步。

(1) 由机器人操作空间中的三个节点求圆弧轨迹的圆心和半径

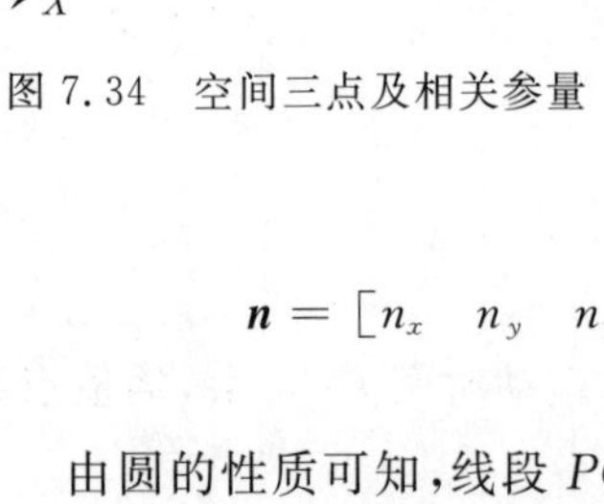

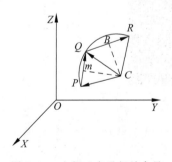

图 7.34　空间三点及相关参量

假设机器人操作空间中的三个节点分别是圆弧的起点 P，坐标为 (x_p, y_p, z_p)，圆弧的中间点 Q，坐标为 (x_q, y_q, z_q)，圆弧的终点 R，坐标为 (x_r, y_r, z_r)，圆弧的圆心为 C，坐标为 (x_c, y_c, z_c)，圆弧半径为 r，参考坐标系为 $\{OXYZ\}$，如图 7.34 所示。

向量 $\boldsymbol{PQ}$ 和 $\boldsymbol{QR}$ 可分别表示为：

$$\boldsymbol{PQ}=[x_q-x_p \quad y_q-y_p \quad z_q-z_p]^{\mathrm{T}}$$

$$\boldsymbol{QR}=[x_r-x_q \quad y_r-y_q \quad z_r-z_q]^{\mathrm{T}}$$

则 P、Q、R 三点所在平面 I 的法向量 $\boldsymbol{n}$ 为：

$$\boldsymbol{n}=[n_x \quad n_y \quad n_z]^{\mathrm{T}}=\boldsymbol{PQ}\times\boldsymbol{QR}=\begin{vmatrix} \boldsymbol{i} & \boldsymbol{j} & \boldsymbol{k} \\ x_q-x_p & y_q-y_p & z_q-z_p \\ x_r-x_q & y_r-y_q & z_r-z_q \end{vmatrix}$$

由圆的性质可知，线段 PQ 的中垂线和线段 QR 的中垂线的交点即为圆弧的圆心。下面分别求线段 PQ 和 QR 的中垂线所在的直线方程。

由于同时垂直于向量 $\boldsymbol{n}$ 和向量 $\boldsymbol{PQ}$ 的向量即为线段 PQ 的中垂线的方向向量 $\boldsymbol{n}_1$，则：

$$\boldsymbol{n}_1=[n_{1x}\quad n_{1y}\quad n_{1z}]^{\mathrm{T}}=\boldsymbol{n}\times\boldsymbol{PQ}=\begin{vmatrix}\boldsymbol{i} & \boldsymbol{j} & \boldsymbol{k}\\ n_x & n_y & n_z\\ x_q-x_p & y_q-y_p & z_q-z_p\end{vmatrix}$$

假设线段 PQ 的中点为 A，其坐标为 (a_x,a_y,a_z)，由 P 点和 Q 点的坐标可得：

$$a_x=\frac{x_q+x_p}{2},\quad a_y=\frac{y_q+y_p}{2},\quad a_z=\frac{z_q+z_p}{2}$$

则线段 PQ 的中垂线所在直线的方程 L_1 为：

$$\frac{x-a_x}{n_{1x}}=\frac{y-a_y}{n_{1y}}=\frac{z-a_z}{n_{1z}}$$

同理，同时垂直于向量 $\boldsymbol{n}$ 和向量 $\boldsymbol{QR}$ 的向量即为线段 QR 的中垂线的方向向量 $\boldsymbol{n}_2$，则：

$$\boldsymbol{n}_2=[n_{2x}\quad n_{2y}\quad n_{2z}]^{\mathrm{T}}=\boldsymbol{n}\times\boldsymbol{QR}=\begin{vmatrix}\boldsymbol{i} & \boldsymbol{j} & \boldsymbol{k}\\ n_x & n_y & n_z\\ x_r-x_q & y_r-y_q & z_r-z_q\end{vmatrix}$$

假设线段 QR 的中点为 B，其坐标为 (b_x,b_y,b_z)，由 Q 点和 R 点的坐标可求得：

$$b_x=\frac{x_r+x_q}{2},\quad b_y=\frac{y_r+y_q}{2},\quad b_z=\frac{z_r+z_q}{2}$$

则线段 QR 的中垂线所在直线的方程 L_2 为：

$$\frac{x-b_x}{n_{2x}}=\frac{y-b_y}{n_{2y}}=\frac{z-b_z}{n_{2z}}$$

由圆的性质可知，直线 L_1 和 L_2 的交点即为圆弧轨迹的圆心。求解两条空间直线的交点的方法比较多，如参数方程的方法和线性方程组的方法等。这里采用线性方程组解法，将直线方程 L_1 和 L_2 转化成空间直线的一般式，由于方程组个数大于未知量个数，故利用广义逆来求 L_1 和 L_2 的交点，即圆弧的圆心坐标为：

$$\begin{bmatrix}x_c\\ y_c\\ z_c\end{bmatrix}=\begin{bmatrix}n_{1y} & n_{1x} & 0\\ 0 & n_{1z} & n_{1y}\\ n_{2y} & n_{2x} & 0\\ 0 & n_{2z} & n_{2y}\end{bmatrix}^{+}\cdot\begin{bmatrix}a_xn_{1y}-n_{1x}a_y\\ a_yn_{1z}-a_zn_{1y}\\ b_xn_{2y}-n_{2x}b_y\\ b_yn_{2z}-b_zn_{2y}\end{bmatrix}$$

求得了圆弧的圆心坐标 (x_c,y_c,z_c)，则 $\boldsymbol{CP}$、$\boldsymbol{CQ}$、$\boldsymbol{CR}$ 三个向量的模都等于圆弧的半径 r，则有：

$$r=|\boldsymbol{CP}|=|\boldsymbol{CQ}|=|\boldsymbol{CR}|$$

(2) 将空间圆弧转换为平面圆弧

如图 7.35 所示，建立坐标系 $\{O'X'Y'Z'\}$，使原点 O' 位于圆心 C 处，以向量 CP 所在直线为 X' 轴，方向与向量 CP 相同，过点 C 且垂直于平面 I 的直线为 Z' 轴，Y' 轴由右手定则确定，且平面 $X'O'Y'$ 与平面 I 重合。

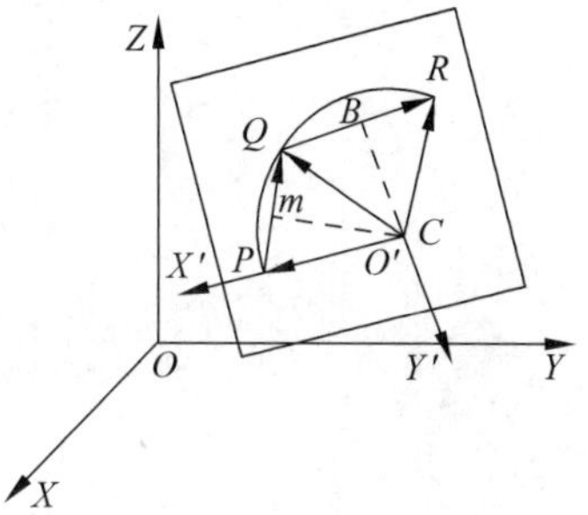

图 7.35 平面坐标系定义

假设 X' 轴上的单位向量为 $\boldsymbol{i}'$，它在坐标系 $\{OXYZ\}$ 中可表示为：

$$\boldsymbol{i}'=\left[\frac{x_p-x_c}{|\boldsymbol{CP}|}\quad\frac{y_p-y_c}{|\boldsymbol{CP}|}\quad\frac{z_p-z_c}{|\boldsymbol{CP}|}\right]^{\mathrm{T}}$$

假设 Z' 轴上的单位向量为 $\boldsymbol{k}'$，它在坐标系 $\{OXYZ\}$ 中可表示为：

$$\boldsymbol{k}'=\frac{\boldsymbol{n}}{|\boldsymbol{n}|}=\begin{bmatrix}\dfrac{n_x}{|\boldsymbol{n}|} & \dfrac{n_y}{|\boldsymbol{n}|} & \dfrac{n_z}{|\boldsymbol{n}|}\end{bmatrix}^{\mathrm{T}}$$

假设 Y' 轴上的单位向量为 $\boldsymbol{j}'$，它在坐标系 $\{OXYZ\}$ 中可表示为：

$$\begin{aligned}\boldsymbol{j}' &= \boldsymbol{k}'\times\boldsymbol{i}'\\ &=\left[\frac{y_p-y_c}{|\boldsymbol{CP}|}\cdot\frac{n_z}{|\boldsymbol{n}|}-\frac{z_p-z_c}{|\boldsymbol{CP}|}\cdot\frac{n_y}{|\boldsymbol{n}|}\quad \frac{z_p-z_c}{|\boldsymbol{CP}|}\cdot\frac{n_x}{|\boldsymbol{n}|}-\frac{x_p-x_c}{|\boldsymbol{CP}|}\cdot\frac{n_z}{|\boldsymbol{n}|}\right.\\ &\qquad\left.\frac{x_p-x_c}{|\boldsymbol{CP}|}\cdot\frac{n_y}{|\boldsymbol{n}|}-\frac{y_p-y_c}{|\boldsymbol{CP}|}\cdot\frac{n_x}{|\boldsymbol{n}|}\right]^{\mathrm{T}}\end{aligned}$$

则坐标系 $\{O'X'Y'Z'\}$ 到坐标系 $\{OXYZ\}$ 之间的转换矩阵 ${}_{o}^{o'}T$ 为：

$${}_{o}^{o'}T=\begin{bmatrix}\dfrac{x_p-x_c}{|\boldsymbol{CP}|} & \dfrac{y_p-y_c}{|\boldsymbol{CP}|}\cdot\dfrac{n_z}{|\boldsymbol{n}|}-\dfrac{z_p-z_c}{|\boldsymbol{CP}|}\cdot\dfrac{n_y}{|\boldsymbol{n}|} & \dfrac{n_x}{|\boldsymbol{n}|} & x_c\\ \dfrac{y_p-y_c}{|\boldsymbol{CP}|} & \dfrac{z_p-z_c}{|\boldsymbol{CP}|}\cdot\dfrac{n_x}{|\boldsymbol{n}|}-\dfrac{x_p-x_c}{|\boldsymbol{CP}|}\cdot\dfrac{n_z}{|\boldsymbol{n}|} & \dfrac{n_y}{|\boldsymbol{n}|} & y_c\\ \dfrac{z_p-z_c}{|\boldsymbol{CP}|} & \dfrac{x_p-x_c}{|\boldsymbol{CP}|}\cdot\dfrac{n_y}{|\boldsymbol{n}|}-\dfrac{y_p-y_c}{|\boldsymbol{CP}|}\cdot\dfrac{n_x}{|\boldsymbol{n}|} & \dfrac{n_z}{|\boldsymbol{n}|} & z_c\\ 0 & 0 & 0 & 1\end{bmatrix}$$

已知坐标系 $\{O'X'Y'Z'\}$ 中任意点的坐标 (x',y',z')，则它在坐标系 $\{OXYZ\}$ 中对应点的坐标 (x,y,z) 可由下式求得：

$$\begin{bmatrix}x\\y\\z\\1\end{bmatrix}={}_{o}^{o'}\boldsymbol{T}\begin{bmatrix}x'\\y'\\z'\\1\end{bmatrix}$$

同样，已知坐标系 $\{OXYZ\}$ 中任意点的坐标 (x,y,z)，则该点在坐标系 $\{O'X'Y'Z'\}$ 中对应点的坐标 (x',y',z') 可由下式求得：

$$\begin{bmatrix}x'\\y'\\z'\\1\end{bmatrix}={}_{o}^{o'}\boldsymbol{T}^{-1}\begin{bmatrix}x\\y\\z\\1\end{bmatrix}$$

利用上式就可以求得 P、Q、R、C 四个点在坐标系 $\{O'X'Y'Z'\}$ 中的坐标。

(3) 圆弧轨迹规划

圆弧轨迹规划首先在平面 $X'O'Y'$ 中进行，计算出平面圆弧轨迹上的插补点在坐标系 $\{O'X'Y'Z'\}$ 中的坐标，然后通过坐标变换求出该点在参考坐标系 $\{OXYZ\}$ 中的坐标，具体步骤如下。

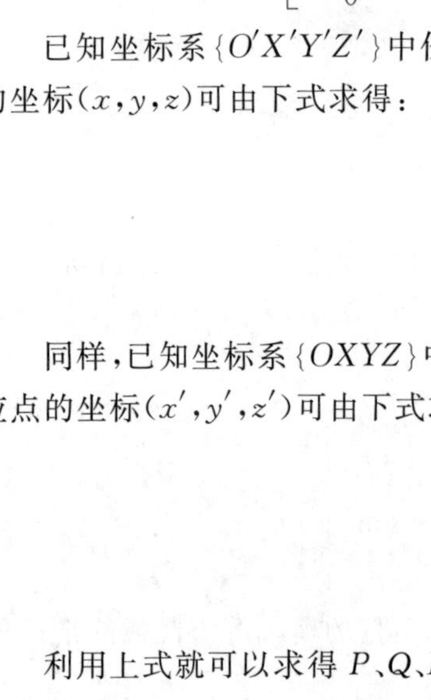

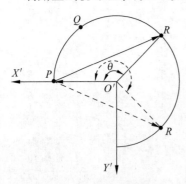

图 7.36 圆心角可能情况

首先，在平面坐标系 $\{X'O'Y'\}$ 中，计算圆弧 PQR 的圆心角 θ 和插补次数 n。

如图 7.36 所示，圆心角 θ 可能有两种情况：$\theta\leqslant\pi$（小圆弧 PQR）和 $\theta>\pi$（大圆弧 PQR）。这里，利用向量 $\boldsymbol{O'P}$ 和 $\boldsymbol{PR}$ 的法向量 $\boldsymbol{n}_3$ 与平面 $X'O'Y'$ 的法向量 $\boldsymbol{n}$ 的内积来判

断 θ 的值。

$$H = \boldsymbol{n}_3 \cdot \boldsymbol{n} = \boldsymbol{O'P} \times \boldsymbol{PR} \cdot \boldsymbol{n}$$

若 $H \geqslant 0$，则 $\theta \leqslant \pi$，$\theta = 2\arcsin\left(\frac{|\boldsymbol{PR}|}{2r}\right)$；

若 $H < 0$，则 $\theta > \pi$，$\theta = 2\pi - 2\arcsin\left(\frac{|\boldsymbol{PR}|}{2r}\right)$。

假设机器人的插补周期为 t，移动速度为 v，则机器人末端执行器从当前点切向移动到下一个插补点的距离为：

$$\Delta s = vt$$

则步距角 δ 可近似表示为：

$$\delta = \arcsin(vt/r)$$

则插补次数 n 为：

$$n = \lceil \theta/\delta \rceil$$

然后，在坐标系 $\{O'X'Y'Z'\}$ 中，从 P 点开始，依次计算出圆弧轨迹上每个插补点的位置坐标 $(x', y', 0)$，再利用坐标变换矩阵 ${}^{O}_{O'}\boldsymbol{T}$ 求得该点在机器人参考坐标系 $\{OXYZ\}$ 中的坐标 (x, y, z)，这样就完成了机器人圆弧轨迹的规划。将各点坐标发送给机器人控制器，即可控制机器人末端按顺序依次经过各插补点，从而完成圆弧轨迹运动。

例 6：已知机器人操作空间中的三个节点 A、B、C，起点 A 的坐标为(100, 0, 0)，中间点 B 的坐标为(0, 0, 100)，终点 C 的坐标为(0, 100, 0)，单位为 mm，如图 7.37 所示。规划机器人通过这三个点的圆弧轨迹。

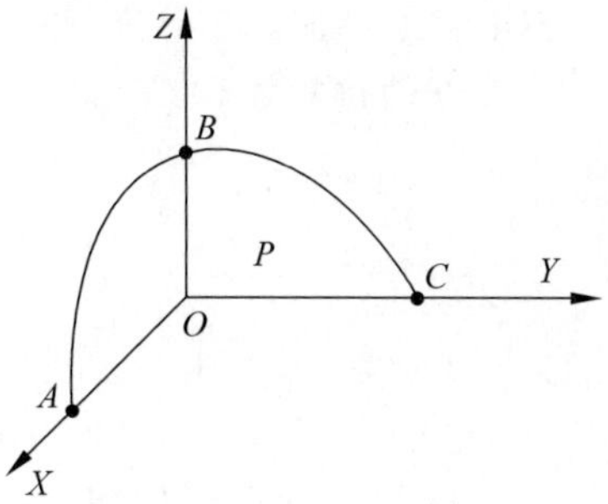

图 7.37　空间三点示意图

解：

机器人参数设置如下：

(1) 末端速度 v=163.2mm/s；

(2) 插补时间 t=0.02s。

依据上面介绍的圆弧轨迹规划方法，首先计算得到 A、B、C 三点构成圆弧的圆心坐标为(33.3, 33.3, 33.3)，圆弧半径 r=81.6mm，圆弧夹角 θ=240°，步距角 δ=2.3°，总运行时间 T=2.1s，插补次数 n=105。

然后，利用圆弧轨迹规划算法计算得到所有插补点在坐标系{O'X'Y'Z'}中的坐标，再将其转换到坐标系{OXYZ}中，即可得到该圆弧所有插补点的三维空间坐标。利用 MATLAB 画出该圆弧轨迹如图 7.38 所示。

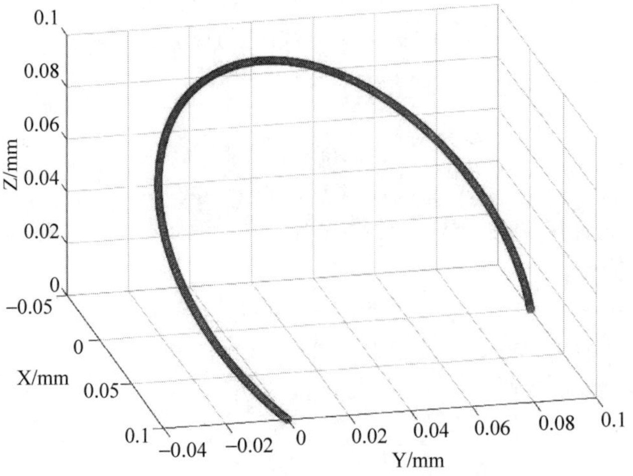

图 7.38 规划的圆弧轨迹

7.4 小结

本章主要介绍了机器人运动规划的两个主要分支：路径规划和轨迹规划。在路径规划部分主要介绍了栅格法的全局路径规划方法和势场法的局部路径规划方法。在轨迹规划部分主要介绍了关节空间的轨迹规划方法和操作空间的轨迹规划方法，在关节空间的轨迹规划方法中主要介绍了直线插值、三次多项式插值、五次多项式插值的轨迹规划方法，在操作空间的轨迹规划方法中主要介绍了直线轨迹规划和圆弧轨迹规划方法。

参考文献

[1] Hart P E, Nilsson N J and Raphael B. A Formal Basis for the Heuristic Determination of Minimum Cost Paths[J]. IEEE Transactions on Systems Science and Cybernetics, 1968, 4(2): 100-107.

[2] Nilsson N J. The Quest for Artificial Intelligence[M]. Cambridge University Press, 2009.

[3] Edelkamp S, Jabbar S, Lluch-Lafuente A. Cost-Algebraic Heuristic Search[C]. National Conference on Artificial Intelligence. AAAI Press, 2005.

[4] https://www.jianshu.com/p/8905d4927d5f

[5] Khatib O. Real-Time Obstacle Avoidance for Manipulators and Mobile Robots[J]. International Journal of Robotics Research, 1986, 5(1): 90-98.

[6] Khatib O. Real-Time Obstacle Avoidance for Manipulators and Mobile Robots[C]. Proceedings of IEEE International Conference on Robotics and Automation, 2003: 90-98.

[7] https://kovan.ceng.metu.edu.tr/~kadir/academia/courses/grad/cs548/hmws/hw2/report/apf.pdf

[8] 曾辉，柳贺. 机器人空间三点圆弧算法的研究与实现[J]. 中国新技术新产品，2014 (12): 5-6.

[9] 叶伯生. 机器人空间三点圆弧功能的实现[J]. 华中科技大学学报(自然科学版)，2007 (08): 5-8.

[10] 熊有伦. 机器人学[M]. 北京：机械工业出版社，1992.

图书资源支持

感谢您一直以来对清华大学出版社图书的支持和爱护。为了配合本书的使用，本书提供配套的资源，有需求的读者请扫描下方的“书圈”微信公众号二维码，在图书专区下载，也可以拨打电话或发送电子邮件咨询。

如果您在使用本书的过程中遇到了什么问题，或者有相关图书出版计划，也请您发邮件告诉我们，以便我们更好地为您服务。

我们的联系方式：

地　　址：北京市海淀区双清路学研大厦 A 座 714

邮　　编：100084

电　　话：010-83470236　010-83470237

资源下载：http://www.tup.com.cn

客服邮箱：tupjsj@vip.163.com

QQ：2301891038（请写明您的单位和姓名）

教学资源・教学样书・新书信息

人工智能科学与技术

人工智能|电子通信|自动控制

资料下载・样书申请

书圈

用微信扫一扫右边的二维码，即可关注清华大学出版社公众号。